软件工程形式化方法与语言

李　莹　吴江琴　编著

ZHEJIANG UNIVERSITY PRESS
浙江大学出版社
·杭州·

图书在版编目（CIP）数据

软件工程形式化方法与语言/李莹，吴江琴编著．—杭州：浙江大学出版社，2010．3（2022．12 重印）

ISBN 978-7-308-06667-9

Ⅰ．软… Ⅱ．吴… Ⅲ．软件工程 Ⅳ．TP311．5

中国版本图书馆 CIP 数据核字（2009）第 041150 号

软件工程形式化方法与语言

李　莹　吴江琴　编著

责任编辑　杜希武

封面设计　刘依群

出版发行　浙江大学出版社

（杭州市天目山路 148 号　邮政编码 310007）

（网址：http://www.zjupress.com）

排　　版　杭州青翊图文设计有限公司

印　　刷　广东虎彩云印刷有限公司绍兴分公司

开　　本　787mm×1092mm　1/16

印　　张　13．25

字　　数　322 千

版 印 次　2010 年 3 月第 1 版　2022 年 12 月第 2 次印刷

书　　号　ISBN 978-7-308-06667-9

定　　价　39．00 元

浙江大学出版社市场运营中心联系方式：0571－88925591；http://zjdxcbs.tmall.com

前　言

软件形式化方法最早可追溯到20世纪50年代后期对于程序设计语言编译技术的研究，即J. Backus提出BNF描述Algol60语言的语法，出现了各种语法分析程序自动生成器以及语法制导的编译方法，使得编译系统的开发从“手工艺制作方式”发展成具有牢固理论基础的系统方法。形式化方法的研究高潮始于20世纪60年代后期，针对当时所谓“软件危机”，人们提出种种解决方法，归纳起来有两类：一是采用工程方法来组织、管理软件的开发过程；二是深入探讨程序和程序开发过程的规律，建立严密的理论，以其用来指导软件开发实践。前者导致“软件工程”的出现和发展，后者则推动了形式化方法的深入研究。经过30多年的研究和应用，如今人们在形式化方法这一领域取得了大量、重要的成果，从早期最简单的形式化方法——一阶谓词演算方法到现在的应用于不同领域、不同阶段的基于逻辑、状态机、网络、进程代数、代数等众多形式化方法。形式化方法的发展趋势逐渐融入软件开发过程的各个阶段，从需求分析、功能描述(规约)、(体系结构/算法)设计、编程、测试直至维护。可以说，形式化不仅仅是对用户需求，而且也是对整个软件系统的严格定义。传统的软件开发方法由于大量的使用自然语言和多种图形符号，结果是尽管经历了仔细地复审，最后的系统规约说明中仍然包含歧义的、含糊的、矛盾的、不完整的需求描述及混乱的抽象层次。使用形式化方法可以克服这些缺点。

形式化方法的本质是基于数学的方法来描述目标软件系统属性的一种技术。不同的形式化方法的数学基础是不同的，有的以集合论和一阶谓词演算为基础，有的则以时态逻辑为基础。形式化方法需要形式化规约说明语言的支持。由于形式化方法种类非常多，本书选取并介绍了三种代表性的形式化方法，它们分别是以集合论和一阶谓词演算为基础的Z语言，以时态逻辑为基础的XYZ，还有以直觉数学学派为基础的类型理论。

本书既可以作为计算机专业的研究生的形式化课程教材，又可以用作专业人员的参考书。虽然真正从事形式化方面的工作的人员不多，但是有必要通过对该课程的学习，使学生在理论、技术和方法上都得到了系统而有效的训练，有利于提高软件人员的素质和能力。

全书有16章节，可以分为以下几个部分：

第一部分是从第1章到第10章，介绍了Z语言的背景知识，包括集合论和一阶谓词演算等概念及其形式化表达方法；

第二部分是从第11章到14章，介绍了Z语言构型及其规格说明的结构化，引入求精理论；

第三部分是第15章，介绍了Martin-Löf类型理论，及其规则定义和推导演算；

第四部分是第16章，介绍了XYZ系统在时序逻辑语言方面的主要内容。

本书由李莹编写第一章到第十四章，由吴江琴编写第十五章和第十六章。另外，在本书的编写整理过程中也得到了蒋健、金路等老师和同学们的帮助，在此表示深切的谢意。由于水平有限，书中难免有一些不妥之处，敬请广大读者批评指正。

作　者

2008年9月

目 录

第1章

引　论

1.1　软件工程

软件工程是研究构造高质量的软件的工程方法。这里软件意指大型程序。针对小型程序的大部分设计与编程技术，不能简单地推广到大型软件的开发中来。指导软件工程活动的一个重要原则，是软件的质量。这里所说的质量有内在质量和外部质量两个方面。外部质量包括：正确性、健康性、可扩展性、可重用性和效率；内在质量包括模块性和连续性。现在，让我们先简单地定义一下这些有关的软件质量的概念。

正确性和可靠性，是软件系统执行由它的需求定义与规格说明（specification）所定义的服务的能力。

健康性，是软件系统在非正常情况下继续正常工作的能力。

可扩展性，是软件系统适应对其需求定义及规格说明进行修改的容易程度。

可重用性，是软件模块作为构造其他应用的新软件的元件而重用的能力。

效率，是软件充分使用计算机各种资源以缩短完成其功能所需的时间的能力。

模块性，是软件分解为若干个通过固有且简单的接口相联系的自主元件的能力。模块性不仅在实现级很重要，在设计级也很重要。

连续性，是软件系统的这样一种性质，在对该软件的需求定义做少量的修改之后，不致引起对该软件系统做大的修改。这也意味着，需求定义的微小改动，只影响少量模块，不影响软件的整体结构。因此，连续性与模块性紧密相关。由于任何软件都可能在需求定义上有所改动，特别是在软件生存期的维护阶段，因此，连续性是一种内在质量指标，在软件开发中起非常重要的作用。

1.2　软件生存期

任何东西都有一定的生存周期。软件的生存周期可分为如图1-1所示的几个阶段：

注意，测试这项活动并不是一个阶段的普通活动。维护阶段不仅包括修正各种错误，而且包括软件系统的升级所必需的各种修改。因此，维护通常包括重复其他阶段的各项活动。

上面的软件生存期几个阶段的划分，勾画出软件开发过程的基本模型。但是，由于项目的不同，项目的性质不同，开发队伍的素质不同，开发环境的不同，对模型的几个阶段的提法和着重点，有不同的理解。但是，关于一些重要问题的提法是一致的。它们是：

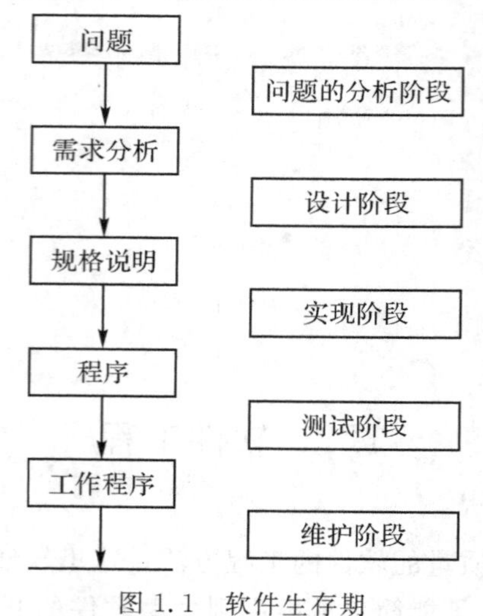

图 1.1 软件生存期

• 需求分析

客户与供货商会做明确理解并写下要解决的实际问题是什么。

• 系统的规格说明

系统必须满足的要求按双方一致认可的形式写下的协议。这包括系统必须实现的功能，以及包括性能、可靠性等外部质量指标的其他属性。

• 设计

根据可用的设备和所要求的性能，阐明满足规格说明的实现途径。这是上下两个阶段的联系桥梁，前一阶段主要描述"做什么"，这一阶段描述"如何做"，下一阶段更详细地描述"如何做"。

• 实现

把设计阶段中的描述转化为可执行的程序。

• 测试和集成

在完成部件测试之后，将其组装成完整统一的系统，并进行系统的测试，检查系统的正确性。

• 维护

完成了的系统要提交给最终用户，其整个生存期中，还可能要修正错误，增加新的特征，使其适应不同的使用环境。

上面的生存期模型是一般性的，还可以给出更详细的划分。但是，重要的问题是认识每个部分的不同要求，而不在于它们的详尽程度。

1.3 早期工作的重要性

大量的软件项目的经验说明，软件产品的开发或研制成本中，大部分都花在实际中的错误和测试维护之中。但是,更进一步的研究揭示,绝大部分错误都是由于项目开发过程中的早期阶段中的不精确而引起的。这就是说,实现和测试维护阶段中的高成本是由于规格说明和设计阶段的种种问题所引起的。

据有关资料统计,修正已交付用户的软件产品中的一个错误,大约要花费一万美元『FAG76』。一个已交付给许多用户的大中型系统,仅一百个错误就要增加一百万美元的开发成本。因此,在生存期的早期阶段,多花费一些精力,使用一些强有力的技术,以减少规格说明及设计中的错误,从而大量降低系统的总开发成本,是一件十分重要和有意义的工作。

1.4　规格说明及其形式化

简而言之,一个软件的规格说明,是关于整个软件是“干什么”的简单描述。整个描述可以用于不同的目的。例如:

• 用作程序的文档。

• 用作软件设计者与使用者之间的契约或协议。它描述双方的义务与权利,规定在何种条件下使用该软件,以及使用该软件产生的结果。

• 用作生存期的以后各个阶段的开发依据。一个好的规格说明,不仅对设计者有用,并且,对实现者和维护者都有用。规格说明的模块性将产生程序的模块性。规格说明是编程者在编程时使用的蓝图。

• 用于软件认证中形成认证程序集,认证中的测试实例,可以从规格说明产生。

由于规格说明的重要性,如何写好它就是一个值得重视的问题。总的说来,规格说明应当是完整的、一致的、精确的、紧凑的和无歧义的。凡自然语言写的规格说明,由于语言本身的问题,这个规格说明中,许多是不完整的、前后不一致的、不精确的和有歧义的。我们称其为非形式的规格说明。利用基于某些数学概念和记号的语言编写的规格说明,称为形式化的规格说明。由于此类基于数学概念的语言本身意义的精确性与无歧义性,它使软件系统的设计人员能够精确地描述这个软件是干什么的,它的行为特征是什么。形式化的规格说明的一个重要优点是,它使设计者能够利用严格的数学推理。该规格说明的性质可以像数学中的定理一样进行推理与证明。因此,在写出规格说明之后,编程实现之前,就可以查出设计错误。例如,不一致性与不完全性。在形式化的规格说明中进行数学推理的另一个好处是,能够形式地验证实现(程序)是否满足它的规格说明,是否一致。这两方面的工作实际上就是程序正确性证明。

构造型的形式化规格说明,可以直接执行(可能性能很差)。因而,它可用于快速原型法软件开发技术之中。利用构造型的形式化规格说明,人们能够自上而下地设计,自上而下地验证,自上而下地测试。这里采用的自上而下的概念的意思是,规格说明在任何实现之前进行。构造型的形式化规格说明的这一优点,在快速原型软件开发中得到广泛的运用。这就使得软件的设计者与用户之间得到良好的沟通,在实现这个软件的编程工作开始之前,获得该软件的第一年使用经验,获得用户的正确反馈信息,为改进系统设计提供可靠的依据。

既然形式化的规格说明相对于非形式化的规格说明有那么多的优点,是否可以说非形式化就没用了呢?非也!在当前软件工业界,非形式化方法还是占统治地位的。主要原因是，形式化方法对软件设计人员的素质要求很高，因而难于大规模普及。形式化方法的开发工具与环境还有待于进一步开发，证明技术还不够成熟。因此，这两种方法是相辅相成的，相互补充的。对于至关重要的软件（或部件），采用形式化技术，以确保其质量。对于一般性工作量极大的软件，采用非形式技术。但是，可以预见：随着软件科学技术的不断发展，自动化的、形式化的软件技术将得到广泛的应用。

1.5 一些重要的形式化规格说明语言

为了书写形式化的规格说明，许多计算机科学家从不同的角度，提出了许多不同的形式化规格说明语言。由于所根据的数学基础不同，方法与途径不同，形成了以下几个主要流派，它们是：

• 公理方法，利用前置条件与后置条件描述程序的行为。这个学派的代表人物有 Floyd，Hoare 和 Dijkstra【Floyd67，Hoare72，Dijkstre76】。

• 基于集合论和一阶谓词演算的 meta—IV 语言和 Z 语言。这种语言已广泛用于书写大型软件的规格说明与设计。在描述程序语言的指称语义时，利用这类语言可以方便地定义高阶函数，并由此定义程序语言的复杂控制构造的意义。利用 meta—IV 描述的形式化软件开发方法，称为维也纳开发方法，简称 VDM。本书采用 Z 语言来写软件的规格说明及其设计。

• 代数规格说明，是关于抽象数据类型的代数描述。代数规格说明语言有 OBJ【Gog88】及 ACT【Ehrig83】。

• 进程描述语言，用于描述开发进程的行为。主要有 Hoare 的顺序通讯进程 CSP【Hoa85】及 R・Milner 的通讯系统理论 CCS【Mil80】。

• 专用的规格说明语言，例如，在计算机网络与通讯系统中，广泛地使用形式化方法来研制与开发各种网络协议，已有大量的成功实例，形成了若干个由国际标准化组织认可的语言。例如，ISO LOTOS，ISO ESTELLE，ISO SDL，CCITT Z・100，CCITT SDL 等。

1.6 关于本书使用的 Z 语言

形式化规格说明语言 Z 是由英国牛津大学 1979 年第一次提出来的极高级的语言。它很适应于写一般的计算机系统的规格说明。现在，它已在工业界得到使用，有了许多成功的经验。1989 年，国际标准化组织已经公布了它的正式标准。

Z 语言建立于集合论和数理逻辑的基础上。集合论包括标准的集合运算符、笛卡尔积和幂集。数理逻辑包括一阶谓词演算。二者合二为一。形成了一个易学易用的数学语言。

Z 语言的第二个特点是它是使数学得以结构化的方式。数学对象与它上面的操作结合起来形成构型（schema）。构型语言可被用来描述系统的状态及改变系统的性质，对一个设计的可能求精细化进行推理。

Z 语言是一个强类型系统。数学语言中的每个对象都有唯一的类型，类型作为当前的规格说明中一个最大集合来表示。类型在程序设计实践中是非常有用的概念，据此可以检查一个规格说明中每个对象的类型的一致性。

Z 语言的第三个特点是可以使用自然语言。人们用数学陈述问题，发掘解法，证明所作的设计满足规格说明的要求。同时，人们可以使用自然语言将数学与现实世界中的对象相关联，因为人们可以选择富有含义的变量名和辅以 V 的注文。一个好的规格说明应当是读者一看就懂的白话文。

Z 语言的第四个特点在它的求精。通过构造一项设计的模型，利用简单的数学类型标识所需的行为，可以开发一个系统。通过构造关于一个系统的设计决策的另一个模型，作为第一个模型的一个实现，就是一次求精。这种求精的过程可以一直继续到产生可执行的代码。

因此，Z 语言是具有强大构造机构的数学语言。同自然语言结合起来，它可被用来产生形式化的规格说明。利用数理逻辑的证明技术，可以对执行规格说明进行推理。对一个规格说明进行求精，得到接近于可执行代码的另一个描述。

但是，Z 语言没有提供关于计时的或并发的行为的描述。但是，其他某些语言适于作这样的描述，如 CSP 和 CCS。可以将 Z 与这些形式化方法结合起来，产生含并发行为的系统的规格说明。

第2章

命题逻辑

本章介绍Z语言的逻辑语言部分。在论述之中,我们始终贯穿一根主线一推理与证明:在陈述语言的每个成分时,总要说清楚,何时引入这个成分,何时消去这个成分。

将这些成分拼起来,这些规则就形成一个自然演绎系统:从一命题可推演出什么,什么条件下这个命题成立。这样,就给出了Z语言中的命题推理、性质证明和结果建立的框架。

2.1 命　题

命题是关于事实的陈述。这种事实或为真或为假,但不能既真又假。

例如,下面几句话都是命题:

- 苹果是水果。
- 西红柿是水果。
- 苹果不是唯一的水果。

真的命题具有值真(true),假的命题具有值假(false)。

Z语言中,可以用5种运算符将命题连接起来,下表按运算符优先级别由高至低的排列:

$\neg$	否定	非
$\wedge$	合取	与
$\vee$	析取	或
$\Rightarrow$	蕴含	蕴含
$\Leftrightarrow$	等价	等价于

表中三列分别给出了运算符的符号、名字及中文读法。利用这些运算符可以形成新的命题,即复合命题。例如:

$\neg p \vee q \vee r \Leftrightarrow q \Rightarrow p \wedge r$

等价于

$(((\neg p) \wedge q) \vee r) \Leftrightarrow (q \Rightarrow (p \wedge r))$

复合命题的值由其组成部分唯一确定。

2.2 合　取

合取式 $p \wedge q$ 的值为真，当且仅当 p 的值和 q 的值都为真。这可由下面的真值表说明：

p	q	$p \wedge q$
T	T	T
T	F	F
F	T	F
F	F	F

现在，如果要证明 $p \wedge q$ 为真。根据真值表，就要证明 p 和 q 都为真。如果已知 $p \wedge q$ 为真可断定 p 为真时 q 为真。这样，我们可把这两件事总结为下面两条推理规则：

$\frac{p \quad q}{p \wedge q}$ [∧+]　$\frac{p \wedge q}{p}$ [∧−1]　$\frac{p \wedge q}{q}$ [∧−2]

这三条规则是自然演绎系统的一部分：

$\frac{\text{前提 1}\cdots\text{前提 n}}{\text{结论}}$ 【名字】　附属条件

推理规则中的前提表可以没有。推理规则的意义是：当前提为真时，结论也为真。

演绎系统的规则有两种。对于运算符 OP，OP 消去规则描述从 p OP q 中推出什么，OP 引进规则描述在什么条件下推出 p OP q。利用这些规则引入和消去不同的运算符。就可能从一组命题或假设，推出其他命题。如果假设是空的，推出来的命题就被称为定理

现在我们有两种证明方法。一种是通过构造所要证明的命题的真值表；另一种是利用引入和消去规则。

问题：证明 $p \wedge q$ 可交换。

方法一：构造两个真值表：

p	q	$p \wedge q$
T	T	T
T	F	F
F	T	F
F	F	F

p	q	$q \wedge p$
T	T	T
T	F	F
F	T	F
F	F	F

把两张表合成一张表，得到：

p	q	$p \wedge q$	$q \wedge p$
T	T	T	T
T	F	F	F
F	T	F	F
F	F	F	F

注意，$p \wedge q$ 与 $q \wedge p$ 这两列完全相同：在任何情况下，二者取相同的真假值。因而二者相同。

方法二：为证明：如果 $p \wedge q$，则 $q \wedge p$。不妨证明

$$\frac{p \wedge q}{q \wedge p}$$

为此，我们展示了一棵证明树。树的叶子是前提，根是结论。

$$\dfrac{\dfrac{p \wedge q}{q}\,[\wedge -2] \quad \dfrac{p \wedge q}{p}\,[\wedge -1]}{q \wedge p}\,[\wedge +]$$

这棵树中，用了三条规则。一条规则的结论，形成另一条规则的前提，而且正好匹配。此树匹配的规则正好是我们想证明的，因为此树的叶子是两个相同的命题 $p \wedge q$，正是要证明的规则的前提；树的根对应于要证明的规则的结论。证毕。

这里，我们还要引进两个术语—假定与解除规则。在证明中引入的某些前提叫做假定。在证明中，假定必须被解除，做这件事的规则叫做解除规则。假定 p 由「p」[] 表示。下一节将会看到假定及解除规则的例子。

2.3 析 取

析取 $p \vee q$ 为真的充要条件是 p 为真或者 q 为真，其真值表如下：

p	q	$p \vee q$
T	T	T
T	F	T
F	T	T
F	F	F

$\vee$ 是“同或”运算符：两个析取量之一为真时，析取或为真，包括两个都为真在内。对于析取，有三条推理规则：

$$\frac{p}{p \vee q}\,[\vee +1]$$

$$\frac{q}{p \vee q}\,[\vee +2]$$

$$\frac{p \vee q \quad \dfrac{\ulcorner p \urcorner^{[i]}}{r} \quad \dfrac{\ulcorner q \urcorner^{[i]}}{r}}{r}[\vee -]^{[i]}$$

两个引入都成立的原因是明显的。关于消去规则，假定 p∨q 为真，则或 p 或 q 为真(或二者均为真)。不妨称这个命题为 r。从 r 推出的东西，显然，在两种情况下也一定推出。因此，分析一下两种情况。在前提

$$\frac{\ulcorner p \urcorner^{[i]}}{r}$$

之中，$\ulcorner p \urcorner^{[i]}$表示 p 是为证明 r 可能作的假定。上标 i 表示这个假定是在证明树中步 i 时作的。当运用这条规则时，从 r 的证明将此假定解除：给定 p∨q 的证明，假定 p 作的 r 的证明和由假定 q 作的 r 的证明，规则断定 r 成立。

例如，证明 p∨q 可交换。

方法一：将 p∨q 及 q∨p 真值表合为一个，如下：

p	q	p∨q	q∨p
T	T	T	T
T	F	T	T
F	T	T	T
F	F	F	F

在任何情况下，p∨q 与 q∨p 的值都相同。

方法二：

$$\frac{p \vee q}{q \vee p}$$

$$\frac{p \vee q \quad \dfrac{\ulcorner p \urcorner^{[1]}}{q \vee p}[\vee +2] \quad \dfrac{\ulcorner q \urcorner^{[1]}}{q \vee p}[\vee +1]}{q \vee p}[\vee -]^{[1]}$$

2.4　蕴　含

蕴含 p⇒q 可视为表达前提 p 与 q 之间的一种序：前提强于(或等)于结果。假比真强，真比假弱；任何东西都和自己一样强。这就得出真值表：

p	q	p⇒q
T	T	T
T	F	F
F	T	T
F	F	T

因此，除非前提为真并且结果为假，蕴含才为假。当且仅当通过假定 p 能证明 q 时，p⇒q 为真。因此，为了证明 p⇒q，可以假定 p，然后证明 q。这就得到引入规则：

$$\frac{\begin{array}{c}[p]^{[i]}\\ \hline q\end{array}}{p\Rightarrow q}[\Rightarrow+]^{[i]}$$

如果已知 p⇒q，同时又可证明 p 成立。这就得到⇒消去规则：

$$\frac{p\Rightarrow q \quad p}{q}[\Rightarrow-]$$

例如，证明：$(p\wedge q\Rightarrow r)\Rightarrow(p\Rightarrow(q\Rightarrow r))$

方法一：构造真值表

p	q	r	$(p\wedge q\Rightarrow r)\Rightarrow(p\Rightarrow(q\Rightarrow r))$
T	T	T	T　T　　T　T　T
T	T	F	T　F　　T　F　F
T	F	T	F　T　　T　T　T
T	F	F	F　T　　T　T　T
F	T	T	F　T　　T　T　T
F	T	F	F　T　　T　T　T
F	F	T	F　T　　T　T　T
F	F	F	F　T　　T　T　T

注意，命题中的主要联结符下的这一列的每个值都为 T。因此，该命题在任何情况下都成立。

方法二：考虑一棵不完全的证明树。

$$\frac{\begin{array}{c}\cdot\\ \cdot\\ \cdot\end{array}}{(p\wedge q\Rightarrow r)\Rightarrow(p\Rightarrow(q\Rightarrow r))}$$

由于主要联结符是⇒，是如何被放到这里的呢？不妨试一下⇒＋引入规则：

$$\frac{\begin{array}{c}[p\wedge q\Rightarrow r]^{[1]}\\ \cdot\\ \cdot\\ \cdot\end{array}}{(p\wedge q\Rightarrow r)\Rightarrow(p\Rightarrow(q\Rightarrow r))}[\Rightarrow+]^{[1]}$$

现在我们又有了一个新的证明目标：$(p\Rightarrow(q\Rightarrow r))$，其主要联结符又是⇒。同样，考虑这个⇒是如何引入的：

$$\frac{\dfrac{\begin{array}{c}[p\wedge q\Rightarrow r]^{[1]}\\ [p]^{[2]}\\ \cdot\\ \cdot\\ \cdot\\ \hline q\Rightarrow r\end{array}}{(p\Rightarrow(q\Rightarrow r))}[\Rightarrow+]^{[2]}}{(p\wedge q\Rightarrow r)\Rightarrow(p\Rightarrow(q\Rightarrow r))}[\Rightarrow+]^{[1]}$$

下一个新的目标是 q⇒r。再使用⇒引入规则，得到：⌈p∧q⇒r⌉[1]

⌈p⌉[2]

⌈q⌉[3]

.

.

.

———————

r

——— [⇒+][3]

q⇒r

——————— [⇒+][2]

(p⇒(q⇒r))

——————————— [⇒+][1]

(p∧q⇒r)⇒(p⇒(q⇒r))

至此，没有什么新的目标要建立了。我们可以从假定工作到最终结论。第一个假定中有一个⇒，设法消掉它：

⌈p∧q⇒r⌉[1]

⌈p⌉[2]

⌈q⌉[3]

.

.

.

⌈p∧q⇒r⌉[1]　　———————

p∧q

——————————— [⇒−]

r

——————————— [⇒+][3]

q⇒r

——————————— [⇒+][2]

(p⇒(q⇒r))

——————————— [⇒+][1]

(p∧q⇒r)⇒(p⇒(q⇒r))

整理后得：

⌈p∧q⇒r⌉[1]　⌈p⌉[2]⌈q⌉[3]

——————— [∧+]

p∧q

——————————— [⇒−]

r

——————————— [⇒+][3]

q⇒r

——————————— [⇒+][2]

(p⇒(q⇒r))

——————————— [⇒+][1]

(p∧q⇒r)⇒(p⇒(q⇒r))

三个假定都在运用规则时被解除。因此，结论

(p∧q⇒r)⇒(p⇒(q⇒r))

为真。证毕。

2.5 等　价

等价式 p⇔q 表示 p 和 q 有相同的强度，又称为双向隐含，即 p⇒q 及 q⇒p。由于 p 和 q 有相同的强度，它们在真值表中一定有相同的值：

p	q	$p \Leftrightarrow q$
T	T	T
T	F	F
F	T	F
F	F	T

从 $p \Leftrightarrow q$ 即 $p \Rightarrow q$ 及 $q \Rightarrow p$ 这一事实，可以得到关于联结符号$\Leftrightarrow$的引入和消去规则：

$$\frac{p \Rightarrow q \quad q \Rightarrow p}{p \Leftrightarrow q}\ [\Leftrightarrow +]$$

$$\frac{p \Leftrightarrow q}{p \Rightarrow q}\ [\Leftrightarrow -1]$$

$$\frac{p \Leftrightarrow q}{q \Rightarrow p}\ [\Leftrightarrow -2]$$

作为一个例子，证明：

如果 p 强于 q，则 $p \wedge q$ 和 p 有相同的强度：

$$\frac{p \Rightarrow q}{p \wedge q \Leftrightarrow p}$$

为了证明这是自然演绎系统的一条导出规则，考虑目标：

$$\frac{\begin{matrix}\cdot\\\cdot\\\cdot\end{matrix}}{p \wedge q \Leftrightarrow p}$$

主要联结符号是$\Leftrightarrow$，因此，我们设法引入它：

$$\frac{\dfrac{\begin{matrix}\cdot\\\cdot\\\cdot\end{matrix}}{p \wedge q \Rightarrow p} \quad \dfrac{\begin{matrix}\cdot\\\cdot\\\cdot\end{matrix}}{p \Rightarrow p \wedge q}}{p \wedge q \Leftrightarrow p}(\Leftrightarrow +)$$

在子树中，主要联结符号是$\Rightarrow$，再引入它：

$$\frac{\dfrac{\dfrac{\begin{matrix}\lceil p \wedge q \rceil^{[1]}\\\cdot\\\cdot\\\cdot\end{matrix}}{p}}{p \wedge q \Rightarrow p}[\Rightarrow +]^{[1]} \quad \dfrac{\begin{matrix}\cdot\\\cdot\\\cdot\end{matrix}}{p \Rightarrow p \wedge q}[\Rightarrow +]}{p \wedge q \Leftrightarrow p}\ [\Leftrightarrow +]$$

根据假定合取式被消去，左子树的证明完成。再看右子树，引入隐含符$\Rightarrow$：

$$\dfrac{\dfrac{\dfrac{[p\wedge q]^{[1]}}{p}[\wedge-1]}{p\wedge q\Rightarrow p}[\Rightarrow+]^{[1]}\qquad \dfrac{\dfrac{\begin{array}{c}[p]^{[2]}\\ \vdots\end{array}}{p\wedge q}}{p\Rightarrow p\wedge q}[\Rightarrow+]^{[2]}}{p\wedge q\Leftrightarrow p}[\Leftrightarrow+]$$

现在的主要联结符号是 ∧，引入它：

$$\dfrac{\dfrac{\dfrac{[p\wedge q]^{[1]}}{p}[\wedge-1]}{p\wedge q\Rightarrow p}[\Rightarrow+]^{[1]}\qquad \dfrac{\dfrac{\dfrac{\begin{array}{c}[p]^{[2]}\\ \vdots\end{array}}{p}\quad\dfrac{\begin{array}{c}[p]^{[2]}\\ \vdots\end{array}}{q}}{p\wedge q}[\wedge+]}{p\Rightarrow p\wedge q}[\Rightarrow+]^{[2]}}{p\wedge q\Leftrightarrow p}[\Leftrightarrow+]$$

于是

$$\dfrac{\dfrac{\dfrac{[p\wedge q]^{[1]}}{p}[\wedge-1]}{p\wedge q\Rightarrow p}[\Rightarrow+]^{[1]}\qquad \dfrac{\dfrac{[p]^{[2]}\quad\dfrac{p\Rightarrow q\quad [p]^{[2]}}{q}[\Rightarrow-]}{p\wedge q}}{p\Rightarrow p\wedge q}[\Rightarrow+]^{[2]}}{p\wedge q\Leftrightarrow p}$$

[⇔+]

证毕。

2.6 否　定

当且仅当 p 为假时，¬p 为真。

false 是一个特殊的命题。在任何情况下它都不成立，此命题叫做矛盾。如果 ¬p 为真，则 p 为假；如果 ¬p 为假，则 p 为真。p 和 ¬p 不可能都为真。这样，就有以下三个推理规则：

$$\dfrac{\dfrac{[p]^{[i]}}{false}}{\neg p}[\neg+]^{[i]}$$

$$\dfrac{p\qquad \neg p}{false}[\neg-]$$

$$\dfrac{\dfrac{[\neg p]^{[i]}}{false}}{p}[false-]^{[i]}$$

我们的推理系统需要关于否定的三个规则。初看时，似乎有[¬+]及[false−]这两个规则就够了，但它们没有推出 false 的结论的方法。

关于否定运算符，有德莫根定律和排中律。德莫根定律：

$$\frac{\neg(p\lor q)}{\neg p\land\neg q}\ [\text{De Mogan}]$$

首先考虑目标：

$$\frac{\vdots}{\neg p\land\neg q}$$

主要的联结符号是$\land$，引入之：

$$\frac{\dfrac{\vdots}{\neg p}\qquad\dfrac{\vdots}{\neg q}}{\neg p\land\neg q}\ [\land+]$$

再考虑左子树，为证明$\neg p$，假定 p，并设置一个矛盾：

$$\frac{\dfrac{\dfrac{\begin{array}{c}[p]^{[1]}\\ \vdots\end{array}}{\text{false}}}{\neg p}[\neg+]^{[1]}\qquad\dfrac{\vdots}{\neg q}}{\neg p\land\neg q}\ [\land+]$$

为得到 false，利用前提$\neg(p\lor q)$，于是，

$$\frac{\dfrac{\dfrac{\dfrac{\begin{array}{c}[p]^{[1]}\\ \vdots\end{array}}{(p\lor q)}\quad\neg(p\lor q)}{\text{false}}[\neg-]}{\neg p}[\neg+]^{[1]}\qquad\dfrac{\vdots}{\neg q}}{\neg p\land\neg q}\ [\land+]$$

从 p 可得到$(p\lor q)$，完成左子树的证明：

$$\frac{\dfrac{\dfrac{\dfrac{[p]^{[1]}}{(p\lor q)}[\lor+]\quad\neg(p\lor q)}{\text{false}}}{\neg p}[\neg+]^{[1]}\qquad\dfrac{\vdots}{\neg q}}{\neg p\land\neg q}\ [\land+]$$

余下的右子树的证明是类似的。于是，

$$\frac{\dfrac{\dfrac{\dfrac{[p]^{[1]}}{(p\lor q)}[\lor+]\quad\neg(p\lor q)}{\text{false}}[\neg-]}{\neg p}[\neg+]^{[1]}\qquad\dfrac{\dfrac{\dfrac{[q]^{[2]}}{(p\lor q)}[\lor+]\quad\neg(p\lor q)}{\text{false}}[\neg-]}{\neg q}[\neg+]^{[2]}}{\neg p\land\neg q}\ [\land+]$$

证明完毕。

排中律：任何命题或为真或为假。即，

$p \vee \neg p$

证明：首先，引入$_\vee$：

$$\dfrac{\dfrac{\vdots}{\neg p}}{p \vee \neg p}\ [\vee+1]$$

这里没有可分析的目标。我们从另一条路引入$_\vee$，即：

$$\dfrac{\dfrac{\vdots}{p}}{p \vee \neg p}\ [\vee+2]$$

这里仍然没有办法，因为也没有假定或前提好作。我们试图通过矛盾到达目标$p \vee \neg p$：

$$\dfrac{\dfrac{\ulcorner \neg(p \vee \neg p) \urcorner^{[1]} \quad \vdots}{\text{false}}}{p \vee \neg p}\ [\text{false}-]^{[1]}$$

如何引入 false？我们利用前一德莫根定律：

$$\dfrac{\dfrac{\dfrac{\ulcorner \neg(p \vee \neg p) \urcorner^{[1]}}{\neg p \wedge p}\ [\text{De Movgan}] \quad \vdots}{\text{false}}\ [\neg -]}{p \vee \neg p}\ [\text{false}-]^{[1]}$$

为了得到放开的每个命题，我们将此证明树改造一下，分成左右两棵子树：

$$\dfrac{\dfrac{\dfrac{\dfrac{\ulcorner \neg(p \vee \neg p) \urcorner^{[1]}}{\neg p \wedge \neg\neg p}\ [\text{De Movgan}]}{\neg p}\ [\wedge -1] \quad \dfrac{\dfrac{\ulcorner \neg(p \vee \neg p) \urcorner^{[1]}}{\neg p \wedge \neg\neg p}\ [\text{De Movgan}]}{\neg\neg p}\ [\wedge -2]}{\text{false}}\ [\neg -]}{p \vee \neg p}\ [\text{false}-]^{[1]}$$

证毕。

2.7　永真式与矛盾式

一个命题在其命题变量的每种可能的组合下均取值 T 时，称为永真式。相反，在每种组合下均取值 F 时，称为矛盾式。显然，矛盾式的否定是永真式，反之，亦然。

例如，下式命题是永真式：

$p \vee \neg p$

$p \Rightarrow p$

$p \Rightarrow (q \Rightarrow p)$

下列命题都是矛盾式：

$p \wedge \neg p$

$p \Leftrightarrow \neg p$

$\neg (p \Rightarrow (q \Rightarrow p))$

包含等价式的永真式在证明中是非常有用的。为了完成一个证明，可利用等价式改写目标与假定。对于任何一对命题 a 和 b，永真式 $a \Leftrightarrow b$ 对应于一对推理规则：

$\dfrac{a}{b}\ [a \Leftrightarrow b]$　　　　$\dfrac{b}{a}\ [a \Leftrightarrow b]$

如果在一证明中其中之一出现，就可用另一个替换它。

包含蕴含的永真式也对应推理规则：如果 $a \Rightarrow b$ 是一永真式，则

$\dfrac{a}{b}\ [a \Rightarrow b]$

可作为一条推导规则使用。

第3章

谓词逻辑

前一章介绍的命题逻辑，使我们可以给出关于特定的对象的陈述。但是，无法给出像"每个人都有使用工具的手"这样的陈述。这是关于全称的陈述。因为它给出了在某个范围内的每个对象都有的性质。

下面的陈述都是全称陈述的例子：

- 每个学生都必须上课。
- 没有一个人认识他。
- 张三不认识物理系的任何老师。

有时我们希望表达至少有一个对象有某种特殊的性质，而没有必要知道哪个对象具有这种性质，这就是存在陈述。

下面的陈述都是存在陈述的例子：

- 有学生没有来上课。
- 自行车撞了他一下。
- 有的学生喜欢打球。

为了将这样的陈述形式化，就需要一种可以表达含全称与存在性质这种量词的命题的语言。这种语言就是谓词演算。

3.1 谓词演算

谓词是含有某类对象的变量名或位置的陈述。当这些对象位置或对象变量被代上特定的对象时，这个谓词就成了命题。因此，也可以说，谓词是含待填空的空位置或变量的命题。

例如："_ >8"和"x>8"都是谓词。它们还不是命题，还不能说它们是否为真。但当填上一个具体数(例如5)之后，"5>8"的值就是假，因而是一个命题。同理"x>8"也是一个谓词，还不是命题。将x代之以5时，就产生一个值为假的命题。使用对象变量是一种强有力的技术，它掌握着表达上面提到的全称及存在性质的关键，在"x>8"之前加一个量词就构造出一个命题。例如，我们可以陈述："存在一个自然数x，使x>8。"这里，量词"存在一个"及被量化谓词"x>8"共同组成一个真命题。

在数学中，符号'∃'表示"存在一个…"。在Z语言中，自然数的类型用'ℕ'表示。因此，在Z语言中上面这个被量化的谓词就表示为：

$\exists x: \mathbb{N} \cdot x > 8$

这样,我们就可以把前面的几个谓词形式化:

设 Students 表示学生的集合,则"有学生没来上课"就表示为:

∃s:Students·s 没来上课。

设 Bicycles 表示自行车的集合,则"自行车撞了他一下"就表示为:

∃b:Bicycles·b 撞了他一下。

设 PL(x)表示"学生 x 喜欢打球",则"有的学生喜欢打球"就可以表示为:

$\exists x: Students \cdot PL(x)$。

量化谓词的另一种方法是用以表达"对每一个"它都成立或不成立。

在数学中,记号'∀'用以表示全称量词。在 Z 语言中,我们可以写下:

$\forall x: \mathbb{N} \cdot x > 8$

这是一个取值为 f 的命题。因为不是每个自然数都大于 8。利用全称量词,可以将本章前面的几个实例形式化。

"每个学生都必须上课"表示为:

$\forall x : Students \cdot TC(x)$。

其中 TC 表示学生 x 必须上课

"没有一个人认识他"可表述为:

$\forall p : People \cdot \neg know\_him(p)$

其中 People 是人的集合,know_him(p)表示人 p 认识他。

$\forall t : Teachers\_of\_Phi \cdot NotKnow(p)$。

存在量词和全称量词分别可看作是析取和合取的推广形成。例如:

$\exists x: \mathbb{N} \cdot x > 8 \Leftrightarrow 0 > 8 \vee 1 > 8 \vee 2 > 8 \vee \cdots$

$\forall x: \mathbb{N} \cdot x > 8 \Leftrightarrow 0 > 8 \wedge 1 > 8 \wedge 2 > 8 \wedge \cdots$

3.2 量词与作用域

在 Z 语言中,两种量化表达式的语法类似:

$Qx : a | p \cdot q$

其中

Q 是量词(∃或∀)

x 是受限变量

a 是 x 取值的范围

p 是约束,即对 x 取值的约束

q 是谓词

p 是可选部分,限制 x 取值的范围为 a 中满足条件 p 的那些 x。约束的作用,对于量词∃而言,相当于合取;即

$(\exists x : a | p \cdot q) \Leftrightarrow (\exists x : a \cdot p \wedge q)$

对于量词∀而言,相当于蕴含,即

$(\forall x : a | p \bullet q) \Leftrightarrow (\forall x : a \bullet p \Rightarrow q)$

每个量词都引入一个受限变量，这类似于分程序结构的程序语言的局部变量。在量化的谓词 Qx ∶ a|p • q 之中，受限变量 x 的作用域是约束 p 和谓词 q。但由于量词绑定很松，受限变量的作用域扩展到下一个闭括号。

例如，在下面的表达式中，变量 x 的作用域就是括号之内：

$(\forall x : a | p \bullet q \wedge r) \vee s \Rightarrow t$

由于量化的谓词是一个命题，命题中可以含有命题，因此，量化谓词中可以嵌套量化谓词。一个表达式中可以含有多个量词，使受限变量的作用可以重叠和嵌套。嵌套的量化表达式的作用域规则同程序语言的嵌套分程序的作用域规则一样。如果嵌套的作用域中两个变量受限于不同的量词，则外部受限变量对于嵌套在内的作用域来说是全程的，在内部的量词所量化的作用域中没有意义。例如，在下面的表达式中，第一个受限变量 y 的作用域要挖去嵌套在其内的第二个受限变量 y 的作用域。

$\forall y : a | p \bullet q \vee (\exists y : b | r \bullet s \Rightarrow t) \wedge u \vee s$

由于改变受限变量的名字不影响受限表达式的意义。为了清楚起见，可以为不同的受限变量取不同的名字。

下面一个例子中，存在两个受限变量出现在表达式的前面，一个接着另一个。这时，可以用一个量词把它们放在一起，用分号将它们分离。

$\exists x : a \bullet \exists y : b \bullet q$

可以改成

$\exists x : a; \exists y : b \bullet q$

但是有时这样做没有什么好处。例如：

$\exists a : b \bullet \exists c : a \bullet p$ 是一个合法的表达式。但是，如果把它改成

$\exists a : b; \exists c : a \bullet p$

就会引起名字冲突。因为受限变量 a 及范围类型名 a 处同一作用域中，发生了名字冲突。

如果一变量出现在一谓词 p 中，而不限于任何量词，则称 x 是 p 中自由变量。在形如“∀x ∶ a”或“∃x ∶ a”的作用域之外，x 的每次出现，叫做 x 的自由出现。

在表达示

$\forall x : N \bullet z \leqslant x$

中的 z，就是一个自由变量，也称 z 的自由出现。

3.3　代　换

如果谓词 p 包含自由变量 x，则 p 可表示关于 x 的非平凡的陈述。这时，可以用任一变量 y 代换 p 中的每个 x 的自由出现，这个过程被称为代换。代换的结果是谓词 p[y/x]。这个新的运算符的优先级比任何其他运算符都高。注意，表达式 y 不一定是变量，它可以是匹配 x 的任何表达式。例如：

$(x \leqslant y + 2)[0/x] \Leftrightarrow (0 \leqslant y + 2)$

$(\exists x:\mathbb{N} \cdot x \leqslant y+2)[0/x] \Leftrightarrow (\exists x:\mathbb{N} \cdot x \leqslant y+2)$

$(\exists x:\mathbb{N} \cdot x \leqslant y+2)[5/x] \Leftrightarrow (\exists x:\mathbb{N} \cdot x \leqslant 5+2)$

代换运算符服从左结合，因此，p[t/x][u/y]表示先用 t 代换 p 中的 x 自由出现，产生的谓词中的 y 的自由出现再被 u 代换。例如：

$(x \leqslant y+2)[0/x][5/y] \Leftrightarrow (0 \leqslant y+2)[5/y] \Leftrightarrow (0 \leqslant 5+2)$

$(x \leqslant y+2)[y/x][5/y] \Leftrightarrow (y \leqslant y+2)[5/y] \Leftrightarrow (5 \leqslant 5+2)$

p[t1,t2,…,tn/x1,x2,…,xn]表示中 p 的自由变量 x1,x2,…,xn 分别同时地被 t1,t2,…,tn 替换之后产生的结果。通常，它不同于 p[t1/x1][t2/x2]…[tn/xn]。例如：

$(x \leqslant y+2)[y,5/x,y] \Leftrightarrow (y \leqslant 5+2)$

但是$(x \leqslant y+2)[y/x][5/y] \Leftrightarrow (y \leqslant y+2)[5/y] \Leftrightarrow (5 \leqslant 5+2)$

代换中可能会带来不应有的冲突。如果 y 在 p 中受限，则代换 p[y/x]可能在 x 的自由出现的位置上引入新的 y 的受限出现，这就改变了 p 的意义，是不应有的。因此，在这种情况下应改变受限变量 y 的名字，以避免应有的名字冲突。

例如，设要表示一个关于某学生 x 的陈述，这个陈述的意思是：学生中没有一个像 x。令 Students 表示学生的集合，又令 m lookslike n 表示 m 象 n，则上面的陈述可表示为谓词：

∃s：Students • ¬(s lookslike x)

如果用 y 代换 x，得到的谓词表示的意思不变。

∃s：Students • ¬(s lookslike y)

但是，如果用 s 代换 x，就得到：

∃s：Students • ¬(s Lookslike s)

这个谓词表示的意思就成了"学生中没有一个像他自己"，这显然不是原来的意思。

为避免这种冲突，可以在进行代换之前，对受限变量重新命名，使其不同于要代换的自由变量的名字。

3.4 全称量词的引入与消去

为了建立关于谓词的推理规则，本节讨论全称量词的引入和消去规则，下节讨论关于存在量词的引入与消去规则。

前面曾讲到过，全称量词可看成推广的合取式。因此，我们应推广合取规则获得全称量词的规则。首先考虑引入规则。为了证明 $p \wedge q$，要证 p 和 q。推而广之，为了证明 ∀x：a • p，就要证明对于 a 中每个值 p 都为真。但是，如果 a 中的值的个数无限，就要有无限个证明。这显然不合适。

一个比较好的办法是证明对于 a 的任意成员为真。如果选取 a 的成员时，能保证它是任意的，则我们的证明可推广到所有成员。这就得到全称量词的引入规则：

⌈x∈a⌉[i]

$$\frac{q}{\forall x : a \cdot q}[\forall+]^{[i]}$$

（设 x 在 q 中不是自由变量）

注意，这里要求检查 x，确保它在 q 中不是自由变量。这就保证没有作关于选择 a 中哪个成员的假定。q 的假定是通过蕴含引入还未消去的 q 的上面的证明树的叶子。

设把约束视作 x 必须满足的条件，得到

⌈x∈a⌉[i]

⌈p⌉[i]

$$\frac{q}{\forall x : a \cdot q}[\forall +]^{[i]}$$

（设 x 在 q 中不是自由变量）

这个规则可以从第一个[∀＋]规则推出：

⌈x∈a⌉[1]

⌈p⌉[2]

.

.

.

$$\cfrac{\cfrac{\cfrac{q}{p \Rightarrow q}[\Rightarrow +]^{[2]}}{\forall x : a \cdot p \Rightarrow q}[\forall +]^{[1]}}{\forall x : a | p \cdot q}[defn]$$

全称量化的约束部分可作为一个隐含的前提。

由一个合取式，可以断定其每个合取项。类似地，从一全称量化的谓词，可断定对于其范围中的任何值，此谓词也成立。假定我们有全称量化的谓词 $\forall x : a \cdot q$，表达式 t 表示 a 中的一个值，则对于此 t，q 为真。

$$\frac{t \in a \quad \forall x : a \cdot q}{q[t/x]}$$

即系统用 t 代换 x，就消去了 ∀。

∀ 消去的完全形式，要求所选择的量满足约束 p，这就等价于蕴含的消去，如下：

$$\frac{t \in a \quad \forall x : a | p \quad p[t/x]}{q[t/x]}[\forall -]$$

把 t 取为 x，得到这个规则的特殊形式：

$$\frac{x \in a \quad \forall x : a | p \cdot q \quad p}{q}[\forall -]$$

3.5　存在量词的引入与消去

存在量化 $\exists x : a | p \cdot q$ 为真的充要条件是，集合 a 中有某值 x 使 p 和 q 都为真。当然，a 中的这个值不必一定叫 x，它可以是使下式为真的任何表达式 t：

$p[t/x] \wedge q[t/x]$

此式表示，假定我们考虑的是 t 而不是 x，则约束 p 与谓词 q 都应为真。

为引入存在量词，我们必须证明，存在这种合适的表达式 t。这只要提供一个例子就可以。

$$\frac{t \in a \quad p[t/x] \quad q[t/x]}{\exists x : a | p \cdot q} [\exists +]$$

其中 t∈a 表示 t 是集合 a 的一个成员。在此∃引入规则中，取 t 为 x，就得到∃引入规则的特例：

$$\frac{x \in a \quad p \quad q}{\exists x : a | p \cdot q} [\exists +]$$

∃消去规则比较啰嗦。谓词∃x：a·s 表示：集合 a 中有一个对象 x，使 s 成立。如果 x 在 p 中是自由的，则简单地把∃量词删去就得到一个关于自由变量 x 的陈述。一般地说，我们不能从∃x：a·p 断定 p。为了使用 p 中所包含的信息，我们必须在消去量词之前完成包含 x 的任何推理。

如果只假定 x∈a 且 p 成立。如果我们能由此推导包含 x 的谓词 r 成立，且对于 a 中的某 x，p 成立，则我们可以安全地断定 r 成立。

$$\ulcorner x \in a \wedge p \urcorner^{[i]}$$
$$\frac{\exists x : a \cdot q \quad r}{r} [\exists -]^{[i]}$$

（如果 x 在假定中非自由且 x 在 r 中也不是自由的）

这里除了假定$\ulcorner x \in a \wedge p \urcorner^{[i]}$之外，在 r 的推导中未对 x 做任何假定。

存在量词的消去规则的完全形式是：

$$\ulcorner x \in a \wedge p \wedge q \urcorner^{[i]}$$
$$\frac{\exists x : a | p \cdot q \quad r}{r} [\exists -]^{[i]}$$

（如果 x 在假定中非自由且 x 在 r 中也不是自由的）

这些规则可视为前面讲过的∨消去规则的推广。对于 x 的每个值，必须证明从 p 和 q 推出 r。

由于全称与存在量词可以被看作是∨与∧这两运算符的推广形式，这里，我们类似地可以有德莫根定律的推广形式，这就是

$$\exists x : a \cdot p \Leftrightarrow \neg \forall x : a \cdot \neg p$$

$$\forall x : b \cdot q \Leftrightarrow \neg \exists x : b \cdot \neg q$$

第4章

相等与确定性的描述

为了扩充我们的语言的表达能力，在这一章我们引入表达式之间相等的概念。引入相等的概念的谓词演算将大大地增强表达能力。相应地引入的推理规则也使我们可以进行相等的表达式代换而不影响命题的真假值或更大表达式的值。这些规则也是许多重要性质，如对称性、传递性等性质的理论基础。

增加了相等性之后，还可以建立关于限定符的推理规则：一点规则。这个规则可用来引入或消去存在限定符，可用来表达唯一性及数量特性。最后，我们引入一种表示法，使得可以通过利用对象的性质而不是通过使用它们的名字来标识对象。

4.1 相等性

1＋1＝2，元旦＝一月一日，1元＝10角，都是熟知的相等的对象。当两个表达式具有相同的值或表达相同的对象时，就称两个表达式相等。在形式化的描述中，如果 e 和 f 不能加以区分，就称 e＝f，即 e 与 f 同一。

我们不用相等来陈述两个同一的谓词。因为为此目的我们保留了一个等价命题联结符。但是，我们用相等来表示两个值(如数)的同一性。因此，可以写 3＋5＝8。因为等号＝两边的表达式表示相同的值。相等性是我们的逻辑语言的原子命题。取得原子命题的其他方式还有集合的所属关系，这将在第5章介绍。

关于相等的推理规则：

- 自反律：如果 t 是任何表达式，则 t 等于 t。

$$\frac{}{t=t}\ [\text{eq-ref}]$$

- 莱布尼兹定律(等价的代换)：如果 s＝t，则任何命题关于 t 成立时，关于 s 也成立。

$$\frac{s=t \quad p[t/x]}{p[s/x]}\ [\text{eq-sub}]$$

如果两个表达式 e 和 f 不同一，则记 e≠f，也是 ¬(e＝f) 的另一种表示。

这样，具有不同性质的表达式，其自身必是不同的。

$$\frac{p[s/x] \quad \neg p[t/x]}{s \neq t}$$

证明如下：

$$\dfrac{\lceil s=t\rceil^{[1]} \qquad \dfrac{\neg p[t/x]}{(\neg p)[t/x]}[\text{subst}]}{}[\text{eq-sub}]$$

$$\dfrac{p[s/x] \qquad \dfrac{(\neg p)[s/x]}{\neg p[s/x]}[\text{subst}]}{\text{false}}[\neg -]$$

$$\dfrac{}{\neg(s=t)}[\neg +]$$

$$\dfrac{}{s\neq t}[\text{abbreviation}]$$

证毕。

利用自反律[eq-ref]和等式代换[eq-sub]这两个规则，可以证明：相等性是对称的与传递的。对称性是指：对于任何表达式 s 与 t，如果 s=t，则 t=s。传递性是指：对于任何表达式 s，t 和 u，如果 s=t 且 t=u，则 s=u。

先证对称性。

令 x 是不在 s 与 t 中出现的新变量，构造下列证明树：

$$\dfrac{s=t \qquad \dfrac{\dfrac{}{t=t}[\text{eq-ref}]}{(t=x)[t/x]}[\text{subst}]}{(t=x)[s/x]}[\text{eq-sub}]$$

$$\dfrac{}{t=s}[\text{subst}]$$

以后我们把这种对称性也作为自然演绎系统的一条推理规则，记为[eq-sym]。

再证传递性。

也令 x 是一新变量。给定 s=t 及 t=u，要证明：s=u。

$$\dfrac{s=t \qquad \dfrac{t=u}{(x=u)[t/x]}[\text{subst}]}{}[\text{eq-sub}]$$

$$\dfrac{(x=u)(s/x)}{s=u}[\text{subst}]$$

4.2　一点规则

利用相等性质，可以消去存在量词表达式中的存在量词。如果可以标识出量词表达式中的受限变量，只要能设法替换该变量在量词表达式内的全部实例，就可删去存在量词。例如，在下面的表达式中，

$\exists x : a \cdot x=t \wedge p$

x 是受限变量，它表示 a 中有一个 x 的值，该值使 $x=t \wedge p$ 为真。如果 t 在 a 中，且 p[t/x]为真，则显然 t 就是我们要找的值。

这正是存在限定符的一点规则的基础。它包含以下的等价性：

$(\exists x : a \mid x=t \wedge p) \Leftrightarrow (t \in a \wedge p[t/x])$

这就要求 x 不是 p 中的自由变量，否则，x 是等价式左部的受限变量，但在右部是自由变量。这时，如果用等价式的右部替换左部，x 就变成了自由变量。

为了证明上面的等价式，需要证明两个蕴含式：从右到左的蕴含。显然，它要作存在量词的引入。

$$
\cfrac{
\cfrac{\lceil t\in a\wedge p[t/x]\rceil^{[1]}}{t\in a}[\wedge-1]
\qquad
\cfrac{
\cfrac{\cfrac{}{t=t}[\text{eq-ref}]\quad \cfrac{\lceil t\in a\wedge p[t/x]\rceil^{[1]}}{}[\wedge-2]}{}[\wedge+]
}{
\cfrac{(t=t)\wedge p[t/x]}{(x=t\wedge p)[t/x]}[\text{subst}]
}
}{
\cfrac{\exists x:a\bullet x=t\wedge p}{t\in a\wedge p[t/x]\Rightarrow \exists x:a\bullet x=t\wedge p}[\Rightarrow+]^{[1]}
}[\exists+]
$$

从左到右的证明更有意思，这需要作存在限定的消去。注意，这里有一个条件：x 不是 p 中的自由变量。

$$
\cfrac{
\cfrac{
\cfrac{
\cfrac{\cfrac{\lceil x=t\rceil^{[2]}}{t=x}[\text{eq-sym}]\qquad \lceil x\in a\rceil}{t\in a}[\text{eq-sub}]
\qquad
\cfrac{\cfrac{\lceil x=t\rceil^{[2]}}{t=x}[\text{eq-sym}]\quad \cfrac{\lceil p\rceil^{[2]}}{p[x/x]}[\text{subst}]}{p[t/x]}[\text{eq-sub}]
}{\lceil \exists x:a\bullet x=t\wedge p\rceil^{[1]}\qquad t\in a\wedge p[t/x]}[\wedge+]
}{t\in a\wedge p[t/x]}[\exists-]^{[2]}
}{(\exists x:a\bullet x=t\wedge p)\Leftrightarrow t\in a\wedge p[t/x]}[\Rightarrow+]^{[1]}
$$

因此，在本逻辑中，存在型一点规则是一导出型规则：

$$\cfrac{\exists x:a\bullet x=t\wedge p}{t\in a\wedge p[t/x]}[\text{一点规则}]$$

（其中 x 在 t 中不是自由变量）

这个规则在规格说明中是很有用。如果已知具有特定性质 p 的对象 x 存在，同时又把 x 标识为 t，这个规则就允许我们直接推出 t 具有性质 p。上面的等价性也是很有用的，它使我们可以消去存在限定变量而不改变谓词的强度。

例如，根据一点规则，谓词

$\exists n:\mathbb{N}\bullet 4+n=6\wedge n=2$

可化解为命题

$2\in\mathbb{N}\wedge 4+2=6$

因为 n 在表达式“2”中不是自由的。同理，谓词

$\exists n:\mathbb{N}\bullet 6+n=4\wedge n=-2$

可简化为命题

$-2\in\mathbb{N}\wedge 6-2=4$

因为 n 在表达式“−2”中不是自由的。但是，谓词

$\exists n:\mathbb{N}\bullet(\forall m:\mathbb{N}\bullet n>m)\wedge n=n+1$

不能通过消去 ∃ 而简化，因为 n 在表达式“n+1”中是自由的。

4.3　数量概念的表达与唯一量词

相等性的引入，由于允许人们标识与区分对象，增强了谓词演算的表达力。

例如，设 x loves y 表示 x 爱 y，又令 people 是所有人的集合。我们可以把“梁山伯只爱

祝英台”这个命题表达为：

$(\text{Liang love Zhu}) \wedge \forall x : people \cdot x \text{ loves Zhu} \Rightarrow x = \text{Liang}$

即，爱祝英台者必是梁山伯。

类似地，也可以表达“至多”和“不多于”这样的数量概念。

例如，“祝英台最多爱一个人”这句话可表达为：

$\forall p, q : people \cdot \text{zhu loves } p \wedge \text{zhu loves } q \Rightarrow p = q$

即，如果 p 与 q 是与祝英台相爱的两个人，则 p 与 q 是同一个人。

“不多于两个学生”这句话可表达为：

$\forall p, q, r : student \cdot p = q \vee q = r \vee r = p$

“至少有一个”这个概念可以用存在题词来表达。

例如，“至少有一个报了名”这句话可表达为

$\exists p : people \cdot p \in Applicants$

其中 Applicants 是报名者的集合。

但是，“至少有两个”这个概念，就要利用相等的概念。

例如，“至少有两个人报了名”这句话可表达为：

$\exists p : people \cdot p \in Applicants \wedge q \in Applicants \wedge p \neq q$

“恰好有一个”这样的概念也可表达，但是比较罗嗦。例如，“我桌子上恰好有一本书”这句话可表达为：

$\exists b : Book \cdot b \in Desk \wedge (\forall c : Book \mid c \in Desk \cdot c = b)$

其中 Book 表示所有书的集合，“x∈Desk”表示“x 在我桌子上”。

由于描述恰好有一个具有某种性质的对象，这个事情很普遍，在 Z 语言中，引入了一个特殊的符号——$\exists_1$，称为唯一量词。

$\exists_1 x : a \cdot p$

表示 a 中恰好有一 x 使 p 成立。

这个新量词可以用前面定义的∃和∀来定义。

$\exists_1 x : a \mid p \cdot q \Leftrightarrow \exists x : a \mid p \cdot q(\forall y : a \cdot p[y/x] \wedge q[y/x]) \Rightarrow y = x$

谓词 $\exists_1 x : a \mid p \cdot q$ 在两个条件成立时为真：a 中有满足 p 和 q 的 x 存在，a 中满足 p 和 q 的任何元素 y 一定与 x 恒同。

4.4　对象的确定性描述

在写一软件系统的规则说明时，常常要利用关于一对象的性质的描述来标识一对象，而不是利用这个对象的名字。这在日常生活中更是如此。例如，当发生一交通事故时，警察可能一时未弄清造事者的姓名和身份，而新闻媒介又要抢新闻，只好说“白车驾驶员”、“穿红上衣的司机”来描述这个人，以表明此人的存在性与唯一性。

在 Z 语言中，对于这种对象的确定性描述，有一种特殊的表示法：μ 表示法。

$(\mu x : a \mid p)$

表示 a 中的使 p 为真的唯一对象 x。

我们以 μ 表示法来表示一些具有一定性质的对象。

- 中国最老的大学

$(\mu x : Universitees \mid x\ is\ the\ oldest\ university\ in\ China)$

- 发现镭的人

$(\mu y : people \mid y\ discovered\ radium)$

- 骑黑色自行车的人

$(\mu z : people \mid z\ rides\ a\ black\ bicycle)$

如果 $y=(\mu x : a \mid p)$，则称 y 是 a 中使 p 为真的唯一元素。

例如，"玛丽·居里是发现镭的人"可表示为

$Marie\ Curie=(\mu y : people \mid y\ discovered\ radium)$

这个谓词等价于下列谓词：

$\exists x : people \bullet x\ discovered\ radium \wedge x=Marie\ Curie$

这句话只有在存在具有这种性质的唯一对象才有意义。这个要求也反映在 μ 运算符的证明规则之中：

$$\frac{\exists_1 x : a \bullet p \qquad t \in a \wedge p[t/x]}{t=(\mu x : a \mid p)}[\mu+]$$

（如果 x 在 t 中不是自由变量）

及

$$\frac{\exists_1 x : a \bullet p \qquad t=(\mu x : a \mid p)}{t \in a \wedge p[t/x]}[\mu-]$$

（如果 x 在 t 中不是自由变量）

如果 a 中存在唯一的 x 使 p 成立，且 t 就是这个对象，则我们可以推出 t 就等于 μ 表达式 $(\mu x : a \mid p)$。相反，如果 t 等于这个 μ 表达式且唯一性有保证，则可以断定 t 是 a 中使 p 为真的元素。

如果不存在具有特定性质的唯一对象，则不能证明相等性。

例如，$1=(\mu n : \mathbb{N} \mid n=n+0)$不成立。

因为每一个数都具有这种性质，不止一个 1。

为了证明一对象不等于给定的 μ 表达式，必须证明该 μ 表达式所表示的唯一对象不是此对象。

例如，下列命题表示 3 不是加 4 等于 6 的自然数：

$3 \neq (\mu n : N \mid 4+n=6)$

证明：

$$\cfrac{\cfrac{\overline{\qquad\qquad}[\text{自然数加法}]}{\exists_1 n : N \mid 4+n=6} \qquad \ulcorner 3=(\mu n : \mathbb{N} \mid 4+n=6)\urcorner^{[1]}}{\cfrac{\cfrac{\cfrac{3 \in N \wedge 4+3=6}{4+3=6}[\wedge -2]}{false}[\text{自然数加法}]}{3 \neq (\mu n : \mathbb{N} \mid 4+n=6)}[\neg +]^{[1]}}[\mu-]$$

证毕。

现在，考虑一个问题：如何证明：

$1=(\mu n:\mathbb{N} \mid n=n+0)$?

这可以先假定

$1=(\mu n:\mathbb{N} \mid n=n+0)$

然后导出一个矛盾，证明它们否定。

$$\cfrac{\cfrac{\exists_1 n:\mathbb{N} \mid n=n+0 \qquad \lceil 1=(\mu n:\mathbb{N} \mid n=n+0)\rceil^{[1]}}{\begin{array}{c}\vdots\\ \overline{\text{false}}\end{array}}[\mu-]}{1=(\mu n:\mathbb{N} \mid n=n+0)}[\neg+]$$

问题是我们不能利用假定

$1=(\mu n:\mathbb{N} \mid n=n+0)$

因为我们不能证明

$\exists_1 n:\mathbb{N} \mid n=n+0$

实际上它是假的。即便可以证明，也没有用处，因为它不能导出矛盾。总之，我们不能证明

$1=(\mu n:\mathbb{N} \mid n=n+0)$

也不能证明

$1\neq(\mu n:\mathbb{N} \mid n=n+0)$

在这个意义上说，我们的证明系统是不完全的。具有性质 $n=n+0$ 的值有许多，不止一个。我们把描述性短语

$(\mu n:\mathbb{N} \mid n=n+0)$

称为不适当的。

有时我们感兴趣的不是具有某性质的某个对象，而是同这个对象有关的另一对象或表达式。这就是更一般形式的 μ 表达式：

$(\mu x : a \mid p \bullet e)$

表示这样的表达式 e，a 中有唯一的 x 使 p 为真。

例如，浙江大学最年轻的教授的生日可由下列 μ 表达式表示：

$(\mu x : \text{Prefessor} \mid x \text{ is the youngest in ZJU} \bullet \text{birth\_day}(x))$

关于这种形式的确定性描述的证明规则为：

$$\frac{\exists_1 x : a \bullet p \qquad \exists x : a \mid p \bullet t=e}{t=(\mu x : a \mid p \bullet e)}[\text{确定性描述}]$$

（假定 x 在 t 中不是自由的）

及

$$\frac{\exists_1 x : a \bullet p \qquad t=(\mu x : a \mid p \bullet e)}{\exists x : a \mid p \bullet t=e}[\text{确定性描述}]$$

（假定 x 在 t 中不是自由的）

注意，由于 x 是唯一的对象，因此，表达式 e 也是唯一的。

第5章

集　合

数学对象大多是其他对象的总称。例如，自然数是大于零的整数的总称；函数是数偶的总称。这种总称就是所谓的集合，它们的理论是数学的基础部分。数学又是现代软件工程的基础。因此，集合对于形式化规格说明与设计是非常重要的理解与表达工具。

Z语言建立在集合论的基础之上。本章将讨论初等集合论的基本知识，包括，集合的定义方法，幂集合，笛卡尔积。它们是Z语言写规格说明、求精和证明所必需的内容。

最后，我们将引入基于最大集合的类型系统，这个系统将贯穿于本书的后面诸章之中。由于使用了这个系统，规格说明中使用的变量与表达式才保持一致。

5.1　集合及其定义方法

直观地说，集合是任何良好定义的对象的群体。"良好定义"这个术语我们将在后面解释。一个集合中的对象可以是任何事物，如：数、人、字母、汽车等等，甚至是集合本身。

例如，项目的群体都是集合：

- 亚洲国家
- 通过毕业考试的中学生
- 素数
- 运行足够长时间将停止的C语言程序

我们将对一个集合中的元素的个数不作任何限制，它可以是0，也可以是任何有限数或无限。我们也不要求，是否有一个有效的算法或过程决定任一对象是集合的一个成员。上例中的程序群体就是一个集合，尽管没有可以确定一个任意程序可以停止的算法存在。

定义集合的方法有：枚举法、理解法、集合运算法。这将在下面一一讨论。

5.1.1　集合的枚举定义法

如果集合的元素个数不多，可以通过一一枚举这个集合的元素的方法来定义这个集合。例如，含有3个元素a、b和c的集合s可定义为

s={a,b,c}

记号s == e中，s是集合的名字，被定义为等于表达式e，也可以说，s是e的语法缩写。我们将在后面对这个记号作详尽的解释。

记号 $x \in s$ 表示对象 x 是集合 s 的元素，读为“x 属于 s”或“x 在 s 中”。如果 x 不是 s 的元素，则可以写为 $x \notin s$。显然

$$x \notin s \Leftrightarrow \neg (x \in s)$$

例如，假设用 Primes 表示全部素数组成的集合，则下面的命题为真：

$3 \in \text{Primes}$

$11 \in \text{Primes}$

$10 \notin \text{Primes}$

属于关系∈的概念可用来定义集合之间的相等。当且仅当集合 s 和 t 有相同的成员时，集合 s 与 t 是相等的，即 s 的每个成员都是 t 的成员，且 t 的每个成员都是 s 的成员。据此，我们建立相应的推理规则：

$$\frac{(\forall x : t \bullet x \in u) \wedge (\forall x : u \bullet x \in t)}{t = u}[\text{枚举公理}]$$

（如果 x 在 t 和 u 中都非自由变量）

这个规则表示等价性，称为枚举公理，是著名的 Zermelo-Fraenkel 集合论的公理之一，也是 Z 语言的基础之一的集合论的变种。

一表达式属于按枚举法描述的集合的充要条件是，当且仅当它是这个集合的元素之一：

$$\frac{t = u_1 \vee t = u_2 \vee \cdots \vee t = u_n}{t \in \{u_1, u_2, \cdots, u_n\}}[\text{枚举一属于}]$$

从这个规则，可以发现集合的一个重要性质：枚举元素的顺序及重复是无关紧要的。

例如，如下两个集合是相等的：

$s = \{2,2,5,5,4\}$

$t = \{2,4,5\}$ 则有 $s = t$

可以利用推理规则来证明这个结论，如下：

$$\dfrac{\dfrac{\dfrac{\dfrac{\dfrac{\dfrac{\ulcorner x \notin s \urcorner^{[1]}}{x \in \{2,2,5,5,4\}}[\text{等于一代换}]}{x = 2 \vee x = 5 \vee x = 4}[\text{枚举一属于}]}{x \in \{2,4,5\}}[\text{枚举一属于}]}{x \in t}[\text{等于一代换}]}{\forall x : s \bullet x \in t}[\forall +]^{[1]} \quad \dfrac{\dfrac{\dfrac{\dfrac{\dfrac{\ulcorner x \notin t \urcorner^{[2]}}{x \in \{2,4,5\}}[\text{等于一代换}]}{x = 2 \vee x = 4 \vee x = 5}[\text{枚举一属于}]}{x \in \{2,2,5,5,4\}}[\text{枚举一属于}]}{x \in s}[\text{等于一代换}]}{\forall x : t \bullet x \in s}[\forall +]^{[2]}}{\dfrac{(\forall x : s \bullet x \in t) \wedge (\forall x : t \bullet x \in s)}{x = t}[\text{枚举公理}]}[\wedge +]$$

注意，在上面的推理中，按枚举定义 s 和 t 两个集合之后，就可以假定它们的前提与结论相同，且相应地可代换，这就有：

$$\frac{x \in s}{x \in \{2,2,5,5,4\}}[\text{等于一代换}] \quad 及 \quad \frac{x \in \{2,2,5,5,4\}}{x \in s}[\text{等于一代换}]$$

$$\frac{x \in t}{x \in \{2,5,4\}}[\text{等于一代换}] \quad 及 \quad \frac{x \in \{2,5,4\}}{x \in s}[\text{等于一代换}]$$

有些集合由于某种特殊重要性，在Z语言中冠以特殊的名字。例如，全部自然数的集合，$\mathbb{N}=\{1,2,3,4,5,\cdots\}$

这并不是集合$\mathbb{N}$的形式定义。其形式定义将在后面给出。

无元素的集合也是很特殊的，我们把空集写成$\varnothing$。关于空集$\varnothing$，还有一个Zermelo－Fraenkel集合论公理：

$$\frac{}{\forall x: a \bullet x \notin \varnothing}[\text{空集}]$$

不管我们考虑的集合a是什么，a中的任何值x都不在空集$\varnothing$中。

为了定义集合相等的概念。如果集合s中的每个元素都出现在集合t中，则称集合t包含s，s是t的子集，记为$s \subseteq t$。

通过结论全称限定，可以证明一集合是另一集合的子集：

$$\frac{\forall x: s \bullet x \in t}{s \subseteq t}[\text{子集}]$$

（如果x不是t中的自由变量）

可以按两个方向来使用这条规则，建立：

$s \subseteq t \wedge t \subseteq s \Leftrightarrow s = t$

如果s是t的子集，并且t又是s的子集，则s与t是相同的集合。

5.1.2　集合理解定义一利用谓词定义集合

给定任何非空集s，如果只考虑s中的那些满足某性质p的元素，可以定义一个新的集合。这种定义集合的方法叫做理解(comprehension)。记为

$\{x: s \mid p\}$

表示s中那些满足谓词p的元素x的集合。

一个简单的理解定义包括两部分：声明部分$x: s$和谓词部分p。声明部分可以看成是一个过滤器，只让满足p的那些x通过。

另一种情况是，只对从满足谓词的值形成的某表达式感兴趣，而不关心值本身是什么。这时，可在集合理解中增加一个项目部分：

$\{x: s \mid p \bullet e\}$

表示由一切表达式e的集合，e中的x在s中且满足谓词p。表达式e通常包括一个以上的x的自由出现。

作为一个例子，考虑一个地址的集合。这个地址是获得奖学金的大学生的地址。设Student是大学生的集合，Award表示大学生x获得奖学金这样一个谓词，则这个集合可表示为：

$\{x: Student \mid Award \bullet address(x)\}$

如果对被选择的x没有任何限制，仍可用集合理解法定义表达式的集合：

$\{x: s \mid e\}$

表示一切表达式e的集合，e中的x选自s。

在前一例子中，如果取消Award这个限制，就是全体学生的地址的集合。即：

$\{x: Student \mid address(x)\}$

这样，集合理解的完整形式就包括三部分：声明、谓词和项目。没有项目时，集合理解等价于项目为受限变量的集合理解。即：

$\{x:s|p\}=\{x:s|p\bullet x\}$

类似地,没有谓词部分的理解等价于具有谓词 true 的理解。即:

$\{x:s\bullet e\}=\{x:s|true\bullet e\}$

谓词 true 实际上对 x 值的选择没有任何限制。

理解的声明部分中可引入多个变量。

$\{x:s;y:t|p\bullet e\}$

表示表达式 e 的集合,e 中含变量 x 与 y,它们取值的范围分别为 s 和 t,且满足谓词 p。

如果一集合 a 是通过理解法定义的,则表达式 f 是 a 的一元素的充要条件是:a 中有一表达式 e 使 e=f。

$$\frac{\exists x:s|p\bullet e=f}{f\in\{x:s|p\bullet e\}}[\text{理解}]$$

(其中 x 在 f 中不是自由的)

第 4 章的一点规则导致一对关于无项目部分的集合理解的导出规则:

$$\frac{f\in s\quad x\in s\quad p[f/x]}{f\in\{x:s|p\}}[\text{理解}-\text{代换}]$$

(其中 x 在 f 中不是自由的)

$$\frac{f\in\{x:s|p\}}{f\in s\wedge p[f/x]}[\text{理解}-\text{代换}]$$

(其中 x 在 f 中不是自由的)

5.2 幂集

如果 s 是一个集合,则由 s 的全部子集组成的集合叫 s 的幂集合,并写为 $\mathbb{P}s$。例如,如果 s={0,1},则

$\mathbb{P}s$ 有$=\{\varnothing,\{0\},\{1\},\{0,1\}\}$

这个新集合共有四个元素。一般地说,如果 s 有 n 个元素,则幂集 $\mathbb{P}s$ 有 2^n 个元素。

例如,如果 s={A,B,C,D},则

$\mathbb{P}s=\{\varnothing,\{A\},\{B\},\{C\},\{D\},\{A,B\},\{A,C\},\{A,D\},\{B,C\},\{B,D\},\{C,D\},\{A,B,C\},\{A,B,D\},\{A,C,D\},\{B,C,D\},\{A,B,C,D\}\}$

因此,一集合 t 属于集合 s 的幂集合 $\mathbb{P}s$ 的充要条件是,当且仅当 t 是 s 一个子集。这就导出下面的推理规则:

$$\frac{t\leqslant s}{t\in\mathbb{P}s}[\text{幂集}]$$

这个推理规则对应于 Zermelo-Fraenkel 集合论的幂集公理—对应任何集合 s 都存在一个幂集合。

事实上,对于任何集合 s,空集一定是 $\mathbb{P}s$ 的一个元素:

$\varnothing\in\mathbb{P}s$

在 Z 语言中,还有另外一个幂集符号:$\mathbb{F}s$,它表示 s 的有限子集的集合。我们以后给出它的定义。

5.3　笛卡儿积

如果 s 和 t 是两个集合，则笛卡儿积 $s \times t$ 是一个新的集合，它的元素是形如 (x,y) 的二元组，其中 x 是 s 的一个元素，y 是 t 的一个元素。二元组是恰好有两个元素的多元组，又称为序偶。具有 n 个元素 $(n>2)$ 的多元组叫做 n 元组。一般地说，设 $s_1, s_2, s_3, \cdots, s_n$ 是 n 个集合，则笛卡儿积 $s_1 \times s_2 \times \cdots \times s_n$ 的元素是具有形式

$(x_1, x_2, \cdots, x_n)$

的 n 元组，其中每个元素 x_i 分别是集合 s_i 的一个元素。这就导出下面的笛卡儿积所属([cart-mem])推理规则：

$$\frac{x_1 \in s_1 \wedge \cdots \wedge x_n \in s_n}{(x_1, x_2, \cdots, x_n) \in s_1 \times s_2 \times \cdots \times s_n}\text{[笛卡儿积－代换]}$$

当 $n=2$ 时，这个规则表示下面的等价性：

$(x,y) \in s_1 \times s_2 \Leftrightarrow x_1 \in s_1 \wedge y \in s_2$

序偶 (x,y) 是积集 $s_1 \times s_2$ 的一个元素，当且仅当 x 是 s_1 的一个元素，且 y 是 s_2 的一个元素。

笛卡儿积中成分的顺序是至关重要的：如果 s_1 和 s_2 是不同的集合，如 $s_1 \times s_2 \neq s_2 \times s_1$。这个道理也适用于积集的元素：两个多元组是相同的充要条件是当且仅当它们的每个成分都一致：

$$\frac{x_1 = y_1 \wedge \cdots \wedge x_n = y_n}{(x_1, \cdots, x_n) = (y_1, \cdots, y_n)}\text{[笛卡儿积－相等]}$$

为了引用一个多元组 t 的成分，我们使用投影表示法。多元组的第一个成分记为 t.1，第二个记为 t.2，如此类推。

$$\frac{t.1 = x_1 \wedge \cdots \wedge t.n = x_n}{t = (x_1, \cdots, x_n)}\text{[笛卡儿积－投影]}$$

5.4　并集、交集和差集

集合 a 与 b 的并集是包含 a 和 b 的全部元素的最小集合，记为 $a \cup b$。

$$\frac{x \in (a \cup b)}{x \in a \vee x \in b}\text{[并]}$$

可以这样来推广并集运算符：设有集合 $s_1, s_2, s_3, \cdots, s_n$ 是以这些集合为元素构成的集合，那么，$\bigcup s$ 就表示包含所有这样的元素的最小集合，这些元素至少出现在集合 $s_1, s_2, s_3, \cdots$ 中的一个集合中。

$$\frac{x \in \bigcup s}{\exists a : s \bullet x \in a}\text{[并]}$$

Zermelo-Fraenkel 集合论的并集公理确保：对于集合集 s，$\bigcup s$ 肯定存在。

例如，设

$A=\{1,2,5\}, B=\{1,3,5,6\}, C=\{2,4,6,8\}$

则$\bigcup\{A,B,C\}=\{1,2,3,4,5,6,7,8\}$。集合 a 和 b 的交集是只包含 a 与 b 的公共元素的集合,记为 $a\cap b$。于是有如下的推理规则:

$$\frac{x\in(a\cap b)}{x\in a\wedge x\in b}[交]$$

可以如下推广交集运算符:如果 s 是集合 $s_1, s_2, s_3, \cdots$ 组成的集合,即 $s=\{s_1, s_2, s_3, \cdots\}$,则$\bigcap s$ 表示只包含出现在每个集合 $s_1, s_2, s_3, \cdots$ 中的元素的集合。

$$\frac{x\in\bigcap s}{\forall a: s\bullet x\in a}[交]$$

如果 s 是空集,则上面的全称量词表达式对任何 x 不为真,集合$\bigcap\varnothing$包含相应类型的全部元素(见 5.5 节)。

集合 a 与 b 的差集是只包含出现在 a,但不出现在 b 中的元素的集合,记为 $a\backslash b$。于是,有如下的推理规则:

$$\frac{x\in(a\backslash b)}{x\in a\wedge a\notin b}[差]$$

5.5 类型

当人们用集合论来刻画软件系统的时候,常常包含某种类型的概念。在 Z 语言中,这是一个简单的概念:类型是一个最大的集合。至少在当前的规格说明的范围内是如此。这样,就可确保一规格说明中的每个值 x 都恰与一类型相关:$x\in s$ 所属的最大集合。

Z 表示法有一个内部构造的类型—Z,即全部整数的集合。任何其他类型都将从 Z 或值的基本类型构造出来。基本类型是一集合,其内部结构是不可见的。我们可以引用这种集合的元素,并把它们与某性质相关联,但不能对集合本身有任何假定。

利用幂集构子 $\mathbb{P}$ 和笛卡儿积×可以建立另外的类型。如果 T 是一类型,则

$\mathbb{P}T$ 是 T 的所有子类型的类型。如果 T 和 U 是类型,则 $T\times U$ 是由 T 和 U 的元素形成的全部序偶组成的类型。

例如,$\mathbb{P}Z$ 是整数的全部集合的类型:

$\{1,2,3\}\in\mathbb{P}Z$

而笛卡儿积 $Z\times Z$ 是所有偶数的类型:

$(1,2)\in Z\times Z$

说明中的每个值都与一种类型相关这一事实是很有用的。人们可以把类型检查算法到 Z 文档的数学正文上来,以披露使用的变量名与表达式中的不一致性,从而提高形式化的规格说明的可信度。

本书对定义与使用集合的方式作了一些限制。例如,命题 $x\in s$ 是有效的仅当 s 的类型是 x 的类型的幂集时才成立。否则,此命题将是无意义的,在规格说明中不能使用。这种限制,有助于回避某种形式的悖论。

例如,如果在使用$\in$时不考虑类型,我们就可以定义一个集合 R,它是那些不属于自身的某类型 T 的集合的集合:

$R == \{s : T \mid \neg s \in s\}$

这就导出下面的逻辑悖论：

$$\dfrac{\dfrac{R \in T \wedge \neg (R \in R)}{R \in \{s : T \mid \neg s \in s\}}[\text{笛卡儿积一代换}]}{R \in R}[R\text{ 的定义}]$$

集合 R 是它自身的一个元素。反之，如果它不是自身的元素，又可推出它不是自身的一个元素。因此，定义必会把一个矛盾带入我们的规格说明。

第6章

对象的定义

为了使规格说明中的陈述的语句有意义，就必须确保其中所涉及的对象都是合适地定义的。

在Z表示法中，有多种定义对象的方法，包括：声明，省略法定义，公理法定义。此外，还有关于自由类型和构型(schemas)的特殊定义机构。在这一章中，我们讨论声明、省略和公理定义的用法。同时，也讨论它们所包含的信息的推理规则。

6.1 声明

定义一个对象的最简单的方法就是声明它。如果该对象是一给定的集合，或基本类型，只要把它的名字用方括号括起来就是声明它。例如：

[Type]

引入一个名为Type的新的基本类型。如果该对象是一变量，则其声明的形式为：

x：A

它引入一个新变量x，A是x所在的集合。如果A不是Z(整数的类型)，这个名字必须在规格说明中别的地方定义过。

例如，一旅馆的信息管理系统，为对客户的收费进行管理，该系统的规格说明应包含以下类型声明

[Guest，Rooms]

引入两个基本类型表示全部客户的集合及全部房间的集合。

变量声明

x：Guest

引入一个类型为Guest的变量x。

形如x：t的声明，其中t是一类型，被称为签字(signature)。明确地指明被引入的对象的类型。还有一种声明是在签字之后跟约束，以规定该对象取值的范围更小，是所指类型的子集。声明有局部与全程之分。局部声明，即集合理解、限定或μ表达式部分，约束跟在一垂线之后：

$x : t \mid x \in s$

全局声明引入在整个规格声明中可用的常数，需要公理定义，我们以后再讨论。

6.2　省略法定义

定义对象的另一种方法是写出为一现存的对象并显示二者相同，省略法定义

new ==old

为一老对象 old 引入一个新名字 new，这个老对象必须在它所在的规格声明中别处定义过。新名字 new 是该规格声明的一个全程常数，其类型和值都与 old 相同。

例如，省略法定义

Rgb =={red,green,blue}

引入一个新集合名 Rgb，作为上面所描述的枚举量集合的别名。名字 red,green,blue 必须在别处定义，不是由该省略所引进的。如果它们是类型 colours 的元素，则 Rgb 是类型 $\mathbb{P}$colours 的一个常数。

省略法定义的任何符号可以从一个规格声明中删去，只要用==右边的表达式代换该符号的任何出现即可。因此，省略法定义不可构成递归定义。在写规格说明时，有时希望规格定义一符号组，用不同的下标区分名字，而不去为每个名字定义一个符号。这就是名字组的省略定义：

Symbol 参数==表达式

这个式子定义一个带参数的全程常数 symbol，参数表中的每个参数可以出现在右端的表达式中。因而它是一个通用的省略定义。

空集符号$\varnothing$是这种定义的最典型的例子。在 Z 写的规格说明中，每个对象都属于一个且只有一个类型。因此，不同类型的空集应是不同的，应加以区别。集合 s 的对象的空集定义可写成

$\varnothing[s] == \{x : s \mid false\}$

在此例中参数是一种类型。一般的，它可以是任何集合。参数表可括在方括号中，也可省略，只要选定值从上下文可以确定。

例如，对于任何集合 T，可以如下定义 T 的全部非空子集的集合：

$\mathbb{P}_1 T == \{a : \mathbb{P}T \mid a \neq \varnothing\}$

其中参数表两边的方括号被省略了，因此显得较自然。注意，右边的符号$\varnothing$，从上文可以看出，是 T 的元素的空集。

在 Z 中，还允许中缀的符号省略法定义。其一般形式为

参数 Symbol　参数==表达式

被定义的全程常数 symbol 可以在参数表的中间。

例如：

S　rel　t ==$\mathbb{P}(s \times t)$

定义通用符号 rel，它有两个参数，对于任何集合 s 和 t，集合 s　rel　t 是 $s \times t$ 的幂集。

一旦作出了省略定义，就可断定==左边的符号等于右边的表达式。每个省略定义如上一个讨论规则到我们的规格说明

$$\frac{}{S=e}[\text{省略定义}]$$

(给省略定义 s ==e)通用省略定义增加一组规则,每个实例一个。

例如,从以上空集定义的例子中,可以证明:对于任何 n:ℕ,n 不是数的空集的元素。

$$\frac{}{\quad}[\text{省略定义}]$$

$$\frac{[n\in\varnothing[\mathbb{N}]]^{[1]}}{n\in\{n:\mathbb{N}\mid false\}}[\text{等于代换}]\frac{\varnothing[\mathbb{N}]=\{n:\mathbb{N}\mid false\}}{\{n:\mathbb{N}\mid false\}=\varnothing[\mathbb{N}]}[\text{相等对称性}]$$

$$- -$$

$$\cfrac{\cfrac{\cfrac{n\in\mathbb{N}\wedge false}{false}[\wedge-2]}{n\notin\varnothing[\mathbb{N}]}[\neg+]^{[1]}}{\forall n\in\mathbb{N}\cdot n\quad\varnothing[\mathbb{N}]}[\vee+]^{[2]}$$

6.3 公理定义

第三种形式的定义包含对所引入的对象的约束。这种定义之所以称为公理定义,是因为假定使用该被定义的符号时,约束成立一它是该对象的公理。

公理定义具有形式:

声明
谓词

其中谓词表示在声明中引入的对象的约束。

例如:

x:s
P

引入新的符号 x,它是 s 的一个元素,且满足谓词 P。谓词可以是对 x 取值的约束,甚至可以约束 x,使其可表示一个对象。

例如,自然数的公理定义可写为:

ℕ

这个定义引入一新对象ℕ,ℤ的子集,由大于或等于零的整数组成。

一个公理定义的声明与谓词部分,可用来支持它们定义的符号的推理。

$$\frac{}{x\in s\wedge p}[\text{公理定义}]$$

对于每个公理定理,都有这样的推理规则。

但是,应注意避免公理定理带来的不一致性。这种定义使某种对象具有给定的性质,但不能与规格说明的其他部分(特别是不能与熟知的正确结论)矛盾。

例如，下面的定义 maxprime 是不对的。

| maxprime: N

| ∀ p: prime • maxprime ≥ p

$$\frac{\begin{array}{l}maxprime:\mathbb{N}\end{array}}{\forall p:prime \bullet maxprime \geq p}$$

众所周知，maxprime 是不存在的。

如果一个公理定义的谓词部分为真，则此公理定义的谓词部分可省略，如下形成：

| x : s

这是一个全程常数 x 的声明。它把下面的相应的推理规则也引入当前的规格说明。

$\frac{}{x \in s}$[公理定义]

但是，这样的定义仍可是一矛盾：集合 s 可以是空的。

6.4 类属定义

公理定义可以参数化，使之可定义一簇全程常数。这种定义称为类属定义，类属参数属某集合名。其一般形式如下：

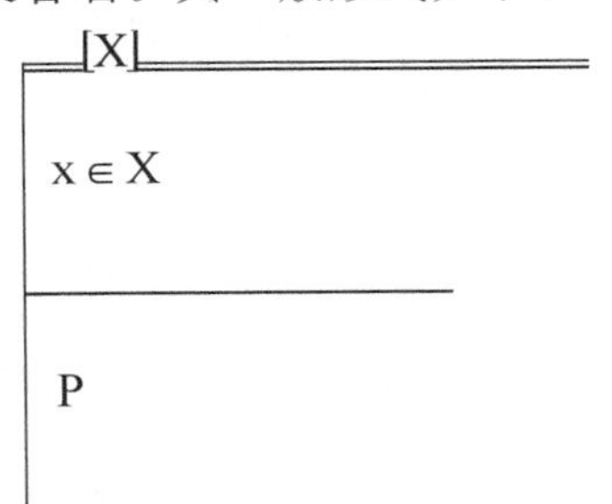

这个类属定义引入一个类型为 X 的类属常数 x，满足谓词 P。集合 X 是一形式参数，称为类属参数。可把它看成一个基本类型，其作用域是定义的体。

当使用这个定义时，对应于类属参数的任何值必须是集合类型。用实在集合替换类属定义中的类属参数称为类属定义的例化。如同省略法定义那样，实在参数可括在方括号中，或者，从上下文可明确确定时也可省略括号。

下面给出类属定义的两个例子。

(1) 任意集合 X 的非空子集的集合

[X]

$\mathbb{P}_1 : \mathbb{P}(\mathbb{P}X)$

$\mathbb{P}_1 = \{s : \mathbb{P}X \mid s \neq \emptyset\}$

应用此定义时，方括号可有可无。$\mathbb{P}_1[s]$ 于 $\mathbb{P}_1 s$ 相等。

(2) 集合包含运算符

[X]

$\_\subseteq\_ : PX \leftrightarrow PX$

$\forall s,t : \mathbb{P}X \cdot s \subseteq t \Leftrightarrow \forall x : X \cdot x \in s \Rightarrow x \in t$

⊆符号表示相同类型 $\mathbb{P}X$ 的两个集合间的关系(在第 7 章中讨论)。应用时,可以省略方括号:

$\{2,3\} \subseteq \{1,2,3,4\}$

类属定义的推理规则类似于公理定义,只是增加例化参数的机构。

一般情况下,如果 s 是一个包括 X－$\mathbb{P}X$ 的表达式(例如),且规格说明包含类属定义:

[X]

x:S

P

则可运用下列规则:

$$\frac{}{(x \in S \wedge p)[t, x[t]/X, x]}[\text{公理定义}]$$

其中 t 是对应于形成类属参数 X 的值。这也是一组推理规则,对于规格说明中的每个定义,对于形式参数 X 的每个例化,都有一个规则。

例如,根据 $\mathbb{P}_1$的定义及相应的推理规则,可以证明:$\mathbb{N} : \mathbb{P}\mathbb{Z}$

$\mathbb{P}_1$

$\varnothing[\mathbb{N}] \notin \mathbb{P}_1[\mathbb{N}]$

其证明树如下:

$$\frac{}{\mathbb{P}_1[\mathbb{N}] \in \mathbb{P}(\mathbb{P}\mathbb{N}) \wedge \mathbb{P}_1[\mathbb{N}] = \{s : \mathbb{P}\mathbb{N} \mid s \neq \varnothing[\mathbb{N}]\}}[\text{公理定义}]$$

$$\frac{}{\mathbb{P}_1[\mathbb{N}] = \{ s : \mathbb{P}\mathbb{N} \mid s \neq \varnothing[\mathbb{N}]\} s \neq \varnothing[\mathbb{N}]\}}[\wedge -2]$$

$$\frac{}{\{s : \mathbb{P}\mathbb{N} \mid s \neq \varnothing[\mathbb{N}]\} = \mathbb{P}_1[\mathbb{N}]}[\text{相等对称性}] \qquad \ulcorner \varnothing[\mathbb{N}] \mathbb{P}_1[\mathbb{N}] \urcorner^{[1]}$$

$$\frac{}{\varnothing[\mathbb{N}] \in \{s : \mathbb{P}\mathbb{N} \mid s \neq \varnothing[\mathbb{N}]\}}[\text{相等代换}]$$

$$\frac{}{\varnothing[\mathbb{N}] \in \mathbb{P}\mathbb{N} \wedge \varnothing[\mathbb{N}] \neq \varnothing[\mathbb{N}]}[\text{理解定义}]$$

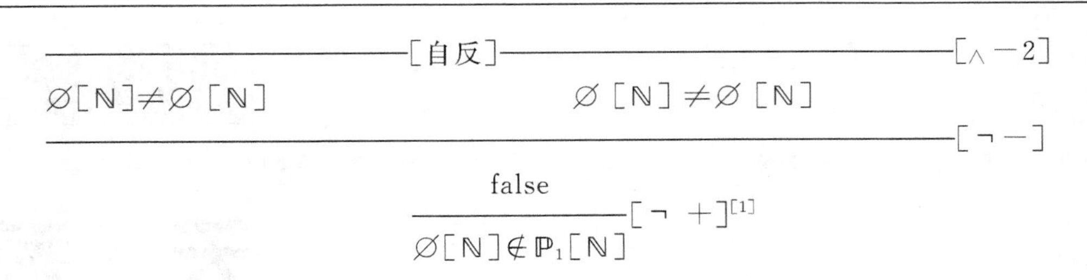

$$\dfrac{\dfrac{\dfrac{}{\varnothing[\mathbb{N}]\neq\varnothing[\mathbb{N}]}[\text{自反}]\quad\dfrac{}{\varnothing[\mathbb{N}]\neq\varnothing[\mathbb{N}]}[\wedge-2]}{\text{false}}[\neg-]}{\varnothing[\mathbb{N}]\notin\mathbb{P}_1[\mathbb{N}]}[\neg+]^{[1]}$$

第7章

关系

在描述软件系统时，常常要刻画对象之间的关系。例如，张老师教物理，立老师教数学；张老师与王老师是中文系的老师，赵老师与何老师是化学系的老师。这些对象—老师、学科、系别之间的关系，都可以抽象为数学上的概念—关系。

本章讨论关系的定义、分类及关系上的操作，关系的构造及其意义。

7.1 声明

虽然可以定义关系是表达有限个对象之间的联系，但是，双目关系对于我们最重要也已足够。这就是表达两个对象之间的联系的概念。用数学语言来说，关系是有序偶的集合，即两个集合的笛卡儿积的子集。

设 X 与 Y 是集合，则 X↔Y 表示 X 与 Y 的全部关系的集合。这个符号可用类属省略法表示为：

$X \leftrightarrow Y == \mathbb{P}(X \times Y)$

X↔Y 的任何对象是序偶的集合，序偶的第一个元素来自 X，第二个元素来自 Y。

设 X={a,b}，　　Y={0,1}，则

X↔Y =={0,{(a,0)},{(a,1)},{(b,0)},{(b,1)},{(a,0),(a,1)},
{(a,0),(b,0)},{(a,0),(b,1)},{(a,1),(b,0)},{(a,1),(b,1)},
{(b,0),(b,1)},{(a,0),(a,1),(b,0)},{(a,0),(a,1),(b,1)}
{(a,0),(b,0),(b,1)},{(a,1),(b,0),(b,1)},
{(a,0),(a,1),(b,0),(b,1)}}

这个集合的一个元素是{(a,1),(b,0),(b,1)}，表示 a 与 1 结合，b 与 0 及 b 与 1 结合的关系。

设 Teachers 表示教师的集合，Courses 表示课程的集合。teaches 表示 Teachers↔Courses 关系，则可声明：

teaches : Teachers↔Courses

构成一个关系的序偶一般写成(x,y)，其中 $x \in X, y \in Y$。有时写成映射子，即 $x \mapsto y$，与(x,y)同意。因此，teaches 关系有几种表示，如下：

{(张老师，物理)，(李老师，数学)，……}

或{张老师↦物理，李老师↦数学，……}

于是(张老师，物理)∈ teaches 及张老师↦物理 ∈ teaches

我们也可以为一种关系引入中缀表示符号。这就是关系符号出现在两个对象的符号的中间。例如，两个数之间的≤关系，两个集合之间的∈关系。如果(x,y)是中缀关系时，用下划线表示两个相关对象所在位置。

例如，中缀关系 rides 可以定义为：

rides：people wheeledVehicles

rides＝{Zhang3 ↦ Bicycle，Li4 ↦ Bicycle，Wang5 ↦ Unicycle，Chen6 ↦ Tricycle}

例如序偶或映射子表示关系，只对小关系很方便，对于大关系及无限关系，这是不实用的。

例如，两个整数之间的"小于"关系：

$\_<\_ : \mathbb{Z} \mapsto \mathbb{Z}$

$\forall x,y:\mathbb{Z} \cdot (x < y \Leftrightarrow \exists z:\mathbb{N}_1 \cdot y=x+z)$

7.2　定义域和值域

在定义一关系时用到两个集合有时分别称为源和目的。rides 关系的源集合是 people，目的集合是 WheeledVehicles。当然，一个关系并不要使源集合的每个成员同目的集合的每个成员发生关系，这两个集合中，只有一部分用于关系的描述。

给出用于关系的描述中真正用到的源和目的元素所构成的子集是很有用的。至少同目的就一个元素相关的源集合的元素构成的子集叫该关系的定义域。rides 的定义域是

{Zhang3，Li4，Wang5，Chen6}

类似地，关系的值域由目的集合中的同源集的至少一个元素相关的全部元素组成。rides 的值域为

{Bicycle，Unicycle，Tricycle}

如果 R 是类型 X↔Y 的任意关系，其定义域就是 dom R，其值域是 ran R。形式地：

$\mathrm{dom}\ R=\{x:X \mid (\exists y:Y \cdot x \mapsto y \in R)\}$

$\mathrm{ran}\ R=\{y:Y \mid (\exists x:X \cdot x \mapsto y \in R)\}$

7.3　关系上的操作

集合上有许多操作，如并、交、差等。在写规格声明时，利用关系上的操作作为一种描述手段，自然是有用的。由于关系实际上是序偶的集合，全部集合操作自然可运用于关系。例如：

rides \{ Wang5 ↦ Unicycle，Chen6 ↦ Tricycle }

　　＝{ Zhang3 ↦ Bicycle，Li4 ↦ Bicycle }

又若 LiYing 开始骑三轮车，描述这个新关系的一个办法是

$rides \cup \{ LiYing \mapsto Tricycle \}$

除了一般的集合操作外，由于关系的特殊性，还要提供一些特殊的操作，下面对于这些操作进行讨论。

7.3.1 限制与缩减

如果 R 是类型 $X \leftrightarrow Y$ 的关系，A 是 X 的子集，则 $A \lhd R$ 表示 R 的定义域限制为 A。这是序偶的集合

$\{x : X; y : Y \mid x \mapsto y \in R \wedge x \in A \bullet x \mapsto y \}$

这是 R 的子集，其第一元素在 A 之外的序偶都被排除在外。这是缩小原来的关系的一种办法，只考虑原来的定义域的一部分。例如，如果对前面定义的 rides，我们只对姓张的和姓李的骑的车感兴趣的话，就可以写

$ZL\_rides = \{Zhang3, Li4\} \lhd rides$

符号◁叫做定义域限制运算符，它出现在被限制到集合与原来的关系名之间。

另一个限制运算符▷，把关系限制在一部分值域。如果 B 是 Y 的任意子集，则 $R \rhd B$ 表示 R 的值域限制到 B。这是序偶的集合

$\{x : X; y : Y \mid x \mapsto y \in R \wedge y \in B \bullet x \mapsto y\}$

其第二元素在 B 之外的映射子都被排除在外。例如，假定我们只对谁骑自行车的关系感兴趣，只需要通过把 rides 的值域限制为{Bicycle}就可得到：

$rides \lhd \{Bicycle\}$

这里关系在左，子集在右，同前者正好相反。

为了从一关系的定义域中排除子集 A，我们可以考虑定义域限制$(x \backslash A) \lhd R$。但是，这种操作很多，因此，还是提供一种简便的形式为要。我们计为 $A \lhd R$ 表示 R 关系的定义域减去 A。这样：

$A \lhd R = \{x : X; y : Y \mid x \mapsto y \in R \wedge x \notin A \bullet x \mapsto y \}$

类似地，可以从一关系的值域减去一集合 B(B 是值域的任意子集)，我们记为 $R \rhd B$。

$R \rhd B = \{x : X; y : Y \mid x \mapsto y \in R \wedge y \notin B \bullet x \mapsto y \}$

7.3.2 关系求逆

如果 R 是集合 $X \leftrightarrow Y$ 的一个元素，则称 X 和 Y 分别是关系 R 的源和目的集合。这说明关系是有方向性的，它把一个集合的对象同另一个集合的对象相关。我们可以颠倒这个方向，并按不同的方式提供相同的形式。

关系求逆运算符～就是做这件事的。源和目的交换一下，每个序偶的元素也交换一下，其结果就是 $Y \leftrightarrow X$ 的元素，即

$\forall x : X; y : Y \bullet x \mapsto y \in R^{\sim} \Rightarrow y \mapsto x \in R$

前面定义过的关系 rides 的逆，把什么车子被谁骑相关，即

$rides^{\sim} = \{Bicycle \mapsto Zhang3, Bicycle \mapsto Li4, Unicycle \mapsto Wang5, Tricycle \mapsto Cheng6\}$

如果一关系的源和目的有相同类型，则称该关系是同质的；如果它们的类型不同，则称该关系是异质的。

例如，自然数上的关系 $<$ 是同质的，它的源和目的都是自然数 $\mathbb{N}$，关系 rides 的源和目的是 people 和 Wheeledcycle，二者不同，因而是异质的。

同一关系(id)是重要的同质关系，定义为

$\mathrm{id}\ X = \{x : X \bullet x \mapsto x\}$

这个关系把 X 的每个元素同自己相关。同一关系在关于其他关系的推理中很有用，并用于对其进行分类。如果同质关系包括同一关系，则称该关系是自反的。X 上的全部自反关系的集合定义为：

$\mathrm{Reflexive}[X] == \{R : X \leftrightarrow X \mid \mathrm{id}\ X \subseteq R\}$

即，如果 $\forall x : X \bullet x \mapsto x \in R$，则称 R 是自反的。

例如，自然数上的≤是自反的，但<关系不是。

同质关系有一个很有用的性质—对称性。我们称一关系是对称的，如果它使 x 与 y 相关，它也称 y 与 x 相关。

$\mathrm{Symmetric}[X] == \{R : X \leftrightarrow X \mid \forall x, y : X \bullet x \mapsto y \in R \Rightarrow y \mapsto x \in R\}$

同质关系可以是反对称的。这时，不可能使两个不同的元素按两个不同的方向都相关。

$\mathrm{Antisymmetric}[X] == \{R : X \leftrightarrow X \mid \forall x, y : X \bullet x \mapsto y \in R \wedge y \mapsto x \in R \Rightarrow x = y\}$

如果一关系是反对称的，可以利用它来证明两对象间的相等性：证明这个关系按两个方向都成立即可。

例如，子集关系⊆是反对称的。对于任意两个集合 s 和 t，如果 $s \subseteq t$ 且 $t \subseteq s$，则 $s = t$。这个事实常被用来证明两个集合相等。

同质关系 R 可能是不对称的。这时，语句 $x \mapsto y \in R$ 与 $y \mapsto x \in R$ 是互斥的。

$\mathrm{Asymmetric}[X] == \{R : X \leftrightarrow X \mid \forall x, y : X \bullet (x \mapsto y \in R) \Rightarrow \neg (y \mapsto x \in R)\}$

即，$x \mapsto y \in R$ 与 $y \mapsto x \in R$ 不能同时成立。

例如，严格的子集关系⊂是不对称的：不可能有两个集合 s 和 t 使 $s \subset t$ 且 $t \subset s$。

这三个种类——对称。反对称和不对称，并不能穷尽全部关系，还有这样的关系，他不是上面任何一种。

考虑下面定义的关系 likes。设 L、M、N 三个人住在一个房子中。喜欢关系 likes 记录他们三人之间的感情：

$\mathrm{Likes} = \{L \mapsto M, L \mapsto M, L \mapsto L, M \mapsto L, M \mapsto M, M \mapsto N, N \mapsto N\}$

不难看出，likes 是一个自反关系，但不是对称的：M 喜欢 N，但 N 不喜欢 M，它不是反对称的：M 与 L 相互喜欢，但他们并非同一个人。

最后，作为一种自反关系，它不能是不对称的。即便从中减去同一关系，$L \mapsto M, L \mapsto M$ 仍然破坏不了对称关系。

7.3.3 关系的复合

如果一个关系的目的类型同另一个关系的源类型匹配，则可以把这两个关系联合成一种新关系。如果 $R : Z \leftrightarrow Y, S : Y \leftrightarrow Z$，则我们把 R;S 表示 R 与 S 的关系型复合，$X \leftrightarrow Z$ 的一个元素，使

$x \mapsto z \in R;S \Leftrightarrow y : Y, x \mapsto y \in R \wedge y \mapsto z \in S$

即，如果有一个中间元素 y 使 x 与 y 相关且 y 与 z 相关，则 x 与 z 通过复合 R;S 相关。

为了说明问题，我们定义一个新关系，把车种与其有几个轮子发生关联：

haswheels ==｛Unicycle ↦ 1，Bicycle ↦ 2，Tricycle ↦ 3｝

于是我们有两个关系：

rides：People↔WheeledVehicles

haswheels：WheeledVehicles↔ $\mathbb{N}_1$

rides 与 haswheels 复合产生新关系 ridesonwheels，类型为 people。这个关系记录每个人可以骑几个轮子的车。

ridesonwheels＝rides ；haswheels

这个复合关系可图示如下：

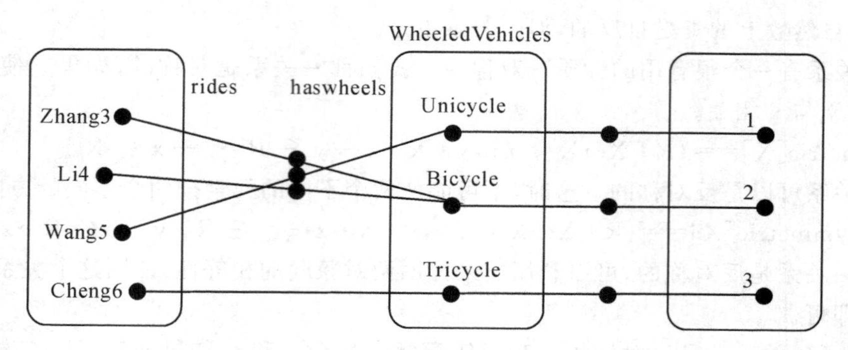

显然，rideswheels ==｛Zhang3 ↦ 2，Li4 ↦ 2，Wang5 ↦ 1，Cheng6 ↦ 3｝

在前面，我们提出了同质关系的两个重要的性质：自反性和对称性。一关系是自反的，如果它包含同一关系，对称的，如果它包含自己的逆。关系的复合牵涉到第三个性质：传递性。

一个同质关系 R 是传递的，如果 R 中的每一对映射子 x ↦ y 与 y ↦ z 在 R 中都有相应的映射子 x ↦ z。

Transtive[X]＝｛ R：X↔X ｜ ∀ x，y，z：X，x ↦ y ∈ R ∧ y ↦ z ∈ R⇒x ↦ z ∈ R ｝

请看两个例子。

自然数上的大于关系是传递的，当 a＞b 及 b＞c，则 a＞c.

Likes 关系不是传递的：如果 L ↦ M，M ↦ N，但 L ↦ N 并不在其中。即 L 喜欢 M，M 喜欢 N，但 L 并不喜欢 N。

如果一个同质关系是自反的，对称的与传递的，则它是一个等价关系：

Equivalence[X]==Reflexive[X]∩Symmetric[X]∩Transitive[X]

在一个集合 X 上的等价关系，把该集合分解为若干个互不相交的子集，每个子集的元素按 E 两两等价。对于每个元素 a，a 的等价类是集合

｛x：X ｜ x ↦ a ∈ E｝

即，同元素 a 相关的元素的集合。

7.3.4 关系的闭包

闭包是规格说明中的一个非常重要的原理：给定一定数量的信息，如何最大限度地使用这些信息。把这个原理运用到关系时，就是增加一些映射子到一个关系，直到达到有用的

性质。

闭包的最简单的形式通过增加同一关系而得到。如果 R 是一个同质关系，我们用 R^+ 表示它的自反闭包，这里

$R^+ = R \cup \mathrm{id}\ X$

一自反关系是它自己的自反闭包。

例如，自反闭包 $<^+$ 是关系 $\leqslant$.。likes 关系是它自己的自反闭包，$L \mapsto L$，$M \mapsto M$，$N \mapsto N$ 已在 likes 中。

另一种形式的闭包通过增加足够多的映射子以产生对称关系而得到。如果是同质关系，我们用 R^S 表示对称闭包，这里

$R^S = R \cup R^\sim$

任何包含 R 的对称关系一定也包含 $R^\sim$；通过增加一些映射子到可得到最小的这种关系。

例如，likes 关系不是对称的；M 喜欢 N，但 N 不喜欢 M。为了得到对称闭包 likes，必须增加映射子 $N \mapsto M$，如下图所示：

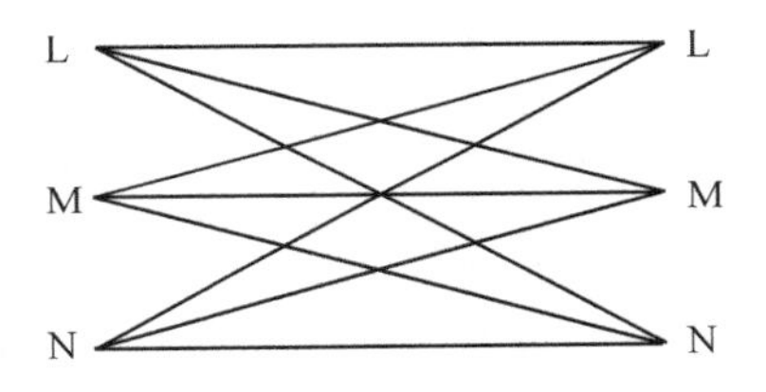

如果 R 是同质关系，考虑 R 与自身复合有限次以后的结果。如果 $x \mapsto z$ 在 R;R 中，由于 x 和 z 是通过两次应用 R 才相关，因而 x 必同某 z 相关。

对于任意正整数 n，R^n 表示的 n 次复合，即

$R^1 = R$

$R^2 = R\ ;\ R$

$R3 = R^2\ ;\ R$

⋮

还可以扩展这种重复概念到任何整数(包括负整数)，把 R^{-n} 看成 R^n 的逆，R^0 看成同一关系。

把全部有限次 R 的复合得到的信息联合起来，形成关系 R^+，这里

$R^+ = \{n : \mathbb{N} \mid n \geqslant 1 \cdot R^n\}$

这是一个传递关系。因为如果 $x \mapsto y$ 与 $y \mapsto z$ 在 R^+ 中，则一定有正整数 i 与 j 使 $x \mapsto y \in R^i$ 且 $y \mapsto z \in R^j$，但 $x \mapsto y \in R^i ; y \mapsto z \in R^j$ 也是 R^+ 的一个元素，这样，就 $x \mapsto z$ 在 R^+ 因此，它是传递关系。

如果是同质关系，R 的自反传递闭包有时也很有用。如果 $R : X \mapsto X$，则 R^+ 表示包含最小自反传递关系。这里，$R^* = R^+ \cup \mathrm{id}\ X$

7.3.5　关系的映象(image)

我们为关系引入的最后一个操作是映象。给定以关系的定义域的任何子集，我们得到

该关系与此子集相关的值域的元素的子集合。例如，假定我们要找出有张三(Zhang3)或李四(Li4)所骑的车子是什么。我们已经有前面定义的关系 rides：

$$rides = \{ Zhang3 \mapsto Bicycle, Li4 \mapsto Bicycle, Wang5 \mapsto Unicycle, Cheng6 \mapsto Tricycle \}$$

则所需的集合是，它是目的集 WheeledVehicles 的子集。这个集合叫关系 rides 的映象。

一般地，对于任何关系 $R: X \leftrightarrow Y$ 和集合 $S: \mathbb{P}X$，定义

$$R(|S|) = \{x: X; y: Y \mid x \in S \wedge x \mapsto y \in R \bullet y\}$$

事实上，关系映象同定义域限制的联系很密切。如果限制 R 的定义域为 S，则其值域恰是关系映象，即

$$R(|S|) = ran(S \lhd R)$$

第8章

函 数

如果一个集合的每个对象至多同另一个对象相关，这两个集合的这种关系就称为函数。

本章将介绍函数的表示法和他们的应用；讨论如何用这种表示法产生Z语言的许多基本运算符的精确定义；阐明函数的性质；考虑函数的有限定义问题。

8.1 偏函数和全函数

正如符号↔表示关系一样，我们为函数选用一个新符号。最普遍的一类函数叫偏函数。称其为偏的用意是，函数的定义域不一定是整个源集合。从X至Y的偏函数是一个关系，它把X的每个元素至多同Y的一个元素相关，记为$X \rightarrowtail Y$，表示所有的这种关系的集合。定义

$Z \rightarrowtail Y == \{f : Z \leftrightarrow Y \mid \forall x : X;\ y_1, y_2 : Y \bullet x \mapsto y_1 \in f \wedge x \mapsto y_2 \in f \Rightarrow y_1 = y_2\}$

当函数使X的一个元素Y的两个元素相关时，这两个元素一定相同。

函数的一种特殊情形是其定义域为整个源集合。这种函数称为全函数，因为定义域覆盖整个源集合。假定我们定义一个新关系，使每个人都和他的年龄相关：

ageofpeople : People↔ℕ

首先，这是个函数，因为集合People中的每个成员只同一个数相关。其次，每人都有年龄，所以这个函数的定义域是整个源集合People。这就表示此函数是全函数。

对于全函数，使用记号→表示。于是，可以声明：

ageofpeople : People→ℕ

一般地，表示X至Y的全体全函数集合，其中

$X \rightarrow Y == \{f : X \rightarrowtail Y \mid \mathrm{dom}\ f = X\}$

如果a位于函数f的定义域之中，则f(a)表示同a相关的唯一对象，f(a)是施用函数到参数f产生的结果。关于函数使用的推理规则有两条。第一条规则陈述，如果f有唯一的映射子以a为第一元素及以b为第二元素，则b=f(a)。

$$\frac{\exists_1 p : f \bullet p.1 = a \mid a \mapsto b \in f}{b = f(a)} [\text{理解定义}] \qquad \text{如果 b 在 a 中不是自由变量}$$

第二条规则陈述：如果b=f(a)且有唯一的序偶，其第一元素是a，则a↦b ∈ f

$$\frac{\exists_1 p : f \bullet p.1 = a \mid b = f(a)}{a \mapsto b \in f} [\text{理解定义}] \qquad \text{如果 b 在 a 中不是自由变量}$$

上述两个推理规则中,必须保证 a 中无 b 的自由出现。

8.2 函数的 λ 表示法

假定 f 是一函数,其定义域是 X 中满足约束 p 的那些元素。如果施用 f 到任意元素 x 的结果可以写成表达式 e,则 f 可被写成

$f=\{x:X \mid p \bullet x \mapsto e\}$

λ 表示法为函数提供更精密的表示,如下:

$f=\lambda x:X \mid p \bullet e$

例如,double 函数(加倍)可定义为

$double: \mathbb{N} \rightarrow \mathbb{N}$

$double=\lambda m: \mathbb{N} \bullet m+n$

这个函数的定义域是整个源集合,λ 表达式中的约束部分被省略。

逼近函数 approx 有两个参数,一个是自然数 n,另一个是自然数的集合 s,返回 s 中的一个最接近 n 的值 a,即

$a \leqslant n \wedge \forall y: s \bullet y \leqslant n \Rightarrow y \leqslant a$

近似值 a 是 s 中不大于 n 的最大元素,这个函数可定义如下 F:

$approx:(\mathbb{N} \times \mathbb{P}\mathbb{N}) \rightarrow \mathbb{N}$

$approx=\lambda \rightarrowtail n: \mathbb{N}; s: \mathbb{N} \mid s \neq \varnothing \bullet (\mu x: s \mid x \leqslant n \wedge \forall y: s \bullet y \leqslant n \Rightarrow y \leqslant x)$

由于自然数的离散性质,在每个非空集合中有 n 的唯一近似值存在。

如果一 λ 表达式声明部分引入多个变量,则该函数的源类型是各变量的类型的笛卡儿积。例如,函数源

$\lambda\ a:A;b:B;c:C;\cdots$

的类型是 $A \times B \times C$。因而可以施用该函数至形如(a,b,c)的对象,其中 $a \in A, b \in B, c \in C$。

考虑下面两个多变量函数的例子。

1°函数 pair 有两个变量参数 f 和 g,它们都是 ℕ 上的同质关系。pair 的结果是一个函数,此函数以自然数 n 为参数,返回结果是由 f 与 g 施用于 x 产生的数偶。pair 的定义如下:

$pair:((\mathbb{N} \nrightarrow \mathbb{N}) \times (\mathbb{N} \nrightarrow \mathbb{N})) \bullet (\mathbb{N} \nrightarrow (\mathbb{N} \times \mathbb{N}))$

$pair=(\lambda f,g: \mathbb{N} \nrightarrow \mathbb{N} \bullet (\lambda n: \mathbb{N} \mid n \in dom\ f \cap dom\ g \bullet (f_x, g_x))$

由于 f 与 g 可以是自然数上的偏函数,pair 是全函数。

函数施用是左结合的:表达 fga 为(fg)a。但是,函数箭头是右结合的 $A \rightarrow B \rightarrow C$:应理解为 $A \rightarrow (B \rightarrow C)$。

2°$triple=\lambda\ n: \mathbb{N} \bullet n+n+n$

pair(double,triple)3 =(pair(double,triple))3

=(λ n:ℕ • (double n,triple n))3

=(double3,triple3)

=((λ n:ℕ • n+n)3,(λ n:ℕ,n+n+n)3)

=(6,9)

8.3 内射、满射与双射

函数的重要性质是,其映射图中没有发散的箭头——从定义域中的一个点没有两条以上的箭头到值域的不同点。如果一个关系中没有发散箭头,这个关系就是内射函数,或内射。形式地,f 是一个内射,如果

$\forall x_1, x_2 : \mathrm{dom}\ f \bullet f x_1 = f x_2 \Rightarrow x_1 = x_2$

如果一函数的值域是整个目的集合,该函数被称为满射函数,或满射。即,如果函数的目的集合是 B,且 ran f=B,则 f 是一个满射。

设 E 是偶数的集合,E={n:ℕ | 2n}。定义如下两个函数 double 及 double1 如下:

double:ℕ⇸ℕ
double=λn: ℕ • n+n

double1:ℕ⇸E
double1=λn: ℕ • n+n

不难看出,double 是内射,double1 是满射。因为 ran double=E ⊆ double 的目的集合 ℕ,但 ran double1=E=double1 的目的集合。

如果一函数既是内射,又是满射,此函数就是双射函数,或双射:定义域上无二元素映射为相同的对象,且值域是整个目的集合。

Double1 实际上也是一个双射。可以利用通用省略法定义全部偏内射函数的集合。如果 A 与 B 是集合,则

$A \rightarrowtail\!\!\!\!\!\!\!+\ B == \{f : A \rightarrowtail\!\!\!\!\!\!\!+\ B \mid \forall x_1, x_2 : \mathrm{dom}\ f \bullet f x_1 = f x_2 \Rightarrow x_1 = x_2\}$

全部全内射函数的集合,可定义为:

$A \rightarrowtail B == (A \rightarrow B) \cap (A \rightarrowtail\!\!\!\!\!\!\!+\ B)$

全内射函数是 A 至 B 的全函数的内射函数的任何成员。

例如,若 s 与 t 是两个集合{1,2}与{a,b,c},则从 s 至 t 的全部偏内射函数的集合是:

$s \rightarrowtail\!\!\!\!\!\!\!+\ t = \{\varnothing, \{1 \mapsto a\}, \{1 \mapsto b\}, \{1 \mapsto c\}, \{2 \mapsto a\}, \{2 \mapsto b\}, \{2 \mapsto c\},$

$\{1 \mapsto a, 2 \mapsto b\}, \{1 \mapsto a, 2 \mapsto c\}, \{1 \mapsto b, 2 \mapsto a\},$

$\{1 \mapsto b, 2 \mapsto c\}, \{1 \mapsto c, 2 \mapsto a\}, \{1 \mapsto c, 2 \mapsto b\}\}$

所有的全内射函数是

$s \rightarrowtail t = \{\{1 \mapsto a, 2 \mapsto b\}, \{1 \mapsto a, 2 \mapsto c\}, \{1 \mapsto b, 2 \mapsto a\},$

$\{1 \rightarrowtail b, 2 \rightarrowtail c\}, \{1 \rightarrowtail c, 2 \rightarrowtail a\}, \{1 \rightarrowtail c, 2 \rightarrowtail b\}\}$

如果A和B是集合,如下定义从A至B的全部偏满射的集合:

$A \twoheadrightarrow B == \{f : A \twoheadrightarrow B \mid \operatorname{ran} f = B\}$

全满射函数是这个集合中的任何从A至B的全函数:

$A \twoheadrightarrow B == (A \rightarrow B) \cap (A \twoheadrightarrow B)$

对于上面定义的s和t两个集合,没有从s至t的满射函数:

$s \twoheadrightarrow t = \varnothing$

因为s的元素个数少于t,而一函数称为满射就要求定义域中元素的个数不少于目的集中元素的个数。

最后,利用通过省略法定义从A至B的全部偏双射的集合:

$A \rightarrowtail\!\!\!\twoheadrightarrow B == (A \rightarrowtail\!\!\!\twoheadrightarrow B) \cap (A \twoheadrightarrow B)$

全部全双射的集合:

$A \twoheadrightarrow B == (A \rightarrowtail\!\!\!\twoheadrightarrow B) \cap (A \rightarrow B)$

由于上面定义的从s至t的函数无满射,当然也无双射。但是,如果把t改成两个元素的集合{a,b},则可能有两个双射:

$S \rightarrowtail\!\!\!\twoheadrightarrow \{a, b\} = \{\{1 \rightarrow a, 2 \rightarrow b\}, \{1 \rightarrow b, 2 \rightarrow a\}\}$

这两个函数也是全函数。

8.4 有限函数

对于许多规格说明任务,如果不管为系统建模所用的集合是否有限结合,会是很有用的。但是,也常有那样的情形,需要考虑有限集合作为函数的定义域或值域,使系统的建模更为方便合理。

有限集合使其元素可数到某个自然数n的集合:即,一个可以作为从1,2,……,n映射到的全双射的值域的集合。

例如,集合{a,b,c}是一有限集合,可视为从集合{1,2,3}映射到双射的值域:

$\{1 \mapsto a, 2 \mapsto b, 3 \mapsto c\}$

Z语言包含定义数的有限集合的表示法。数范围运算符,是自然数偶上的函数,定义为:

$$\_\,..\,\_ : \mathbb{N} \twoheadrightarrow \mathbb{N} \rightarrow \mathbb{P}\,\mathbb{N}$$

$$\forall n, m : \mathbb{N} \bullet m\,..\,n = \{t : \mathbb{N} \mid m \leqslant t \leqslant n\}$$

如果m与n是自然数,则m..n是由m至n之间的自然数(包含m和n)组成的集合。

Z语言函数定义了另一个幂集符号:如果X是一个集合,则X的所有有限子集的集合由

$\mathbb{F}X == \{s : \mathbb{P}\,X \mid \exists n : \mathbb{N} \bullet \exists f : 1\,..\,n \rightarrowtail\!\!\!\twoheadrightarrow s \bullet true\}$

定义。如果X是有限集合,则$\mathbb{F}X$与$\mathbb{P}X$相等。

如果s是有限集合,则#s表示s中元素的个数。这个运算符,叫大小或势运算符,定义

如下：

```
──[X]═══════════════
│ #:𝔽X → ℕ
├──────────────
│ ∀s:𝔽X； n:ℕ · n=#s ⇔ ∃ f: ( 1..n ) ⤖ s · true
└──────────────
```

对于任何有限集合 s，恰好存在一个自然数 n，使我们可以定义一个从 1.. n 至 s 的双射。

如果一函数的定义域是有限集合，则此函数是有限函数，记为 A　B，表示从 A 至 B 的全部有限函数的集合：

A ⇻ B ==｛f ∶ A ⇸ B ∣ dom f ∈ 𝔽 A｝

这个集合很重要，它对应于以 A 的元素为索引的 B 的所有有限集。

另一个是全部有限内射的集合：

A ⤕ B ==(A ⇻ B) ∩ (A ⤔ B)

这个集合对应于以 A 的元素为索引的 B 的全部有限集，无重复。

8.5　函数性质小结

前面几节中，引入了许多不同且有用的函数子类的表示法。现将其小结于下面的表中。假定函数 f 的源为 A，目的为 B

函　数		约　束		
名　字	符　号	Dom f	一对一	ran f
全函数	→	=A		⊆B
偏函数	⇸	⊆A		⊆B
全内射	↣	=A	是	⊆B
偏内射	⤔	⊆A	是	=B
全满射	↠	=A		=B
偏满射	⤀	⊆A		=B
双　射	⤖	=A	是	=B
偏双射	无符号定义	⊆A	是	=B
有限偏函数	⇻	⊆A		⊆B
有限偏内射	⤕	⊆A	是	⊆B

当声明一个函数时，应考虑下列问题：

- 它是偏还是全？

• 它是内射吗？
• 它是满射吗？
• 源是有限集吗？

由于任何函数都是关系的子集合，下面的图示也展示了函数的分类。

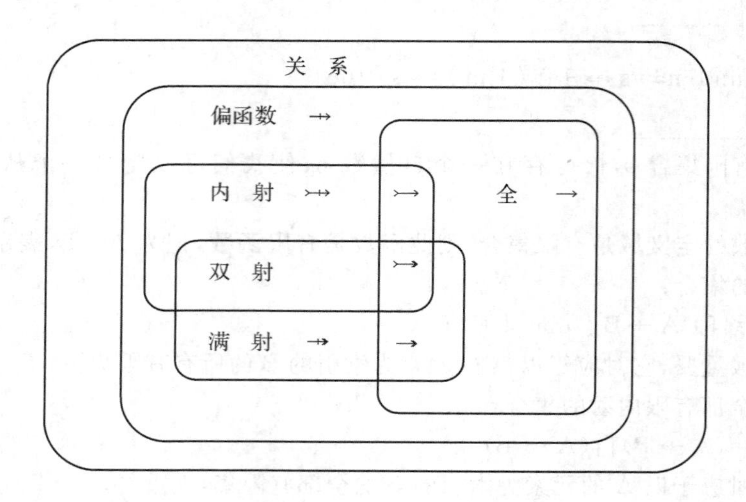

8.6 函数上的操作

由于函数是特殊种类的关系，以前为关系定义的全部操作都可运用到函数。如复合、定义域与值域限制、缩减、求逆、关系映象等等都可用于函数。

这一节中我们引入专用于函数的新运算符，以新的信息修改函数并产生新函数。这就是函数修正(functional overriding)。

如果 f 与 g 是同一类型的函数，则 $f \oplus g$ 表示 f 与 g 的函数修正。这是一个函数，在 g 的定义域外，它处处与 f 一致，但在 g 被定义的范围中与 g 一致。

[x]

$$\_\oplus\_ : (X \rightarrow Y) \times (X \rightarrow Y) \rightarrow (X \rightarrow Y)$$

$$\forall f, g : X \rightarrow Y \cdot f \oplus g = (\mathrm{dom}\, g \lhd f) \cup g$$

这个运算符通常是用于函数，但也可用于相同类型的两个关系。

给定 $\mathbb{F}$ 的两个函数：

$f = \{0 \mapsto 1, 1 \mapsto 1\}$

$g = \{0 \mapsto 2, 2 \mapsto 1\}$

以 g 来修改 f，得到

$f \oplus g = \{0 \mapsto 2, 1 \mapsto 1, 2 \mapsto 1\}$

如果两个函数有个不相交的定义域，则$\oplus$就像并运算符$\cup$一样：

$\text{dom } f \cap \text{dom } g = \varnothing \Rightarrow f \oplus g = f \cup g$

这时，成为可交换的

$\text{dom } f \cap \text{dom } g = \varnothing \Rightarrow f \oplus g = g \oplus f$

第9章

序 列

集合中的对象是无序的，也没有重复。但是，有很多时候，对象的顺序很重要. 例如，按时间顺序排列的消息队列；按重要程度执行的任务组；按某个名字排列的数组. 这种情况要求一种不同于集合的数据模型来描述。

本章介绍一种重要的数学概念——序列。作为对象的有序群体，如何联合序列组成新的序列；如何从序列中抽取信息；序列理论同集合理论的关系等问题都将在本章中加以讨论。此外，本章还将给出所用运算符的形式定义，关于序列的一般结论的证明方法。

9.1 序列的有关概念

序列是对象的有序群体. 如果这个群体没有对象，该序列就是空序列，表示为‘＜＞’。否则序列就表示为用尖括号括起来的对象的表列。例如，表达式＜a,b,c ＞表示包含有所示顺序的对象 a,b 和 c 的序列。

序列的一种有用的组合方式是联结，按照这种方式，一个序列的元素按其顺序接在另一序列的后面组成一个更大的序列。如果 s 和 t 都是序列，则 s⁀t 表示 s 与 t 的联结。例如：

＜a,b,c＞⁀＜d,e＞＝＜a,b,c,d,e＞

一个序列包含的信息包括元素及其在该序列中的顺序。但是，人们关心的可能不是全部信息，而是某部分信息。利用过滤运算符可以使人们只考虑一序列中的属于一给定集合的那一部分元素。如果 s 是一序列，则 s↾A 是 s 中的属于集合 A 的最大子序列。例如：

＜a,b,c,d,e,d,c,b,a＞↾{a,b}＝＜a,b,b,a＞

元素的顺序与重复性都予以保留。

例如，火车站的电子公告牌上显示火车到达终点站名及离开车站的时间，按离站时间顺序排列。这可以用一个序列来描绘，序列的每个元素是由离站时间与目的地组成的对偶

trains ==＜(6：00,Shanghai),(6：30,Shanghai),
(7：00,Beijing),(8：30,Beijing),
(8：40,Nanjing),(9：00,Shanghai)＞

现在有某人只对去上海的火车站感兴趣。这可以利用过滤运算符来表示：

trains↾{t：Time(t,Shanghai)}

此即：

<(6：00,Shanghai),(6：30,Shanghai),(9：00,Shanghai)>

为了抽取序列中所包含的信息,可以利用序列上的操作。

如果 s 是一非空序列,则

head s=s 的第一元素

tail s=s 的第一元素后面的子序列,于是

head <a,b,c,d,e>=a

tail <a,b,c,d,e>=<b,c,d,e>

虽然 head<a,b,c,d,e>⁀tail<a,b,c,d,e>=<a,b,c,d,e>

一般地,对于非空序列 s

s =<head s>⁀tail s

利用上面的序列 trains,如果要到北京的第一趟火车,可表示为:

head(trains ↾{t：Times・(t,Beijing)})=(7：00,Beijing)

序列 S 中元素的个数用#s 表示。例如:

#<a,b,c,d,e>=5

#<>=0

#trains=6

#tail trains=5

到上海的火车数表示为

#(trains ↾{t：Times・(t,shanghai)})=3

分配的联结运算符把一个序列的序列映射为一个单序列:这个过程也时称为展平。例如:

⁀/<<a>,<b,c>,<d,e>,<f,g,h>>=<a,b,c,d,e,f,g,h>

这个运算符的应用可以从下面的例子看出。某人把他的朋友的地址按姓氏拼音序存放在 26 个文件中:address. a,address. b,…,address. z。每个文件中的记录个数按字母数字序存放:例如,文件 address. z 包含记录:

ZhangMing,15 Liberation Road,…

ZhongTao,27 Yenan Street,…

ZhongTien,40 West Street,…

现在他想把这 26 个文件合并成一个文件,且顺序与原来一致。可以利用 Dos 的 Copy 命令来做这件事,如下:

copy address. a+address. b+…address. z　address. all

如果把每个文件表示为地址的序列,例如,最后文件由序列 address. z 表示,其中

address. z=< 'Zhang Ming,15 Liberation Road',
　　　　　'Zhong Tao,27 Yenan Street',
　　　　　……>

则上面的 Dos Copy 命令的效果可以通过分配的联络来实现:

address. all=⁀/<address. a,address. b,…,address. z>

文件 address. all 将包含全部名字与地址,且按姓氏的字母顺序排列。

9.2 序列的形式化定义

前面引入的运算符未给出形式化定义，对其性质还未给出证明的方法，甚至不能确保具有那些所述的性质的数学对象是否存在。例如，对于非空序列 S，我们有：

s＝<head s>⌃tail s

但我们没有给出其证明。因此，必须建立序列理论的形式化基础。

在引入这种形式化定义之前，我们引入了表示序列的特殊记号。例如：

<a,b,c>

<c,a,a>

<d>

< >

第一个序列有三个元素，第一个为 a，第二个为 b，第三个为 c 。这个模型不同于集合：<a,b,c>≠<b,c,a>

第二个序列中有两个元素相同，同理：

<c,a,a>≠<c,a>

第三个序列是只有一个元素的序列。第四个序列是空序列。同集合概念的唯一类似是，任何一个序列中的元素必须是同一类型的。

由于序列中元素的位置特征及重复性，序列<a,b,c>包含有位置与元素的信息，如下：

位置	元素
1	a
2	b
3	c

记录这一切的另一种办法是把它写成关于定义域为{1,2,3 }的函数，把位置映射为元素的函数：

$\{1 \mapsto a, 2 \mapsto b, 3 \mapsto c\}$

由此给予我们一个启示，如何表示一个序列。可以把它看作是从自然数ℕ的某个初始段 1..n 到序列元素的函数。函数中的每个映射子把数(位置)映射为出现在该序列的位置上的元素。一般为序列沿用的尖括号表示不过是这个函数的缩写表示。于是，我们有：

<a,b,c>＝$\{1 \mapsto a, 2 \mapsto b, 3 \mapsto c\}$

<c,c,a>＝$\{1 \mapsto c, 2 \mapsto a, 3 \mapsto c\}$

<d>＝$\{1 \mapsto d\}$

<>＝∅

由这个基本表示出发，当两个序列在每个相同位置上的每个元素都相同时，两个序列相等。例如：

<a,b,c>≠<b,c,a>

因为

$\{1 \mapsto a, 2 \mapsto b, 3 \mapsto c\} \neq \{1 \mapsto b, 2 \mapsto c, 3 \mapsto a\}$

正如用特殊的箭头表示特殊的函数一样，这里我们用 seqX 表示以 X 类型的元素组成的全部序列这样一种类型。例如：

diningqueue：seq Students

diningqueue=＜Liming，ZhangKai，WangXin＞

dingningqueue 是类型 students 的序列的变量，其值为＜LiMing，ZhangKai，WangXin＞。

由于序列不过是以上所述的函数，我们可以给出下面的关于任何集合 X 的序列的形式定义：

$seqX=\{f: \mathbb{N} \twoheadrightarrow X \mid \exists n: \mathbb{N} \cdot dom\ f=1..n\}$

关于这个定义的两点注记：

1. seq X 作为有限个元素的 X 的序列的模型，这也是使用有限偏函数箭头的原因。因此，序列是从ℕ 至 X 的有限函数。

2. 约束表明它们一定有一个ℕ的连续区间的定义域，从 1 开始直到该序列的元素个数为止。

9.3　序列上的操作

序列用函数建模，函数用集合建模。因此，从理论上说，集合、关系和函数上的所有操作都可能用于序列。但是，在实践上这并不是很有用，因为我们只需要保持操作为序列性质的操作。例如，考虑序列＜a＞和＜b＞。如果利用各种集合或函数操作将它们联合起来，例如：

＜a＞　＜b＞

将其用集合表示，得到

$\{1 \mapsto a\} \cup \{1 \mapsto b\} = \{1 \mapsto a, 1 \mapsto b\}$

结果不是一个序列，甚至不是函数。因此，应当有关于序列的专用操作。

首先，一个从序列的函数表示导出的一个操作：找出在序列的特定位置上的元素。由于序列是从 1..n 到 X 上的函数，就可将此函数施用于位置 i($1 \leqslant i \leqslant n$)得到该序列的第 i 个值。例如

diningqueue 2=Zhang_Kai

下面，讨论某些专用于序列的操作。

联结

如果 s 与 t 是两个序列，$1 \leqslant i \leqslant \# s$，则 s ^ t 的第 i 个元素是 s 的第 i 个元素：(s^t) i=si

又如果 $1 \leqslant j \leqslant \# t$，则 s ^ t 的第(j+ # s)个元素是 t 的第 j 个元素：

(s^t)(j+ # s)=tj

由于 s ^ t 是长度为#s+# t 的序列，这足以为联结运算符提供一个唯一的定义

```
[X]
_^_:SeqX × SeqX → SeqX
-----------------------------
∀s,t:SeqX · #(s^t)= #s+ #t
        ∀i:1..#s · (s^t)i=si
        ∀j:1..#t · (s^t)(j+#s)=tj
```

过滤

过滤运算符的定义比较困难。这不仅是因为要删去在被选集合之外的映射子,而且还要使结果是一个序列。删去多条的映射子可用值域限制来实现,后一件事要利用辅助函数:

$S \upharpoonright A = squash(S \rhd A)$

辅助函数 squash 施用于自然数上定义的有限函数返回一序列。它删去由值域限制所建立的空间以压缩定义域,并保留剩余的映射子的顺序。例如:

$squash\{1 \mapsto a, 3 \mapsto c, 6 \mapsto f\} = \{1 \mapsto a, 2 \mapsto c, 3 \mapsto f\}$

squash 的定义可以是

```
[X]
squash:(ℕ1 ⇸ X) → seqX
-----------------------------
∀f:(ℕ1 ⇸ X)
squash f=(μ g:1..#f ⤖ domf/g~ ⨾ (_+1) ⨾ g ⊆ (_<_))
        ⨾
        f
```

对于任何定义域是数的有限集合的函数 f,考虑按递增顺序枚举 f 的定义域的唯一性函数 g,然后,g 与 f 的复合就是所需的序列。

于是,得到如下的关于滤波的类属定义:

```
[X]
_↾_:seqX × ℙX → seqX
-----------------------------
∀s:seqX;A:ℙX · s↾A=squash(s▷A)
```

Head 和 Tail

先考虑 head 及 tail 的形式定义。

由于这两个操作只施用于非空序列,引入表示法

SeqlX == SeqX \ { <> }

于是,可给出如下定义:

```
[X]
head:seq1X → X
tail:seq1X → seqX
-----------------------------
∀s:seq1X
    headS=S1^
    tailS=λ n:1..#S-1 · S(n+1)
```

为了确保两个操作可施用于任何非空序列,因而被说明为 Seq1 X 上的全函数。操作 head 返回类型 X 的一个单元素,而 tail 返回一个序列(可以是空序列,当原来的序列只有一个元素时)。这个类属定义的谓词部分,对于 head 是很简单的:只要找出序列的第一元素,

即 S_1；对于 tail，不是那么简单。

考察序列 $\langle a,b,c\rangle$ 如下：

$s == \langle a,b,c\rangle = \{1 \mapsto a, 2 \mapsto b, 3 \mapsto c\}$

如果删去第一个映射 $1 \mapsto a$，余下的是

$\{2 \mapsto b, 3 \mapsto c\}$

这不是一个序列，因为序列必须从位置 1 开始。应当使所有位置顺序向左移一个位置，得到

$\{1 \mapsto b, 2 \mapsto c\} = \langle b,c\rangle$

tail 定义的谓词部分利用一个函数的 λ 表示来达到这个目的，这个函数把每个 i（从 1 至序列的原来长度减 1）映射为原序列的第 i＋1 个位置。对于 $s = \langle a,b,c\rangle$ 这个序列而言：

$1 \mapsto s(1+1) = s2 = b$

$2 \mapsto s(2+1) = s3 = c$

放在一起就是 $\{1 \mapsto b, 2 \mapsto c\}$，这正是所需要的。

描述 tail 的另一种方法是利用集合：

$tail\ s = \{n: \mathbb{N} \mid n \in 2..\#s \bullet n-1 \mapsto sn\}$

这个描述突出了这样一种概念：tail 由那些把 n－1 映射为原来的序列的第 n 个元素的映射子组成，从第二个元素开始。

9.4　序列上的函数

为了定义序列上的操作，可以通过它们对有限函数的影响，但还有更方便的途径。本节通过一个操作对空序列及以一任意元素开始的序列上的影响来定义这个操作。设 f 是欲引入的新操作。

$f\langle\rangle = k$

$f(\langle x\rangle \frown s) = g(x, f(s))$

在此描述中，k 是一常表达式，g 可以是 x 及 fs 的任何函数。这个方程组定义有限序列上的唯一函数的这一事实是自然数的递归原理的结果。本书将在下章中讨论。

reverse 函数

函数 reverse 返回一序列，该序列中的元素出现的顺序同原序列正好相反。下面的方程组

$reverse\langle\rangle = \langle\rangle$　　(reverse.1)

$reverse(\langle x\rangle \frown s) = (reverse\ s) \frown \langle x\rangle$　　(reverse.2)

足以描述"reverse"函数对任何有限序列的影响。此时，k 就是 $\langle\rangle$，函数 g 由下面的类属定义给出：

```
[X]
g:X × seqX→seqX
─────────────
∀x:X;s:seqX
g(x,s)=(reverses)^<x>
```

根据递归原理定义一个运算符时，它也给出一组定律：一组表示该运算符的性质的等式。例如，过滤运算符就有下面的定律。

< >↾ A=< > (↾.1)

这个定律说，空序列不受施用过滤运算符的影响。

(<x>^s) A=<x>^(s↾ A) 如果 x∈A

s↾ A 否则 (↾.2)

这个定律描述过滤运算符对任意非空序列的影响。

等式推理的证明是一串表达式，每一个表达式都从前一表达式经代换而得到。每个代换都被一个相应的等式或定律认可。

下面，我们利用(reverse.1)及(↾.1)证明：reverse(<>↾ A)=(reverse< >)↾ A对于任何集合A都成立。

reverse(< >↾ A)

=reverse < > [↾.1]

=< > [reverse.1]

=< >↾ A [↾.1]

=(reverse< >)↾ A [reverse.1]

序列上的函数服从分配律。我们称一函数f是分配的，如果

f(s ^ t) =fs^ft

对任何序列s和t都成立。这就是f关于联结^分配。

add _one 函数

自然数序列上的函数 add _one 经下列两个方程定义：

add_one < >=< >

add _one(< n>^ s)=<n+1>^ (add_one s)

施用 add _one 函数于一序列的效果是使得该序列中的每个元素增1。例如，add _one < 1,3,5 >=< 2,4,6 >。这个函数是分配的，因为 add _one < s ^ t>=(add _one s)^(add _one t)。

9.5 结构归纳法

自然数集ℕ有一个很重要的性质。如果P_是自然数上的谓词，使. P0为真，且. if i ℕ且Pi为真，则P(i+1)也为真，那么，Pn对一切自然数n为真。这就是自然数的归纳原理，在关于全体性质的证明中的用处很大。

例如，前n个自然数的和为(n^2+n) div2。假定有一个计算此和的函数sum已合适地

定义了，并利用归纳原理作为证明规则，我们定义一个谓词

$$\begin{array}{|l} P\_ : \mathbb{P}\ \mathbb{N} \\ \hline \forall n : \mathbb{N} \Leftrightarrow sum\{i : 0..n\} = (n^2 + n)\ div 2 \end{array}$$

为归纳假设。构造如下形式的证明

$$\dfrac{\dfrac{P0 \qquad \overset{\cdots}{\forall m : \mathbb{N} \cdot Pm \Rightarrow P(m+1)}}{\forall n : \mathbb{N}}[归纳]}{\forall n : \mathbb{N} \cdot sum\{i : 0..n\} = (n^2 + n)\ div 2}[公理定义]$$

该证明的左支叫基本步，右支叫归纳步。

X 上的一切有限序列的集合也有类似的性质。如果 P 是序列上的这样一个谓词.

- P < >为真
- 如果 $x \in X, t \in seqX$，Pt 为真，则 $P(\langle x \rangle \hat{} t)$也为真

那么，对于 seqX 中的所有序列 s，Ps 也为真。这是关于 X 上的有限序列的归纳原理

它可写成一个证明规则：

$$\dfrac{P\langle\,\rangle \qquad \forall x : X; t : seqX \cdot Pt \Rightarrow P(\langle x \rangle \hat{} t)}{\forall s : seqX \cdot Ps}[归纳]$$

这种形式的推理叫做结构归纳法。这种归纳原理是基于序列的结构的；每个非空的序列可以从空序列加一个相应的元素而构成，一次一个。如果一个性质对于< >为真，且当加元素时也为真，则它对每个有限序列都为真。

现在就可以证明↾是可分配的。利用结构归纳法证明

$\forall s, t : seq\ X;\ A : \mathbb{P}X \cdot (s \hat{} t) \upharpoonright A = (s \upharpoonright A) \hat{} (t \upharpoonright A)$

这一谓词中有两个序列变量，我们只须考虑其中之一。归纳假设为下面的谓词描述：

$$\begin{array}{|l} P\_ : \mathbb{P}\ seqX \\ \hline \forall s : seqX \cdot Ps \Leftrightarrow \forall\ t : seqX; A : \mathbb{P}\ X \cdot (s \hat{} t) \upharpoonright A = (s \upharpoonright A) \hat{} (t \upharpoonright A) \end{array}$$

证明如下进行：

$$\dfrac{\dfrac{\dfrac{}{P\langle\rangle}[引理1] \qquad \dfrac{\dfrac{\dfrac{\dfrac{\lceil x \in X \wedge r \in seqX \rceil^{[1]} \lceil Sr \rceil^{[2]}}{S(\langle x \rangle \hat{} r)}[引理2]}{Sr \Rightarrow S(\langle x \rangle \hat{} r)}[\Rightarrow +]^{[2]}}{\forall x : X; r : seqX \cdot Sr \Rightarrow S(\langle x \rangle \hat{} r)}[\forall +]^{[1]}}{}}{\forall s : seqX \cdot Ps}[归纳]}{\dfrac{\forall s : seqX \cdot \forall t : seqX; A : \mathbb{P}\ X \cdot (s \hat{} t) \upharpoonright A = (s \upharpoonright A) \hat{} (t \upharpoonright A)}{\forall s : seqX \cdot \forall t : seqX; A : \mathbb{P}\ X \cdot (s \hat{} t) \upharpoonright A = (s \upharpoonright A) \hat{} (t \upharpoonright A)}[\forall 法则]}[公理定义]$$

该证明中的基本步及归纳步已归约为两个简单的引理：引理 1 和引理 2。这两个引理可通过等式推理利用下面的规则来建立：

$\langle\,\rangle \hat{} s = s$　　[cat. 1]

$s \hat{} (t \hat{} u) = (s \hat{} t) \hat{} u$　　[cat. 2]

第一条规则(cat.1)说明$\langle\rangle$是联结运算符的一个单位:第二条规则(cat.2)说明联结运算是可结合的。

第一个引理可用联结的单位律及“$\upharpoonright$.1”定律证明,这个定律描述使用过滤运算符于空序列的效果:

$(\langle\rangle ^\frown t)\upharpoonright A$

$= t\upharpoonright A$　　[cat.1]

$= \langle\rangle ^\frown (t\upharpoonright A)$　　[cat.1]

$= (\langle\rangle)\upharpoonright A ^\frown (t\upharpoonright A)$　　[$\upharpoonright$.1]

归纳步——引理2——依赖于联结运算符的可结合性及“$\upharpoonright$.2”。

$((\langle x\rangle ^\frown r)^\frown t)\upharpoonright A)$

$= (\langle x\rangle ^\frown (r^\frown t))\upharpoonright A$　　[cat.2]

$= \langle x\rangle ^\frown ((r^\frown t)\upharpoonright A)$　　如果 $x\in A$　　[$\upharpoonright$.2]

　$(r^\frown t)\upharpoonright A$　　否则

$= \langle x\rangle ^\frown ((r\upharpoonright A)^\frown (t\upharpoonright A))$　　如果 $x\in A$　　[Pr]

　$(r\upharpoonright A)^\frown (t\upharpoonright A)$　　否则

$= (\langle x\rangle ^\frown (r\upharpoonright A))^\frown (t\upharpoonright A)$　　如果 $x\in A$　　[cat.2]

　$(r\upharpoonright A)^\frown (t\upharpoonright A)$　　否则

$= ((\langle x\rangle ^\frown r)\upharpoonright A)^\frown (t\upharpoonright A)$　　[$\upharpoonright$.2]

标记Pt的这步由我们的归纳假设推出:结果对序列r成立。

下面,我们用结构归纳法证明的另一个例子。对于任何集合A及序列S:

$reverse(s\upharpoonright A) = (reverse\ s)\upharpoonright A$

假定S和A的类型是兼容的。

归纳假设:

$P\_ : seqX$

$\forall s : seqX \bullet Ps \Leftrightarrow \forall A : \mathbb{P}X \bullet reverse(s\upharpoonright A) = (reverses)\upharpoonright A$

基本步。当$s=\langle\ \rangle$时,$P\langle\ \rangle$成立,此时:

$reverse(\langle\rangle\upharpoonright A) = (reverse\langle\rangle)\upharpoonright A$

这在9.4节中已经证明过了。

前面已经证明,过滤运算符是分配的,为完成归纳步的证明,利用等式推理:

$reverse((\langle x\rangle ^\frown r)\upharpoonright A)$

$= reverse((\langle x\rangle ^\frown (r\upharpoonright A))$　　如果 $x\in A$　　[$\upharpoonright$.2]

　$reverse(r\upharpoonright A)$　　否则

$= reverse(r\upharpoonright A)^\frown \langle x\rangle$　　如果 $x\in A$　　[reverse.2]

　$reverse(r\upharpoonright A)$　　否则

$= ((reverse\ r)\upharpoonright A)^\frown \langle x\rangle$　　如果 $x\in A$　　[Pr]

　$(reverse\ r)\upharpoonright A$　　否则

$= ((reverse\ r)^\frown \langle x\rangle\upharpoonright A)$　　[$\upharpoonright$是分配的]

$= (reverse(\langle x\rangle ^\frown r))\upharpoonright A$　　如果 $x\in A$　　[reverse.2]

正如通常的形式证明所作的那样，一旦建立了等式的结果，在以后的证明中，就把它作为一条规则来使用。这里，我们使用了过滤运算符是分配的规则。

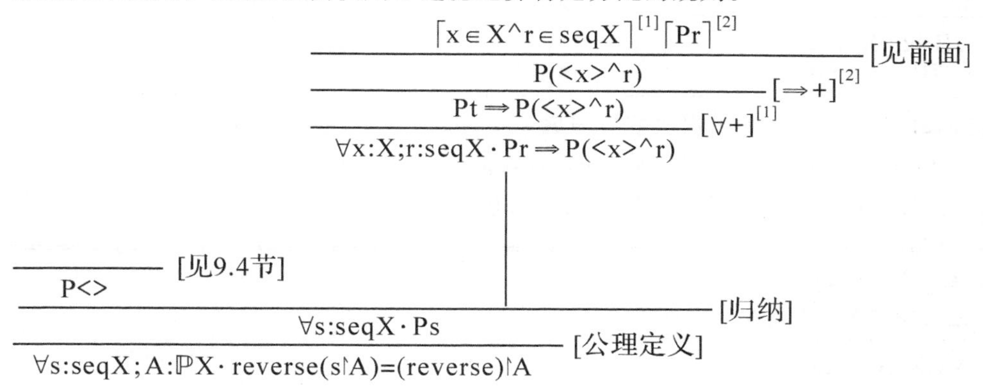

9.6　袋

集合包含的信息是其中的全体元素，元素的重复与否，元素的顺序位置，被忽略掉了，或称被抽象掉了。序列包含的信息，除了元素本身之外，还允许同一元素的多次重复出现，包含元素的顺序信息。

假定在某种考虑之中，元素的多次重复出现是重要的，但元素的顺序位置可以忽略。这时，如用序列来描述它，显得包含的信息太多，用集合来描述又不够。因此，有必要建立一种新的数据结构——袋(bag)。我们用⟦a,a,b,b,c,c⟧表示各含两个a，两个b和两个c的袋。袋中元素的顺序无定义⟦a,a,b,b,c,c⟧=⟦a,b,c,a,b,c⟧。

如果B是集合X的元素的袋，则可以把B看作是从X到ℕ的偏函数。出现在B的X中的元素都同一自然数相关，记录实例出现的次数。例如，⟦a,a,b,b,c,c⟧包含的信息与函数{a↦2,b↦2,c↦2}，它使每个元素同数2相关。

如果x是一集合，则X的元素的所有袋的集合，可用下列通用省略定义：

bag X ==X ⇸ ℕ \ {0}

其中ℕ是全部自然数的集合。袋是从X至ℕ的有限偏函数。X的那些不在袋中的元素，不在袋的定义域中，而不是映射为0。

如果想要知道一个袋中的对象的实例个数，就可把袋作为一个函数来施用。但是，如果该对象不在袋中，这种函数施用的效果是未定义的。为了避免这个问题，我们采用全函数count 。

```
══[X]══════════════════════════════
│ count:bagX ⤔ (X→ℕ)
├──────────────────
│ ∀B:bagX
│    countB=(λx:X·0)⊕B
└───────────────────────────────────
```

如果B是集合X元素之袋，则count B将X的每个元素同它在B中出现的次数相关，即使该数是零。为方便计，我们定义一个中缀版本：如果x是X的元素，则B ♯ x是x在B中出现的次数：

```
[X]
_#_:bagX × x → ℕ
────────────
∀B:bagX;x:X
  B#x=count Bx
```

袋a,ab,b,c,c中a的出现次数可写成

count ⟦a,a,b,b,c,c⟧a 或 ⟦a,a,b,b,c,c⟧ ♯ a

下面,我们定义袋上的几个操作。属于与包含(∈,⊆)

```
[X]
_∈_:X ↔ bagX
_⊆_:bagX ↔ bagX
────────────
∀x:X;B:bagX
      x ∈ B ⇔ x ∈ domB
  ∀B,C:bagX
    B⊆C ⇔ ∀x:X · B#x ≤ C#x
```

一个元素x是袋B的成员,如果它在B的定义域中出现的话。袋B是另一同类型的袋C的子袋,如果每个元素在B中出现不像它在C中出现那样经常的话。

并与差

如果B与C是相同类型的袋,则它们的并B⊎C包含的元素是B和C所包含的元素及其出现的次数的和,其形式定义为:

```
[X]
_⊎_,_⩀_:bagX × bagX → bagX
────────────
∀B,C:bagX;x:X
      B⊎C#x=B#x+C#x
      B⩀C#x=max{B#x−c#x,0}
```

如果B中有m个x,在C中有n个x,则差B⩀C中有m−n个x,如果m ⩾ n。如果C中的x比B中的x多,则差袋中x的个数为零。

Items

如果s是一序列,则我们可以利用函数items从s中抽取多重性信息,函数items将序列转为袋:

```
[X]
items:seqX → bagX
────────────
∀s:seqX;x:X · (items s)#x=#(s▷{x})
```

序列中的顺序信息被忽略。

第 10 章

递归定义的类型

在写规格说明的过程中，常常要定义各种各样的数据结构，如：列表、数组、数等等。这些数据结构，可以利用集合和关系来定义，但这些定义一般都很冗长。递归定义是一种定义数据结构的好途径，它定义的集合具有明显的结构信息。

本章将讨论如何利用递归方法为枚举的群体、复合对象及递归定义的结构来建模的方法。通过对类似于自然数这样的递归数据结构的描述，展示递归类型定义的动机。最后，给出自由类型定义引入的对象的推理规则。

10.1 从自然数的定义谈起

自然数的集合$\mathbb{N}$，是零以上的全体整数构成的无限集合. 为了定义这样一个集合，利用前面已经讨论过的方法，如公理法定义，先应有一个基本类型 nat，一个零元素 zero，一个称为 succ 的偏函数，如下定义

$$\begin{array}{l} zero : nat \\ succ : nat \rightarrow\!\!\!\!\!+ nat \\ \hline \forall n : nat \bullet n = zero \vee \exists m : nat \bullet n = succ\ m \end{array}$$

这个集合中的每个元素或是 zero 或是施用后继函数于一个元素 m 的结构。显然，这个定义不是我们所要求的，因为{zero}也满足这个定义的要求，而{zero}不是自然数集。

如果从 succ 中的值域中排除 zero，是否可以呢？定义改为

$$\begin{array}{l} zero : nat \\ succ : nat \rightarrow\!\!\!\!\!+ nat \\ \hline \forall n : nat \bullet n = zero \vee \exists m : nat \bullet n = succ\ m \\ \{zero\} \cap ran\ succ = \varnothing \end{array}$$

这个定义虽然排除了 zero 作为一元素的后继的可能性，但仍有无后继的元素的可能. 因此，用于构造自然数的函数不能是偏函数。于是，把定义改为

$zero : nat$

$succ : nat \rightarrow nat$

$\forall n : nat \cdot n = zero \vee \exists m : nat \cdot n = succ\ m$

$\{zero\} \cap ran\ succ = \varnothing$

这个定义仍然有问题，它不能排除某元素不能是两个以上的元素的后继的可能性。同时也无法保证 nat 是无限集。因此，必须在上面的定义中增加一个要求：函数 succ 必须是内射的。这就导致下面的定义：

$zero : nat$

$succ : nat \rightarrowtail nat$

$\{zero\} \cap ran\ succ = \varnothing$

$\{zero\} \cup ran\ succ = nat$

至此，我们得到了一个具有自然数的熟知的性质的无限集合。但是，下图所示的集合也符合这个定义。

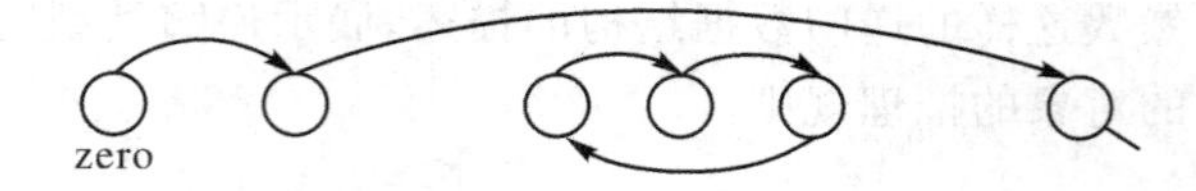

至此，我们看到，应对上面的定义再增加一个要求：集合 nat 必须包含自然数集$\mathbb{N}$的全部元素或是具有完全相同结构的最小集合。由于满足以上定义要求的 nat 的形式定义尚未给出，我们设法寻求别的途径。

10.2 递归定义的类型

在给出正确的 nat 的形式定义之前，先看几个较简单的例子。

考虑彩虹的颜色的集合：red，orange，yellow，green，blue，indigo 和 violet 。在 pascal 语言中，可以通过一个枚举类型来引入这个集合：

colors＝{red，orange，yellow，green，blue，indigo，violet}；

在 Z 语言中，可类似地写为：

colors＝{red，orange，yellow，green，blue，indigo，violet}；

但是，这个简略定义不定义该集合的常数，也不能对它的成员加以区别，不能保证 red 一定不同于 orange 。

下面的定义方式引入一个集合 colors 及七个不同的常数：

colors::＝red | orange | yellow | green | blue | indigo | violet

定义 colors 之后，colors 就是包含七个不同的元素“red”，“orange”，“yeuow”，“green”，“blue”，“indigo”和“violet ”的最小集合。

Z 语言的这种集合定义方式叫做自由类型定义，它不同于 Z 语言的省略法定义，这里保证它的七个元素都是不同的。这种方式只限于定义那些元素个数有限且较少的集合。自由类型还允许利用构造函数施用于某一源集合产生新元素的办法来构造一集合。一般形式为：

自由类型∷＝构造函数＜＜源集合＞＞

这种表示法引入常数的集合，源集合中的每个元素构成这个集合的一个常数。构造函数是一个内射函数，其目的是集合“自由类型”。

美国大学的大学生，通常把一年级新生叫做 freshman，二年级大学生叫 sophomore，三年级大学生叫 junior，四年级大学生叫 senior 。假定我们要把这种大学生的有序集合表示成自由类型，其元素的顺序类似于有小于或等于关系的前四个自然数。定义：

Rank∷＝order＜＜0..3＞＞

并为集合 Rank 的四个元素命名：

freshman，sophormore，junior，senior ：rank	
freshman	＝order 0
sophormore	＝order 1
junior	＝order 2
senior	＝order 3

于是，我们可以利用 0...3 上的≤关系来定义大学生年级上的顺序：

≤order：Rank↔Rank
$\forall r_1 r_2$：Rank •
$r_1 \leqslant order_2 \Leftrightarrow order^{\sim} r_1 \leqslant order^{\sim} r_2$

由于 order 是内射函数，故其逆也是函数，order～r 就是良好定义的。

自由类型定义常数和构造函数的两种方法可以结合在一起，置于一个定义之中，如下所示：

自由类型∷＝常数 | 构造函数＜＜源集合＞＞

更进一步，构造函数的源集合的类型可以涉及正要定义的自由类型。这就产生一种递归的类型定义：定义一种类型时，使用了这种类型。

下面，我们用递归定义的方法，定义几种自由类型。

自然数集 nat

在前一节讨论的自然数集 nat，可方便地定义为：

nat∷＝zero | succ＜＜nat＞＞

nat 集中的每个元素，或为 zero，或为一自然数的后继，zero 不是任何自然数的后继，每个元素都有唯一的后继。集合 nat 包含下列不同元素的最小集合：zero，succ zero，succ succ zero，succ succ succ zero，…等等。

二叉树 Tree

二叉树或是一个叶节点或是具有二分叉的树。

Tree∷＝leaf＜＜ℕ＞＞| binary＜＜Tree×Tree＞＞

每个叶包含一个数，二分叉的树把两个子树联在一起。例如，下列表达式都是 Tree 类型的元素：leaf3，leaf5，binary(leaf3，leaf5)，binary(binary(leaf3，leaf5)，leaf7)

序列树 SequenceTree

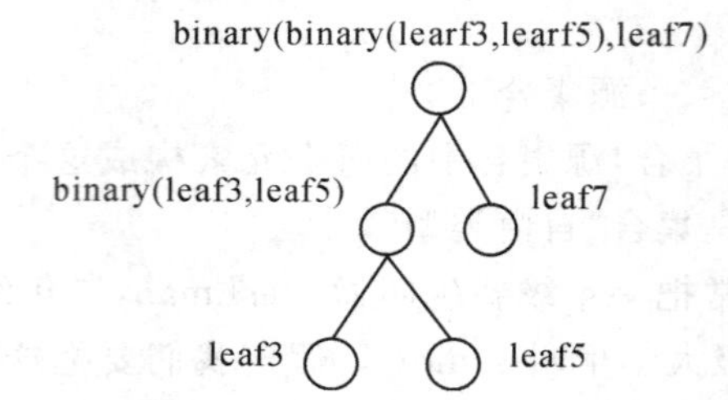

这种类型的对象是一对偶，对偶的第一成分是一个自然数，其第二成分是树的序列。

SequenceTree ::=tree<<ℕ×seq SequenceTree>>

这是一种比较复杂的递归数据结构，下面的表达式是它的一个元素：

(1,<(2,<>),(3,<>),(4,<(1,<>)>)>)

递归定义的类型的推理规则

假定 $E_1,E_2,\cdots,E_n$ 是依赖于类型 T 的表达式，$c_1,c_2,\cdots,c_m$ 是类型 T 的常数。

递归定义的类型 T：

$T::=c_1|c_2|\cdots|c_m|d_1\langle\langle E_1\rangle\rangle|\cdots|d_n\langle\langle E_n\rangle\rangle$

引入一个新的基本类型，$c_1,c_2,\cdots,c_m$ 是类型 T 的常数，$d_1,d_2,\cdots,d_n$ 是它的构造函数。实际上，下面的公理定义也可以达到相同的效果：

$c_1,c_2,\cdots,c_m:T$

$d_1:E_1\rightarrowtail T$

$d_2:E_2\rightarrowtail T$

...

$d_n:E_n\rightarrowtail T$

$\text{disjoint}\langle\{c_1\},\cdots,\{c_m\},\text{ran}\,d_1,\cdots,\text{ran}\,d_n\rangle$

$\forall s:\mathbb{P}T\bullet$

$(\{c_1,\cdots,\{c_m\}\cup d_1(|E_1[s/T]|)\cup\cdots\cup d_n(|E_n[s/T]|))\subseteq s$

$\Rightarrow s=T$

这种定义把两条推理规则加到规格说明中。第一条规则是常数不同及值域不同，即：

$\text{disjoint}\langle\{c_1\},\cdots,\{c_m\},\text{ran}\,d_1,\cdots,\text{ran}\,d_n\rangle$

将此规则应用于 nat 集合，可以推断：常数 zero 不是任何自然数的后继：

$\text{disjoint}\langle\{\text{zero}\},\text{ran succ}\rangle$

同理，将此规则应用于 Tree 的定义，可以推断：叶和二叉点 binary 都是不同的对象：

disjoint(ran leaf, ran binary)

一棵树或是 leaf，或是 binary，不能二者都是。

第二条规则是一归纳原理，这条原理对于递归类型的元素的推理是至关重要的。

$$\frac{s \subseteq T \mid \{c_1, \cdots, \{c_m\} \cup d_1(|E_1[s/T]|) \cup \cdots \cup d_n(|E_n[s/T]|) \subseteq s}{s = T}$$

包含 T 的全部常数及在构造函数下是封闭的 T 的任何子集一定是整个 T 。一集合在 d 和 E 下是封闭的，如果 E[S/T]在 d 之下的映像在 S 本身之内。

例如，从 nat 的定义可以推断：

$\forall s : \mathbb{P}nat \bullet (\{zero\} \cup succ\ (s) \subseteq s) \Rightarrow s = nat$

也就是说，包含 zero 并且在 succ 下封闭的 nat 的任何子集一定等于 nat 本身。

10.3　原始递归

递归的自由类型的定义，通常包括几个部分。例如，下面的类型定义就包含两部分：

T::=c | d<<E>>

c 是常数部分，d<<E>>是构造函数部分。如果 E 含有 T，T 就是递归定义的类型。定义在 T 上的函数也有几个与类型定义中每个子句对应的组成部分。假定 f 是定义在 T 上的函数，则 f 就有两个部分，一个表示 f 施用于 c 的效果，另一个表示 f 施用于集合 d(E)中元素的效果。如果 E 中含有 T 的出现，函数定义将是递归的。它将利用将 f 施用于几个成分的结果来描述将 f 施用于 d(E)的元素的结果。

例如，定义于 nat 的函数 fact，通过给出分别定义于 zero 及 succ 的结果来描述：

fact(0)=1

fact(succ n)=(n+1) * (fact n)

如果+与 * 分别对应于加法或乘法，这个定义就是 nat 上的阶乘函数。

这样的函数都是良好定义的事实可从该类型的递归原理推出。在自然数的情形，这个原理可陈述如下：

对于每个值 k 及运算符 g，存在唯一的自然数的全函数 f，使

$f(0) \quad = k$

$f(n+1) \quad = g(n+1)f(n)$

这个原理可用来论证ℕ上递归定义的函数的有效使用。

例如，下面两个全函数都是按递归原理定义于二叉树 Tree 类型之上的，它们都是唯一的具有给定性质的全函数。

flatten : Tree→seqℕ

flatten 函数将一二叉树自左至右展平成自然数序列。根据递归原理，其公理定义可写成：

flatten : Tree→seqℕ
$\forall n: \mathbb{N} \bullet$ flatten leaf n=⟨n⟩
$\forall t_1, t_2$: Tree • flatten binary(t_1, t_2)=flatten t_1 ^ flatten t_2

当 flatten 施用于一叶节点时，产生一个单元素的序列，当它施用于一二叉子树时，产生

一个序列,使该二叉子树的左支的序列的元素出现在右支序列元素的前面。

swap: Tree→Tree

函数 swap 将一二叉树的左右两支交换并长在原来的节点上。按递归原理,其公理定义可写为:

swap : Tree→Tree

$\forall n: \mathbb{N} \cdot$ swap leaf n=leaf n

$\forall t_1, t_2$: Tree · swap binary(t_1, t_2)=binary(swapt_2, swapt_1)

在这两个例子中,给定的方程定义唯一的函数的事实都是对二叉树运用递归原理的结果。

递归与归纳总是相伴而行的。如果一函数是递归定义的,则推导的性质时,总要施用归纳法。

上面为二叉树设计的两个函数 flatten 及 swap 都是递归定义的。这两个函数有一个重要的性质,如果将 swap 施用于一二叉树之后,再用 flatten 将其铺平展开,这样产生的效果同先用 flatten 将此二叉树展开再将此序列求逆所产生的效果完全一样。形式地说:

∀t : Tree · (swap ; flatten) t=(flatten ; reverse) t

其中 reverse 是序列上的求逆函数,在 9.4 节中定义。

关于 Tree 的归纳法证明。

首先,给出归纳假设:

P(t) ⇔ (swap ; flatten) t=(flatten ; reverse) t

基本步:P(leaf n)为真

设 n 是任意自然数。

(swap ⨾ flatten) leaf n

=flatten(swap leaf n) [⨾ 的定义]

=flatten(leaf n) [swap 的定义]

=⟨n⟩ [flatten 的定义]

=reverse⟨n⟩ [reveres 的定义]

=reverse(flatten leaf n) [flatten 的定义]

=(flatten ⨾ reverse) leaf n [⨾ 的定义]

这一串等式可合并为下列简单的演绎推理:

$$\cfrac{\cfrac{\cfrac{[n:\mathbb{N}]^{[1]}}{(swap ⨾ flatten)leaf\ n = (flatten ⨾ reverse)leaf\ n}[\text{等式推理}]}{P(leaf\ n)}[P\text{ 的定义}]}{\forall n:\mathbb{N} \cdot P(leaf\ n)}[\forall\text{一引入}]^{[1]}$$

归纳步:设对于 t_1, t_2: Tree, $P(t_1)$及 $P(t_2)$为真。

证明:P(binary(t_1, t_2))为真。

(swap ⨾ flatten)binary(t_1, t_2)

=flatten(swap binary(t_1, t_2)) [⨾的定义]

$= \text{flatten}(\text{binary}(t_2, t_1))$　[swap 的定义]

$= (\text{flatten } t_2) \frown (\text{flatten } t_1)$　[flatten 的定义]

$= \text{reverse}((\text{flatten } t_1) \frown (\text{flatten } t_2))$　[reverse 性质]

$= \text{reverse}(\text{flatten binary}(t_1, t_2))$　[flatten 的定义]

$= (\text{flatten} \mathbin{;} \text{reverse})\text{binary}(t_1, t_2)$　[；的定义]

同样，这一串等式推理可合并成演绎推理：

$$\frac{[t_1\ t_2 : \text{Tree}]^{[1]}}{(\text{swap} \mathbin{;} \text{flatten})\text{binary}(t_1, t_2) = (\text{flatten} \mathbin{;} \text{reverse})\text{binary}(t_1, t_2)}[\text{等式成立}]$$

$$\frac{P(\text{binary}(t_1, t_2))}{\forall t_1, t_2 : \text{Tree} \bullet Pt_1 \land Pt_2 \Rightarrow P(\text{binary}(t_1, t_2))}[\forall-\text{引入}]^{[1]}$$

于是，所要证明的结论成立。

第11章

构型(schema)与规格说明的结构化

Z语言包括两个大的方面:数学语言和构型语言。数学语言用于描述设计的各个方面:对象及其对象间的关系。构型语言用于使描述结构化及复合化。

构型作为规格说明的基本单位,伴有相应的非形式的注解信息。它把描述系统状态,操作,操作前后的关系,约束条件等重要信息封装在一个构型中。从而方便于利用简单的构型组合成复杂的构型,便于信息的重用。

重用性对形式化规格说明是非常重要的特性。通过共用成分的表示与分享,可以使系统的描述更灵活,更易于管理。在用构型描述的规格说明中,可以实现规格说明共享部件,证明共享论证,理论共享抽象,问题共享方面。

毋庸置疑,构型语言的使用有助于形成优雅的规格说明风范。但是,良好的风范有赖于正确的应用,因此,本章首先讨论构型的简单理论与使用方法。从构型的非形式讨论开始,逐步展开如何用构型描述抽象状态,如何用构型描述操作。然后,构型演算,用简单构型组合成复杂构型的问题,以及在形式推理中构型的用法。

11.1 构型的表示记号

Z语言的数学语言已经可以描述系统行为的很多方面了,为什么还要引入构型呢?这是因为数学语言的无结构使用导致系统的描述难于被理解。为了避免这种描述上的无结构性,就要把一些彼此相关又服务于同一目的的描述组合在一起,形成形式描述的一个基本单位,这就是构型。

在形式化的规格说明中,一种反复经常出现的描述模式是:描述系统状态的变量及其对它们的值的约束。由于构型的目的主要在于标识共性和重用共性,因此,构型采用在某种约束下引入变量的模式结构。一构型由两部分组成:变量的声明及约束变量的值的谓词。构型行文的写法有两种形式:

水平形式:

[声明|谓词]

垂直形式:

声明
谓词

在水平形式中，声明和谓词是有垂线分开的，构型的行文被括在一对方括号之间。在垂直形式中，声明和谓词是由一根水平横线分开的，构型的行文被括在右端开口的方框之中。

我们来看看利用构型描述系统某方面的例子。

假设有某剧院利用一软件管理票务。剧场座位将卖给顾客看给定场次的表演。因此，这里引入两种集合：

[Seat，Customer]

作为座位及顾客的两个集合名。假定票房(boxofficce)有哪些座位卖给谁的记录，由于一个座位不能卖给两个人，座位与顾客间的关系应是函数，即

Sold：seat ⇸ customer

假定允许加座和减座，再引入一个 seat 的子集 seating，代表该场可卖的座位的集合。由于不可能把不想卖的座位卖出去，下面的谓词应当总是成立的：

dom sold⊆seating

即．sold 的定义域是 seating 的子集。这个谓词连同 sold 及 seatlng 的声明，形成一个构型，如下：水平形式：

[seating：ℙ seat；sold ：seat ⇸ customer | dom sold⊆seating]

垂直形式：

seating：ℙ seat；sold ：seat ⇸ customer
dom sold⊆seating

在一构型的声明部分如果引入多个变量，变量出现的顺序是无关紧要的。

构型可以有一个名字，通过命名运算符使一个构型同一名字相关。这样为一构型命名：

构型名≙ [声明|谓词]

或把命名置于构型框的上面的线中：

构型名
声明
谓词

构型经命名之后，在以后的描述中，就可以用其名字来表示构型的体 — 行文。

假如上面的构型例子命名为 BoxOffice，则可写成：

BoxOffice≙[seating：ℙ seat；sold ：seat ⇸ customer | dom sold⊆seating]

或

BoxOffice
seating：ℙ seat；sold ：seat ⇸ customer
dom sold⊆seating

构型 Boxoffice 中，如果把 sold 声明为关系，而把函数视为对 sold 的约束作为谓词的一部分，两种构型是完全等价的：

$seating: \mathbb{P}\ seat;\ sold : seat \leftrightarrow customer$

$dom\ sold \subseteq seating\ f\ sold \in seat \rightarrowtail customer$

如果构型只有声明部分，无约束的谓词，就表示有一个被省略的恒真的谓词。例如：

$stalls: \mathbb{P}\ seat$

等价于：

$stalls: \mathbb{P}\ seat$

$true$

11.2 一个应用例子的非形式描述

在本章的后面几节，我们将统构一个实际应用的例子，逐步展开对构型的讨论。这个例子来源于一般的图书馆的信息管理系统，这个系统的规格说明部分，就命名为 LibSys 。首先，对这个系统作一些简单的非形式描述。

- 系统由书库及注册领证的读者组成
- 每本书都有唯一的书名
- 在任何时间，总有一定数量的书借出，在读者手中；其余的书在书库的书架上待借. 任何读者一次能接的书有最大数限制

定义的有关操作应包括：

- 借一本书给一注册的读者
- 读者还书给图书馆
- 新增一本书入库
- 从库中淘汰一本书
- 查询一读者借了哪些书
- 查询某本书在哪个读者手中
- 新读者注册领证
- 给一注册读者除名

后面几节中，我们将讨论如何用构型表示 LibSys 系统的状态及如何用构型描述系统上的操作，这里的目的不是为 LibSys 系统提供正确的形式化规格说明，而在于说明 Z 语言所提供的构型的用法。

11.3 描述抽象状态的构型

在为一应用系统书写形式化的规格说明的时候，首先碰到的一个问题就是如何为实际应用系统的某些重要特征构造一个数学模型。这就需要抽象，抓住最本质最重要的特征，暂

时丢开某些细节。在 LibSys 这个例子中，就形式地描述上面所列出地操作而言，并不需要考虑关于注册读者记录的细节，例如，姓名、地址、电话号码、注册日期等。类似地，也不需要每本书的细节，例如，书名、作者、出版年月等等。需要考虑的是给出区分标识符的种类。因此，就 LibSys 这个实例而言，有三种不同种类的对象：读者，书及册。因此，考虑如下给定的集合：

[Copy, Book, Reader]

这里虽然并未假定 Book 是什么，但 copy(册)与 Book(书)是不同的。因为在图书馆里同一本书可能有几册。

系统的状态通常有一组变量来表示，这组变量取不同的组值，表明系统处于不同的状态。就 LibSys 而言，根据前面的非形式描述，反映系统状态的东西主要有：注册的读者，在架的书，借出去的书，藏书记录。这四方面的情况，随着图书馆的营运而变化。因此，可以用一抽象数据类型，把相关的状态变量，作用在状态变量上的操作，状态变量应满足的约束条件这三个方面的东西封装在一起，组成一个命名的构型。下面就是一个 LibSys 的抽象状态的构型：

Library

$stock: Copy \nrightarrow Book$

$issued: Copy \nrightarrow Reader$

$shelved: \mathbb{F}Copy$

$readers: \mathbb{F}Reader$

$shelved \cup \mathrm{dom}\ issued = \mathrm{dom}\ stock$

$shelved \cap \mathrm{dom}\ issued = \varnothing$

$\mathrm{ran}\ issued \subseteq readers$

$\forall r: readers \bullet \#(issued \rhd \{r\}) \leqslant maxloans$

其中 maxloans 是一个表示一读者可借的书的册数，应当在此构型的定义之前声明：

$|\ maxloans: \mathbb{N}$

描述 LibSys 的抽象状态的构型的名字叫 Library，由声明部分及谓词部分这两部分组成。现对其声明部分作一些非形式的解释：

- stock 记录每个在用的书号同哪本书相关。
- issued 记录哪些书被借出，借给谁了。
- shelved 是书架上的书的子集，可以借出。
- readers 是注册读者的集合。

其中 stock 是一偏函数，因为每个书号都至多对应一本书，一般还有一些未对应任何书的未用书号。同样，issued 也是偏函数，因为不是每个书号在任何时候都借出去了，它的定义域是 stock 的定义域的子集。

谓词部分中的四行是一个合取式的四个合取项(省略了联结符$\wedge$)。前两个合取项表示库中每一册(copy)书或借出或在架子上，但不会二者都成立；第三个合取项表示书只出借给注册了的读者；最后一个合取项表示借给任何注册读者的册数不超过借给一个读者允许的最大册数。

读者可能会发现，变量 shelved 是多余的，可以省略，因为可以利用其他成分来表示它。实际上，抽象状态的变量个数最少不一定是最好的办法。最重要的是整个规格说明的总体清晰性，使规格说明中的操作更容易表达。构型中的为此部分指明对状态变量的约束，我们常把这种约束叫做状态不变式。如果有相互依赖的状态变量，那么它们之间的关系就必须形成状态不变式的一部分。状态变量的个数如果不是最少的，则状态不变式会变得较复杂。但是，这会由于易于成功地表示系统操作而得到补偿。

11.4　描述操作的构型

前一节中给出的构型 schema 描述了系统的永久对象的全部可能状态。当然，还要描述系统的操作。为了描述一操作，必须声明这个操作的任何输入或输出，全程状态的操作前的变量集合及操作后的变量的集合，必须表达它们之间的关系。在 Z 语言中，为了方便地表达这些概念，使用了若干表示上的约定。这就是在一个普通的变量名字后加一个最后字符，加‘?’形成输入对象，加‘!’形成输出对象，不加表示操作前对象，加‘′’表示操作后对象。例如，借一本书给一个注册读者的 issue 操作要求：

• 作为输入，一个书号(copy 标识符)，设为 c?，一个读者，设为 r?；借出的这本书原来一定在书架上，这可以形式的表达为：

$c? \in shelved$

• 该读者必须使注了册的：

$r? \in readers$

• 该读者在借出这本书之前，其已借书册数必须小于允许借的最多册数：

$\#(issued \rhd \{r?\}) < maxloans$

• 这本书要记录下来这次借给该读者：

$issued' = issued \oplus \{c? \mapsto r?\}$

• 书库和读者的集合不变：

$stock' = stock, readers' = readers$

把该状态的前后变量、输入和输出变量的声明与约束收集在一起，形成定义操作 Issue 的构型，如下：

Issue

$stock, stock' : Copy \rightarrowtail Book$

$issued, issued' : Copy \rightarrowtail Book$

$shelved, shelved : \mathbb{F} Copy$

$readers, readers' : \mathbb{F} Reader$

$c? : Copy ; r? : Reader$

$shelved \cup dom\ issued = dom\ stock$

$shelved' \cap dom\ issued' = dom\ stock'$

$shelved \cap dom\ issued = \varnothing ;\ shelved' dom\ issued' = \varnothing$

$ran\ issued \subseteq readers;\ ran\ issued' \subseteq readers'$

$\forall r : readers \bullet \#(issued \rhd \{r\}) < maxloans$

$\forall r : readers' \bullet \#(issued' \rhd \{r\}) < maxloans$

$c? \in shelved;\ r? \in readers;\ \#(issued \rhd \{r\}) < maxloans$

$issued' = issued \oplus \{c? \mapsto r?\};\ stock' = stock ;\ readers' = readers$

这个构型的前 8 个合取项表达了前后状态的不变式，还表示操作必须从一个有效状态开始，这个操作必须导致另一有效状态。其余合取项描述了把一本书借给一注册读者的特殊操作。

11.5　作为声明使用的构型

凡是可以出现声明的地方，就可以出现构型。例如，在集合理解定义中，在 λ 表达式中。效果就是引入构型的声明部分出现的变量，其约束也一道被引入。为了说明这种用法，引入如下构型 S1 ；

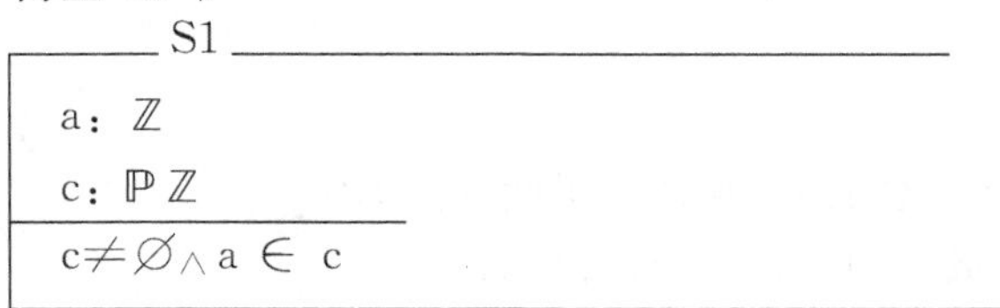

这实际上是一个类型(或集合)，其元素有两个成分，第一成分 a 是整数，第二成分 c 是整数的集合，每个元素满足约束条件，第一成分 a 必须是第二成分 c 的元素。

下面的集合描述中使用了构型 S1，它是由包含数 0 的集合组成的集合：

$\{ S1 \mid a=0 \bullet c \}$

下面的表达式定义的集合与它完全一样：

$\{ a: Z;\ c: \mathbb{P}Z \mid a \in c \wedge c\neq 0 \wedge a=\varnothing \bullet c \}$

其中构型 S1 作为声明使用，显然，更易懂更精确。

为了表示含月和日两个成分的日期，我们先定义 month 为有 12 个常数的自由类型：

month ::=jan | feb | mar | jun | jul | aug | sep | oct | nov | dec

再用构型定义 Date：

Date

month：Month

day：1..31

---

month∈{apr,jun,sep,nov}⇒day≤30

month=feb⇒day=28

构型 Date 作为一个类型，就可以声明此类型的对象，例如：

dt ：Date

dt 的两个成分可写成 dt.month 及 di.day。为了表示 dt 的值，特引入新的表示记号：

<month ⇝ m,　day ⇝ d>

是一个绑定(binding)，在此绑定中 month 被绑定为 m，day 被绑定为 d，这个值要成为有效的日期的约束条件是月 m 至少有 d 天。

不难看出：

{Date|day=31 • month}={jan,mar,may,jul,aug,oct,dec}

其中构型 Date 也是作为声明使用。

注意，集合{month：Month；day：1..31 | month ∈{apr,jun,sep,nov}⇒day ≤30 ∧ month＝feb⇒day＝28}是对偶(month,day)的多元组，该多元组的类型是 Month×(1..31)，它不同于集合{Date}，因为构型中成分的顺序是不重要的。

同样，{S1|a＝0}也不同于{ a：ℤ；c：ℙℤ | a ∈ c ∧ a＝0}因为构型 S1 的两个成分不一定就是(a,c)，集合{S1|a＝0}的典型元素是将 a 绑定到 0，并将 c 绑定到包含 0 的某个集合。这种元素又称特征多元组。此特征多元组有一个绑定$\langle a \rightsquigarrow a,\ \ c \rightsquigarrow c\rangle$。

这个绑定的成分 a 被绑定为变量 a 的值，成分 c 被绑定到变量 c 的值：

成分名

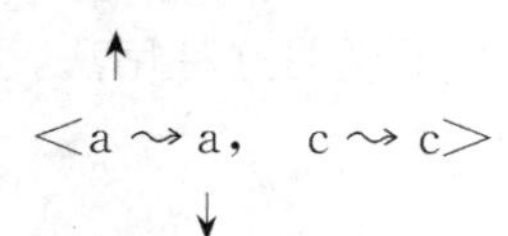

变量值

这种绑定，即一构型的成分被绑定到同名的值的绑定，叫做特征绑定。

如果 S 是一构型名，则 S 表示 θS 的成分的特征绑定。例如：

$\theta S1 = \langle a \rightsquigarrow a,\ \ c \rightsquigarrow c\rangle$

使用此表达式之前，变量 a 和 c 应已声明过。另外，这些变量的类型应与构型 Sl 的声明部分的内容匹配。

对于任何构型 S，声明 a：S 是

a：{S • θS}

的省略表示形式 c 变量 a 被声明为满足构型 S 的谓词部分条件的相应类型的绑定。

例如，集合{Date • θDate}也是绑定的集合，在这种绑定关系中，月 month 至少有 day 天。

在 λ 表达式的声明部分也可以使用构型。如果 S1 是如上定义的构型，则

$f1 = \lambda S1 \cdot a^2$

是定义在已构型类型 S1 上的函数，它把 a 和 c 的任何绑定映射为 a^2。例如：

$f1 \langle a \rightsquigarrow a, c \rightarrow \{1,2,3\}\rangle = 4$

注意，函数 F 的源由声明的特征多元组给定。

构型还可以用于量化表达式的声明部分。它的效果就是引入构型中的成分，然后约束它们。例如：

$\exists S1 \cdot a = 0 \Leftrightarrow \exists a: \mathbb{Z}; c: \mathbb{P}\mathbb{Z} \mid c \neq \varnothing \land a \in c \cdot a = 0$

在这样的表达式中，成分的顺序也是无关紧要的。

11.6　作为谓词使用的构型

如果构型的每个成分都声明为正确类型的变量，该构型就可做谓词使用。它的效果就是引入等价于该构型的谓词的约束。

前一节引入了构型 S1，这里再引入构型 S2 如下：

```
___ S2 ____________________
| a: ℤ
| c: ℙℤ
|___________________
| c≠∅ ∧ a ∈ c
| c⊆{0,1}
|__________________________
```

下面的限定表达式陈述，满足谓词 S2 的任何整数 a 和整数集 c 也一定满足谓词 S1。

$\forall\ a: \mathbb{Z};\ c: \mathbb{P}\mathbb{Z}\ |\ S2\ \bullet S1$

这在逻辑上等价于下列命题：

$\forall\ a: \mathbb{Z};\ c: \mathbb{P}\mathbb{Z}\ |\ c \neq \varnothing \wedge a \in c \wedge c \subseteq \{0,1\} \bullet c \neq \varnothing \wedge a \in c$

构型的声明部分被略去，只留下约束部分。

考虑一个网络方面的例子。

在令牌环或以太网中，信息是按数据桢的形式传播的。每桢包括地址、目的地地址和数据成分。所有桢的类型可定义为一构型：

```
___ Frame ____________________
| source, destination: Address
| data: Data
|_____________________________
```

其中 Address 是网络中全部地址的集合，Data 是全部可能的数据成分的集合。

下面的构型 FormA 表示其源地址都是 A 的全部桢的集合：

```
___ FromA ____________________
| source, destination: Address
| data: Data
|___________________
| source = A
|_____________________________
```

把 FromA 作为谓词来用时，这个构型断言：源地址都是 A。

11.7　重命名

有时有必要对构型的成分重命名。但是，重命名之后，声明和约束的模式不变。设 Schema 是一构型，则

Schema[new/old]

表示从构型用 new 替换成分名 old 之后所得得构型。例如：

S1[q/a, s/c]

就等价于构型

```
_____________________
| q: ℤ
| s: ℙℤ
|____________________
| s≠∅ ∧ q ∈ s
|____________________
```

替换后的构型是一个新的构型。在构型类型中,成分名是很重要的。

11.8 类属构型

虽然可以对构型的成分重命名,但不能改变它们的类型。如果想用相同的结构去适应各种不同的类型,就可定义类属构型:具有若干形式参数的构型。

下面的构型引入两个变量 a 和 c,约束条件是:a 是 c 的元素:

```
───Schema[Z]──────
 a: Z
 c: ℙZ
──────────────────
 a ∈ c
──────────────────
```

11.9 构型演算

构型的概念在 Z 语言中起着非常重要的作用,是构造规格说明模块的最重要的工具。关于构型定义了各种各样的运算符,使我们可以通过引用已定义的构型来构造新的构型,因此可以使规格说明的内容分解成小的易于管理的模块。一般地说,作为一段行文的规格说明的小片不宜太大,不宜包含太多的信息,因而不涉及规格说明的其他部分就可大部分自明其作用和意义。在这一节中,我们将讨论 Z 的最重要的促成形式的规格说明得以分离的特点。

11.9.1 构型的包含

构型演算的最简单和最有用的概念之一就是构型的名字可以包含在其他构型的声明之中。作为一个例子,考虑前面给出的描述 Libsys 的抽象状态的问题,这里我们使用了构型的包含。先定义两个辅助构型:一个是关于书库和读者的详情:

```
───LibDB──────────────────
 stock: Copy ⇸ Book
 readers: ⤖ Reader
──────────────────────────
```

(这个构型不含明显的约束部分)。第二个是关于当前的借出信息:

```
───LibLoans───────────────
 issue: Copy ⇸ Reader
 shelved: ▷Copy
──────────────────────────
 ∀ r : Reader •  ♯(issue ▷ {r}) ≤ maxloans
 shelved ∩ dom issued = ∅
──────────────────────────
```

现在可以包含这两个构型,重新定义构型 Library,如下:

```
____Library__________________
| LibDB
| LibLoans
|-----------------------------
| dom stock=shelved∪dom issued
| ran issued ⊆readers
|_____________________________
```

在构型 S 的声明中包含构型 R 的效果是，R 的声明被包含在 S 的声明部分，R 的谓词被附加在 S 的谓词之后，形成一个或多个合取项。当一构型被完全展开时，不能有名字冲突：相同的名字可能经两条或多条不同的路到达，但被声明的类型在每种情况下都相同。

11.9.2　构型的修饰

前面曾经作过这样的事：把某些字符之一，如“?”，“!” 和“′”，加到变量名字的紧右端(这件事就叫做修饰。对构型也可以进行修饰，特别是把“′”加到构型名的紧右面。其效果是这点修饰将应用到它的声明的全部变量上去，包括该构型的声明部分的变量和谓词部分的变量。按照这些符号约定，现在可以定义操作 Issue 如下：

```
____ Issue ___________________
| Library
| Library′
| c?: Copy; r?: Reader
|-----------------------------
| c? ∈ shelved; r? ∈ Reader; #(issue ▷ {r}) < maxloans
| issued′=issued ⊕ {c? ↦ r?}
| stock′=stock; reader′=reaader
|_____________________________
```

在这个构型中，我们移入了 Library 的全部变量及其上的约束，同时也移入了后加单引号的全部变量及其上的约束。这就表示操作 issue 必须从系统的有效状态开始，这个操作必须产生一个新的有效状态。

下面使用新的进一步的符号上的约定，可以使 issue 操作的构型更为简单：

```
____Issue____________________
| ΔLibrary
| c?: Copy; r?: Reader
|-----------------------------
| c? ∈ shelved; r? ∈ Reader; #(issue ▷ {r}) maxloans
| issued′=issued ⊕ {c? ↦ r?}
| stock′=stock; reader ′=reader
|_____________________________
```

其中 Δ 是一个类似于微积分中的 δ 一样的符号，表示变化。对于任何构型，ΔS 通常定义如下：

```
____ΔS_______________________
| S
| S′
|_____________________________
```

其意义是，在包含 ΔS 的构型内，包含 S 及 S′的全部声明与谓词。读者可检查一下，这里定义的 Issue 与前面定义的 Issue 等价。

常常有这样的情况，为一系统定义的操作不引起状态的任何变化。例如，在 Libsys 中，查询某册书被谁借了的操作 enquire 就是这样一种操作。对于这种操作，我们使用另一种约定。例如，可以定义：

```
 ___WhoHasCopy_______________________
| Ξ Library
| c?: Copy; r!: Reader
|_____________________________
| c? ∈ dom issue; r! = issued c?
|_______________________________
```

可以把记号 Ξ 看作是记号△的扩充，因为对于任何构型 S，ΞS 的定义是

```
 ___Ξ S__________________
| ΔS
|__________________
| NoChange
|__________________
```

这种构型中，对于任何给定的构型 S，在 NoChange 所在地一定要有相应的谓词，NoChange 表示对应的修饰与未修饰的变量都相等。事实上，谓词 NoChange 也可写成 $\theta S = \theta S'$ 。这就是说，ΞS 表示包含 S 及 S′且使它们的绑定相等的构型。

11.9.3 构型的析取运算

考虑另外一个 LibSys 操作－AddCopy，这个操作加一本新书到书库 stock。有两种情况要考虑：

- 书库中已经有同名的书存在；
- 这确实是一本新书，书库 stock 中当前还没有与这本书同名的书。

这个操作的第一种情况只是再加一本书进库，即增加一个此书 copy；第二种情况是增加一本新书的 copy。因此，我们定义

AddCopy ≙ AddKnowTitle ∨ AddNewTittle

其中使用了构型运算符∨，它表示两个构型都是可能的情形。

假定系统在每次执行一个操作时都要报告执行情况，集合 Report 是有关情况报告的集合。现在可以定义两个构型如下：

```
 ___AddKnowTittle_____________________
| ΔLibrary
| b?: Book r!: Reader
| rep!: Report
|_________________________________
| b? ∈ ran stock
| ∃c: Copy | c ∉ dom stock · stock′ = stock ⊕ {c ↦ b?} ∧ shelved′ = shelved ∪ {c}
| issued′ = issued; readers ′ = readers
| rep! = FurtherCopyAdded
|_________________________________
```

下面，对 AddKnowTittle 非形式地作一些解释。

- b? ∈ ran stock 当前在 stock 中有同名的书。
- ∃c: Copy | c ∉ dom stock...... 把一个未用的书号分给这本新书。

- …$stock' = stock \oplus \{c \mapsto b?\}$：记录这个书号涉及一本新书。
- …$shelved' = shelved \cup \{c\}$：把这本新书放在书架上。
- $issued' = issued$ 借况没变。
- $readers' = readers$ 读者集合没变。
- $rep! = FurtherCopyAdded$：报告在书库又加了一本库中有的书。

构型 AddNewTittle 情况与前面的解释很类似，这里就不讲了。

一般地，如果定义 $S \triangleq P \vee Q$，P 与 Q 都是构型，则 S 的声明由 P 和 Q 的声明合并而成，S 的谓词由 P 的谓词与 Q 的谓词之间放一个逻辑运算符$\vee$而形成。但是，在组合形成构型时，不能有名字冲突(由于逻辑运算符$\vee$是可结合与可交换的，因此，构型运算符$\vee$也是可交换的过里，符号$\vee$出现重载. 它既是构型的或，又是逻辑表达式的或。但是. 其意义从上下文可清楚地看出。

现在，可以展开构型 AddCopy

```
 ____AddCopy_________________________
| ΔLibrary
| b?: Book r!: Reader
| rep!: Report
|____________________________
| (b? ∈ ran stock
|    ∧(∃c: Copy|c ∉ dom stock · stock'=stock ⊕ {c ↦ b?} ∧ shelved'=shelved ∪ {c})
|    ∧issued'=issued; readers '=readers
|    ∧rep! =FurtherCopyAdded)
| ∨
|    b? ∉ ran stock
|    ∧ (∃c: Copy|c ∉ dom stock · stock'=stock ⊕ {c ↦ b?} ∧ shelved'=shelved ∪ {c})
|    ∧issued'=issued ∧ readers '=readers
|    ∧ rep! =NewTittleAdded)
|_________________________________
```

这里明显地使用了$\wedge$运算符，而原来在两个构型中是隐含的。但是，这个谓词可以简化。首先把原来谓词中的公共部分提出来，因为对于任何命题 p，q 和 r：

$(p \wedge q) \vee (p \wedge r) \Leftrightarrow p \wedge (q \vee r)$

于是得到

```
 ____AddCopy_________________________
| ΔLibrary
| b?: Book r!: Reader
| rep!: Report
|____________________________
| ∃c: Copy|c ∉ dom stock · stock'=stock ⊕ {c ↦ b?} ∧ shelved'=shelved ∪ {c}
| issued'=issued; readers '=readers
| ((b? ∈ ran stock ∧ rep! =FurtherCopyAdded)
|   ∨(b? ∉ ran stock ∧ rep! =NewTittleAdded))
|_________________________________
```

利用等价式

$(p \wedge q) \vee (\neg p \wedge r) \Leftrightarrow (p \Leftrightarrow q) \vee (\neg p \Rightarrow r)$

对最后的合取项进一步化简，得到：

```
 ____AddCopy__________________________
| ΔLibrary
| b?: Book
| rep!: Report
|_____________________________________
| ∃c: Copy | c ∉ dom stock · stock′ = stock ⊕ {c ↦ b?} ∧ shelved′ = shelved ∪ {c}
| issued′ = issued; readers′ = readers
| b? ∈ ran stock ⇒ rep! = FurtherCopyAdded
| b? ∉ ran stock ⇒ rep! = NewTittleAdded
|_____________________________________
```

这个构型比较方便，析取式被合取式替换了。

11.9.4　构型的合取运算

构型的合取也是组合构型的重要方法。设 P 和 Q 是两个构型，则 $S \triangleq P \wedge Q$ 是这样一个构型，S 的声明式 P 和 Q 二构型的声明合并而成，S 的谓词是 P 和 Q 的谓词经逻辑运算符 $\wedge$ 联结而成。

为了说明构型合取的用法，还是回到我们熟悉的例子 AddCopy。

上一节中的构型 AddCopy，由 AddNewTittle 及 AddKnowTittle 经或操作组合而成。仔细看一下两个构型的细节，不难发现：它们几乎恒同，不同之处仅在于是否 b? 在库中。这就给我们一个启示，可以重新定义 AddCopy，它不管在哪种情况都要增加一本书，只要区别 b? 是否已在库中，因而报告不同的信息。这个思想在我们对 AddCopy 的简化过程之中。因此，利用构型运算符 $\wedge$，可以定义：

AddCopy ≙ EnterNewCopy ∧ AddCopyReport

后两个构型的定义分别是：

```
 ____EnterNewCopy_____________________
| ΔLibrary
| b?: Book
|_____________________________________
| ∃c: Copy | c ∉ dom stock · stock′ = stock ⊕ {c ↦ b?} ∧ shelved′ = shelved ∪ {c}
| issued′ = issued; readers′ = readers
|_____________________________________
```

和

```
 ____AddCopyReport____________________
| ΔLibrary
| b?: Book; rep!: Report
|_____________________________________
| b? ∈ ran stock ⇒ rep! = FurtherCopyAdded
| b? ∉ ran stock ⇒ rep! = NewTittleAdded
|_____________________________________
```

这两个构型声明很不同，乍一看来可能会很奇怪。但是，由于构型运算的定义方式，使得构型可以对抽象状态的不同问题或不同部分贡献不同的信息。这也是关心的问题分离的思想,每一构型解决一个问题,然后用$\wedge$(或$\vee$)把它们组合起来,形成整个问题的解决方案。

注意,在构型 AddCopyReport 种,只声明了 Library 的 stock 成分。这里有一条一般原理:构型只需声明它的谓词中需要的变量。读者可能会注意到,孤立地看 AddCopyReport,它不是一个构型,而是一个操作。因为它没有声明抽象状态的前后成分的完全集合。但是,它是一个构型,它对一个操作的某些成分施加约束,同时还选择相应的信息。

11.9.5　构型的否定运算

对于构型,除了前面引入的$\wedge$ 与$\vee$ 运算符之外,还有否定运算符。对于任何构型 S,$\neg S$ 是一个新的构型,其声明同于 S,其谓词是 S 的谓词的否定。但是,这个定义迫使我们考虑一个问题,这个问题在前面就应当考虑,但未引起重视。在构型的声明部分内,允许使用声明的简略形式,例如,可以有 $f: A \rightarrow B$,这个声明等价于声明 $f: \mathbb{P}(A \rightarrow B)$,附有约束条件:

$\forall x: A;\ y: B \bullet x \mapsto y \in f \wedge x \mapsto z \in f \Leftrightarrow x = z$

这个条件描述 f 的函数特性当使用这个简略形式的声明时,事实上对构型的声明部分和谓词部分都作了贡献。当否定构型的谓词部分时,它是从声明部分消去所有简略表示所得到的完整谓词,它是被否定的。这可能会有料想之外的效果,例如,如果否定一个以函数作为它的一个被声明的成分的构型,对于被否定的谓词将包含一个析取式,此析取式允许对应成分可以不是函数。这可能不是描述者的愿望。但是不可能通过在否定一构型时明确只否定显式的谓词来解决这个问题。

当然,对于其他构型运算符也有这个问题,包括构型包含在内,我们曾经说过:在组合构型时,一定不能有名字冲突,但是,一个变量可能有不发生冲突的不同声明,其中之一是另一个的省略表示。所有这些困难都可以通过构型的规范化来克服。一个构型,如果它的全部声明是按其完全形式给出的,并且由此引起的对谓词部分的追加也已经完成,这种构型就是规范的,当组合构型时,严格地说,是组合规范形式的构型。

下面给出一个非常简单的构型否定之例。

设 $OneToFortyNine \mathrel{\widehat{=}} [n: 1..100 \mid n < 50]$

其规范形式为:

$OneToFortyNine \mathrel{\widehat{=}} [n: \mathbb{Z} \mid 1 \leqslant n \leqslant 100 \wedge n < 50]$

因此它的否定 $\neg$ OneToFortyNine 应是

$NotOneToFortyNine \mathrel{\widehat{=}} [n: \mathbb{Z} \mid 1 > n \vee 100 > n \vee n < 50]$

这不同于

$FiftyToHundred \mathrel{\widehat{=}} [n: 1..100 \mid n \geqslant 50]$

为了给出规格说明中使用构型否定的例子,我们来看一下细粒度方法等规格说明的可能性。这里定义测试与原子操作的一个基本库,可以利用构型演算的运算符将基本库中的东西进行组合,定义 Libsys 中描述的操作。

用线形表示的测试操作如下(LibsysTest)

$InStock \mathrel{\widehat{=}} [stock: Copy \rightarrow Book;\ c?: Copy \mid c? \in \mathrm{dom}\ stock]$

$OnLoan \mathrel{\widehat{=}} [issued: Copy \rightarrow Reader;\ c?: Copy \mid c? \in \mathrm{dom}\ issued]$

$Registered \mathrel{\widehat{=}} [readers: \mathbb{F} Reader;\ r?: Reader \mid r? \in readers]$

$MaxLoans \mathrel{\widehat{=}} [issued: Copy \rightarrow Reader;\ r?: Reader \mid \#(issued \rhd \{r\}) = maxloans]$

原子操作的线性表示(LibsysAtoms):

ToStock ≙ [StockTransaction; c?: Copy; b?: Book | stock′ = stock ⊕ {c? ↦ b?}
  shelved′ = shelved ∪ { c? }]

FromStock ≙ [StockTransaction; c?: Copy | stock′ = { c? } ⩤ stock]

ToReader ≙ [Registration; r?: Reader | readers′ = readers ∪ { r? }]

FromReader ≙ [Registration; r?: Reader | readers′ = readers . { r? }]

Loan ≙ [LoanTransaction; c?: Copy; r?: Reader | issued′ = issued ⊕ {c ↦ r?}]

Return ≙ [LoanTransaction; c?: Copy | issued′ = { c? } ⩤ issued]

下面,进一步定义:

TotalRemoveCopy ≙ (RemoveCopy ∧ Success) ∨ RemoveErrors

RemoveCopy ≙ InStock ∧ ¬ OnLoanfFromStock

RemoveErrors ≙ Library ∧ (OnLoanError ∨ NotInStockError)

OnLoanError ≙ OnLoan ∧ [rep!: Report | rep! = CopyOnLoan]

NotInStockError ≙ ¬ InStock ∧ [rep!: Report | rep! = CopyNotInStock]

其中两处使用了否定运算符。让我们看一下否定施用 OnLoan 的过程。首先,将 OnLoan 规范化

NormalisedOnLoan

issued: ℙ(Copy × Reader) c?: Copy
c? ∈ dom issued; issued ∈ Copy ⇸ Reader

设对应于 ¬ OnLoan 的构型是 NotonLoan

NotOnLoan

issued: ℙ(Copy × Reader) c?: Copy
c? ∉ dom issued ∨ issued ∉ Copy ⇸ Reader

其中在否定 NormaliseOnLoan 的谓词时,利用了下面的事实:对于任何 p 与 q:

$\neg (p \land q) \Leftrightarrow \neg p \lor \neg q$

11.9.6 构型的隐藏运算

前面描述操作 EnterNewCopy 时,Book 是作为操作的输入,但是书(即 Copy 标识符)是由系统分配的。可以利用另一操作符来定义这个操作,这个操作把 Book 及 Copy 都作为输入,即:

```
 ──AssignNewCopy──────────────
│ StockTransaction
│ b?: Book; c?: Copy
├──────────────────────
│ c? ∉ dom stock
│ stock′=stock ⊕ {c? ↦ b?}
│ shelved′=shelved ∪ { c? }
 ─────────────────────────
```

现在可如下来表示 EnterNewCopy：

EnterNewCopy ≙ AssignNewCopy \ { c? }

其中\是构型的隐藏运算符，它以构型名作左操作数，变量的集合作右操作数。其效果是，右操作数的变量被存在限定在左操作数构型的谓词部分，并将它们从构型的声明部分移出。也就是

[声明 | 谓词]\隐藏变量

等价于

[精简了的声明 | ∃ 隐藏变量的声明 · 谓词]

其中"精简了声明"是原声明中删除隐藏变量声明后的结果。对于 EnterNewCopy 这个例子，我们有

```
 ──EnterNewCopy───────────────
│ StockTransaction
│ b?: Book
├──────────────────────
│ ∃ c?:Copy; c? ∉ dom stock
│ ∧ stock′=stock ⊕ {c? ↦ b?}
│ ∧ shelved′=shelved ∪ { c? }
 ─────────────────────────
```

还可以利用显式的存在限定运算符进一步定义：

EnterNewCopy ≙ ∃ c?:Copy | c? ∉ dom stock · ToStock

其中 ToStock 是前面定义的 LibsysAtoms 之一。这限定运算符的意义是，限定应施用于构型的谓词，而被限定变量应从构型的声明部分移出。显然，这就要求构型中声明的变量与限定下的变量之间没有类型冲突。这种构型限定运算符有隐藏被限定的变量效果，但可能把约束加到这些变量值上。在这个例子中，c? 不仅被隐藏，而且被约束到 Stock 函数的定义域之外。

11.9.7　构型的复合运算

一个操作有时可描述为另外两个操作的复合，而操作可用构型表示，这就自然产生一个问题：如何描述构型的复合？

作为关于 LibSys 的应用复合运算的一个例子，假定再定义一种操作，一个还未注册的读者可以捐一本书给图书馆，并且被自动地注册为一个新读者。我们这样来定义：

Donate ≙ EnterNewCopy ⨾ RegisterReader

前而已经定义了 EnterNewCopy，一会儿我们将给出 RegisterReader 的定义。

通常，如果操作 A ≙ B；C，B 和 C 是两个操作，分别使状态从 Sl 变到 S2 及 S2 变到 S3，则操作 A 可以使状态从 S1 变到 S3 由操作 A 描述的状态变化可看出经历两个阶段完成的，中间经历了一中间状态 S2。

对于操作 Donate 来说，中间状态是这样一种情况，新书已经加到书库中了，但还未执行注册。注意，当读者已注册，这个“中间”状态也是最终状态，因为构型 RegisterReador 在这种情况下不引起状态进一步变化。

下面，对构型的复合运算符；的意义作较形式化的描述。

对于构型 S 和 T，S：T 的执行如下：

1. 首光检查在 S 和 T 中声明的带后缀′的和平凡变量集合是否完全，如果不是，则复合对这两个构型无定义，如果这两个构型都描述同类抽象状态上的操作，它才有意义。

2. 检查对于被声明的任何输入和输出变量是否无类型冲突，如果有冲突，则此复合无定义。

3. 将 S 中的全部带后缀′的变量的后缀的都替换成 ∀ . 即 S[′/″]

4. 把 T 中的全部平凡变量都用 ∀ 变量替换，即 T[′/″]

5. 如下形成复合：

∃ State″ • S[′/″] ∧ T[′/″]

其中 State″是系统的中间状态，其成分是带后缀″的变量。

6. 对产生的构型的谓词进行简化，消除带后缀″的变量。

下面已 Donate 为例，演示一下复合的过程。首先，两个被复合的构型是：

```
┌── EnterNewCopy ──────────────────
│ StockTransaction
│ b?: Book
├──────────────────────────────
│ ∃ c?:Copy; c? ∉ dom stock
│ stock′ = stock ⊕ {c? ↦ b?}
│    ∧ shelved′ = shelved ∪ { c? }
│ issued′ = issued; readers′ = readers
└──────────────────────────────────
```

```
┌── RegisterReader ──────────────────────────────
│ ΔLibarary
│ b?: Book; r?: Reader
│ b!: Report
├────────────────────────────────────────────
│ r? ∉ readers ⇒ (readers′ = readers ∪ { r? } ∧ rep! = OK)
│ r? ∉ readers ⇒ (readers′ = readers
│    ∧ rep! = ReaderAlreadyRegistered)
│ stock′ = stock; issued′ = issued; shelved′ = shelved;
└────────────────────────────────────────────
```

按以上所述步骤进行复合；

a）两个构型的带后缀 ′ 的变量及平凡变量都相同。

b）对于输入和输出变量无类型冲突。

c)修正 EnterNewCopy

EnterNewCopy[′ / ″]

$Library : Library''$

$b? : Book$

$\exists c : Copy \mid c \notin \mathrm{dom}\ stock$

$\underline{stock''} = stock \oplus \{c \mapsto b?\} \wedge r? \notin Reader \Rightarrow (Readers' = reader$

$\quad \wedge\ shelved'' = shelved \cup \{ c? \})$

$\underline{issued''} = issued;\ \underline{readers''} = readers$

注意，这里对″变量加了下划线，以使其更加明显

d) 修正 RegisterReader ：

RegisterReader[′ / ″]

$\Delta Library';\ Library''$

$r? : Reader$

$rep! : Report$

$r? \notin readers'' \Rightarrow (\underline{readers'} = readers'' \cup \{ r? \} \wedge rep! = OK)$

$r? \notin readers'' \Rightarrow (\underline{readers''} = readers'$

$\quad \wedge\ rep! = ReaderAlreadyRegistered)$

$\underline{stock''} = stock';\ \underline{issued''} = issued';\ \underline{shelved''} = shelved';$

e)形成 ∃Library″ • EnterNewCopy[′ / ″] ∧ RegisterReader[′ / ″]

Donate

$\Delta Libarary$

$b? : Book;\ r? : Reader$

$rep! : Report$

$\exists Library$

$\exists c : Copy \mid c \notin \mathrm{dom}\ stock \cdot$

$\quad \underline{stock\quad}'' = stock \oplus \{c \mapsto b?\} \wedge \underline{shelved''} = shelved \cup \{c\}$

$\underline{issued''} = issued;\ \underline{readers''} = readers$

$r? \notin readers'' \Rightarrow (readers' = \underline{readers''} \cup \{ r? \}\ f\ rep! = OK)$

$r? \notin readers'' \Rightarrow (readers' = \underline{readers''}$

$\quad \wedge\ rep! = ReaderAlreadyRegistered)$

$stock' = \underline{stock''};\ issued' = \underline{issued''};\ shelved' = \underline{shelved''};$

f) 消去 ″ 变量

```
___Donate_____________________________
| ΔLibarary
| b?: Book; r?: Reader
| rep!: Report
|_____________________________________________
| ∃ Library″ •
| ∃ c: Copy | c ∉ dom stock •
|    stock′ = stock ⊕ {c ↦ b?} ∧ shelved′ = shelved ∪ {c}
| r? ∉ readers″ ⇒ (readers′ = readers ∪ { r? } ∧ rep! = OK)
| r? ∉ readers″ ⇒ (readers′ = readers
|    ∧ rep! = ReaderAlreadyRegistered)
| stock′ = stock″; shelved′ = shelved″;
|_____________________________________________
```

消去∃Library″限定，因为每个 ∀″变量或等价其′变量或等价于其平凡变量，得到：

```
___Donate_____________________________
| ΔLibarary
| b?: Book; r?: Reader
| rep!: Report
|_____________________________________________
| ∃ c: Copy | c ∉ dom stock •
|    stock′ = stock ⊕ {c ↦ b?} ∧ shelved′ = shelved ∪ {c}
| issued′ = issued
| r? ∉ readers″ ⇒ (readers′ = readers ∪ { r? } ∧ rep! = OK)
| r? ∉ readers″ ⇒ (readers′ = readers
|    ∧ rep! = ReaderAlreadyRegistered)
|_____________________________________________
```

读者可能会发现，直接推导 Donate 更便利些。这里的意图只是展示如何利用构型的复合来导出新的构型。

11.9.8 构型的前置条件

本节讨论的构型的运算符同前面已讲过的有点不同，在作为操作描述时用处不大，但是作为计算一给定操作可施用的条件的手段时很有用。这个运算符叫构型的前置条件（记为 Pre）。它仅用于表示操作的构型：一个操作对于这样的输入和前状态的组合才是可施用的，对于这样的组合，存在满足指定的全部涉及的变量的关系的输入和后状态。因此，PreOP 定义为：

∃Status′ : Outs! • Op

其中 State 是 Op 定义于其上的系统的抽象状态，Outs! 是 Op 的输出变量的声明集合。

先看一些前置条件的计算的简单例子。

假定有一个系统，其抽象状态由

```
┌───Simple──────────────────
│ x,y : ℕ
├──────────────────────────
│ x≤y
└──────────────────────────
```

描述。再定义一个操作如下：

```
┌───NotEndPoint──────────────
│ ΔSimple; z! : ℕ
├──────────────────────────
│ x ≤ x′ < z′ < y′ ≤ y
└──────────────────────────
```

如果定义 PreNEP ≙ pre NonEndPoint，则展开 PreNEP 如下：

```
┌───PreNEP──────────────────
│ Simple
├──────────────────────────
│ ∃ x′,y′,z!: ℕ • x≤x′<z′<y′≤y
└──────────────────────────
```

经谓词简化，得如下等价形式：

$\exists x', y', z! : \mathbb{N} \bullet$

$\quad x+1 \leq x'+1 < z! < y'-1 \leq y-1$

而这又要求

$x+1 \leq y-1$

由于关系≤是传递的，这就是说：

$\forall\ i,j,k : \mathbb{N}\ \bullet\ i \leq k \wedge k \leq j \Rightarrow i \leq j$

因此，可重写前置条件的构型为：

```
┌───Simple──────────────────
│ x,y : ℕ
├──────────────────────────
│ x+1≤y−1
└──────────────────────────
```

因此，现在的谓词是输入状态的成分的简单关系。注意，这个谓词比构型的谓词强。

现在，考虑图书馆系统的 Issue 操作。在前面我们给出了这个操作的定义；现在这里给出一个稍许不同的定义，此定义未明显包括要求：

$\#(\text{issued} \rhd \{r?\}) < \text{maxloans}$

这里把定义这个操作的构型命名为 Issue1：

```
┌───Issue1──────────────────
│ LoanTransaction
│ c?: Copy; r?: Reader
├──────────────────────────
│ c? ∈ shelved; r? ∈ readers
│ issued′=issued ⊕ {c? ↦ r?}
└──────────────────────────
```

如果施用前置条件运算符到这个构型，得到：

```
____PreIssue1_____________________________
│ LoanTransaction
│ c?: Copy; r?: Reader
├──────────────────────────────────────
│ ∃ Library′ •
│   c? ∈ shelved ∧ r? ∈ readers
│ ∧ issued′=issued ⊕ {c? ↦ r?}
│ ∧ stock′=stock ∧ readers′=readers
└──────────────────────────────────────
```

将谓词中的限定的 Library′展开并整理，得：

```
____PreIssue1_____________________________
│ LoanTransaction
│ c?: Copy; r?: Reader
├──────────────────────────────────────
│ c? ∈ shelved ∧ r? ∈ readers
│ ∃ stock′:Copy ⇸ Book;issued′:Copy ⇸ Reader;
│ shelved′ :𝔽Copy; readers′: 𝔽Reader | Librar-
│ y′ Predicate •
│ stock′=stock
│ ∧ issued′=issued ⊕ {c? ↦ r?}
│ ∧ readers′=readers
└──────────────────────────────────────
```

其中 Library′ Predicate 表示 Library′ 要求满足的不变式。注意 PreIssue1 不是一个描述状态变化的构型，它只是描述为施用 Issue1 操作在 Library 状态的各种成分和输入 c? 和 r? 之间必须存在的关系。我们希望发现这种最简单的形式表达的关系的性质，如果可能的话，把带后缀的成分一起消去。

我们已经把那些不含后缀变量的合取项分离出来了。如果存在限定变量可以利用 Library 成分及输入 c? 和 r? 来表达且这些值满足 Library′ Predicate 的话，存在限定变量也可被消去。现在 stock″，issued′ 与 readers″已经这样表示了。由于 shelved′ 和 issued′ 必须划分 stock′? 这样与 stock 相同，且因 c? ∈ shelved，我们有：

shelved′=shelved . {c?}

于是得到一个更显然的 PreIssued1 的版本，即：

```
____PreIssue1_____________________________
│ LoanTransaction
│ c?: Copy; r?: Reader
├──────────────────────────────────────
│ c? ∈ shelved ∧ r? ∈ readers
│ ∃ stock′: Copy ⇸ Book; issued′: Copy ⇸
│ Reader;
│ shelved′:𝔽Copy; readers′: 𝔽Reader | Library′
│ Predicate •
│ stock′=stock
│ ∧ issued′=issued ⊕ {c? ↦ r?}
│ ∧ shelved′=shelved . {c?}
│ ∧ readers′=readers
└──────────────────────────────────────
```

为满足 Library′ Predicate，$\#(issued \rhd \{r?\})$ 必须不大于 maxloans，但由于 $issued \rhd \{r?\}$ 增加了一个新元素，因此

$\#(issued \rhd \{r?\}) = \#(issued \rhd \{r?\}) + 1$

故要求：

$\#(issued \rhd \{r?\}) = \#(issued \rhd \{r?\}) + 1 \leqslant maxloans$

或简单的要求

$\#(issued \rhd \{r?\}) < maxloans$

现在可消去存在限定及其所控制的变量. 只要坚持平凡变量上的约束，而这又涉及后缀值。这样，我们就得出下面的简化的版本：

```
──PreIssue1──────────────────
│ Library
│ c?: Copy; r?: Reader
├─────────────────────────────
│ c? ∈ shelved; r? ∈ readers
│ #(issued ▷ {r?}) < maxloans
└─────────────────────────────
```

有一个约束，在 Issue1 的定义中仅仅是隐式的；为了简化该操作的对应的前置条件，使其变成显式的的了。应当注意，在理论上，并非总能把所有的带后缀的变量用于平凡变量与给定操作的输入来表示。但是，实际上常常可以。

11.10　规格说明的提升方法

本节讨论结构化形式规格说明的一种重要技术——提升(Promotion)。它使规格说明可以合成与分解。这种技术又称框架(framing)技术，因为它好像把一个框架放在一部分规格说明中框起来，只改变框架内的东西，框架外不受影响。

大型软件系统往往包含多个带索引的相同成分。例如，数据库可包含大量记录，一个计算机系统可以有许多用户，数据网络有许多个节点组成。在这些系统中，系统状态与每个索引成分的状态之间，往往有一致的关系。这种关系使我们对于系统状态的某些变量与索引成分的状态的变化建立联系。把一个全局性的操作分解成一局部操作和一混合操作，后者表示局部与全局状态之间的关系，这就好像数学表达式的因式分解，把关心的不同事情分离开来。这样就可以孤立地描述和分析这两个因子。这样，就可以将系统的设计中的信息、结构化，简化形式化描述。

11.10.1　几个操作分解的简单例子

先从一个简单例子开始。

一种游戏，参加者收集各种颜色的筹码. 红，黄. 绿，蓝，橙和棕，每种颜色收集一枚。每人都有一个记分。游戏者的记分可用一种构型类型来建模。

```
──LocalScore─────────────
│ s: ℙ Colour
└─────────────────────────
```

其中 Colour ::=red | yellow | blue | green | brown | pink

游戏的整体状态由下列构型描述：

```
┌───GlobalScore──────────────────
│ Score: Player ⇸ LocalScore
└──────────────────────────
```

每个游戏参加者（Player）如果能正确回答各种问题就可以得分，即某种颜色的筹码。如果游戏人 p? 得到一个颜色为 c? 的筹码，则游戏的状态将产生变化，这可以由下面的操作构型来描述：

```
┌───Answer──────────────────────
│ ΔGlobalScore
│ p?: Player; c?: Colour
├──────────────────────────
│ p? ∈ dom score
│ {p?} ⩤ score′ = {p?} ⩤ score
│ {Score′ p?} • s = {Score p?} • s ∪ {c?}
└──────────────────────────
```

对于这个操作可作这样的非形式化的说明：如果 p? 参加了这个游戏，函数 Score 应当修正以反映 p? 的新得分。

描述操作 Answer 的构型是全局性的规格说明。现在，我们用另一种办法，即因式分解的办法来得到它。我们把这个操作分解为一个局部操作 AnswerLocal 和一个表示全局状态与局部状态的关系的构型 Promote，在这个构型中，全局状态的变化和局部状态的变化通过游戏人的身份联系起来。

```
┌───AnswerLocal──────────────────
│ ΔLocalScore
│ c?: Colour
├──────────────────────────
│ s′ = s ∪ {c?}
└──────────────────────────
```

```
┌───Promote──────────────────────
│ ΔGlobalScore
│ ΔLocalScore
│ p?: Player
├──────────────────────────
│ p? ∈ dom score
│ θLocalScore = score p?
│ score′ = score ⊕ {p? ↦ θLocalScore′}
└──────────────────────────
```

现在，将两个构型 AnswerLocal 及 Promote 联系起来，就得到描述全新状态上的操作的构型：∃ΔLocalScore • AnswerLocal ∧ Promote

局部状态、个人的记分可由函数 Score 唯一地确定，因此，没有必要在全局级上记录这个信息。存在限定隐藏了它，生成如下的谓词部分：

```
∃ΔLocalScore •
  θLocalScore = Score p?
  p? ∈ dom score
     score′ = score ⊕ {p? ↦ θLocalScore′}
```

$s' = s \cup \{c?\}$

将其改写为：

$\exists s, s' : \mathbb{P}\ Colour \bullet$

$p? \in \mathrm{dom}\ score$

$\langle s \rightsquigarrow s \rangle = Score\ p?$

$score' = score \oplus \{p? \mapsto \theta LocalScore'\}$

$s' = s \cup \{c?\}$

此即：

$\exists s, s' : \mathbb{P}\ Colour \bullet$

$p? \in \mathrm{dom}\ score$

$(Score\ p') \bullet s = s$

$score' = score \oplus \{p? \mapsto \langle s \rightsquigarrow s \cup \{c?\} \rangle\}$

从而得到等价于 Answer 的如下构型

```
___Promote______________________________
| ΔGlobalScore
| p?: Player
| c?: Colour
|________________________________________
| p? ∈ dom score
| {p?} ⩤ score' = {p?} ⩤ score
| (Score' p?) • s = (Score p?) • s ∪ {c?}
|________________________________________
```

在这个例子中，分解的技术的优点并不十分明显，虽然容易看出局部状态上的效果。但是，随着操作的增加以及局部状态上的信息的增加，因式分解方法的优点会变得更加明显。

全程状态与局部状态集合之间的关系不一定是函数。可以有带相同索引的几个成分，索引成分之间的结合可以用关系来建模。

第二个例子是一个由若干信箱(MailBox)组成的电子邮件系统。每个邮箱都有一个或多个类型为 Address 的地址。系统的用户可以有多个地址，一个地址也可能与多个用户相互联系。

下面是描述这种电子邮件系统的类型的构型 MailSystem

```
___MailSystem___________________________
| address: Person ↔ Address
| mailBox: Address ⇸ MailBox
|________________________________________
```

用户与地址之间的联系由关系 address 给出，而地址与信箱之间的联系有偏函数 mailbox 给出。

信箱由具有三个成分的构型描述。第一个是类型 Message 的序列，表示存于箱内的信的内容，其余两个是时间邮戳。

```
___MailBox______________________________
| mail: seq Message
| new_mail, last_read: TimeStamp
|________________________________________
```

其中 new_mail 记录最迟邮局到达的时间，last_read 记录箱中该邮件上次被读的时间。下面是类型为 MallBox 的对象的例子：

$\langle$ mail $\rightsquigarrow$ $\langle$m1，m2，m3$\rangle$，

new_mail $\rightsquigarrow$ Tue 14 Feb 11：00 am，

last_read $\rightsquigarrow$ Sun 12 Feb 12：30 pm $\rangle$

这个对象表示邮箱中有三个邮件，最近的邮件到达的时间是二月十四日星期二 11：00 a m，此箱中的邮件上次阅读的时间是二月十二日星期日 12：30

如果用户 u? 的邮件 m? 在事件 t? 到达，那么这个邮件将被加到属于 u? 的信箱之一中。这些成分都将作为下面的操作构型的输入，这个构型描述对全局状态的影响：

ReceiveSystem

ΔMailSystem
u?：User
m?：Message
t?：TimeStamp
a!：Address

---

u? $\mapsto$ a! $\in$ address
addresss$'$＝address
a $\in$ dom mailbox
{a!} $\lhd$ score$'$＝{a!} $\lhd$ score
(mailbox$'$ a!) • mail＝(mailbox a!) • mail $\frown$ $\langle$m?$\rangle$
(mailbox$'$ a!) • new_mail＝t?
(mailbox$'$ a!) • last_read＝(mailbox a!) • last_read

地址 a! 是操作的输出。

这里，也可以采用全局操作分解为两部分的方法。第一部分对每个操作都是相同的，表示状态的局部与全局之间的联系：

Promote

ΔMailSystem
ΔMailBox
u?：User
a!：Address

---

u? $\mapsto$ a! $\in$ address
addresss$'$＝address
a! $\in$ dom mailbox
θMailBox＝MainBox a!
mailbox$'$＝mailbox $\oplus$ { a! $\mapsto$ θMailBox$'$ }

局部状态和全局状态变化之间的联系通过标识操作中所包含的用户 u? 及地址 a! 而建立。局部状态由 mallbox a! 给出，而 u? $\mapsto$ a! 是 address 关系的元素，这是全程状态的唯一

的将变化的部分。这也是操作在其中发生的框架。

因式分解的第二部分是描述把邮件加到单个邮箱时的效果的构型：

```
┌──Mail──────────────────────────
│ ΔMailBox
│ m?：Message
│ t!：TimeStamp
├────────────────────────────────
│ mail′ =mail ⁀ <m? >
│ new_mail′=t?
│ last_read′=last_read
└────────────────────────────────
```

其谓词部分表达的意思很简单明了：新邮件加到序列 mail 的末尾，new_mail 设置为 t?，其余时间邮戳不变。

现在可以把这两个因式合成，把局部状态的成分抽象掉，得到：

$\exists \Delta MailBox \bullet ReceiveBox \wedge Promote$

这样，由此导出的结果是一个逻辑上等价于全程操作 ReceiveSystem 的构型。

在某些系统中，其成分都是顺序索引的。这种情况下全程与局部状态之间的关系可以基于序列，而不是简单函数或关系。

请看下面数组元素访问的例子。

每个数组元素，在数据数组的模型中，用构型类型 Data 的对象表示，这里

```
┌──Data──────────────────────────
│ value：Value
└────────────────────────────────
```

数组的状态由构型类型 Arrary 的对象表示，此类型含有单一的成分，一个 Data 元素的序列。构型 Array 定义如下

```
┌──Arryay────────────────────────
│ array：seq Data
└────────────────────────────────
```

如果数组上的一个操作影响的是单一的元素，则可以把这个操作表示为两个构型的积：局部操作构型和提升构型 Promote。例如，对数组元素赋一新值的操作可描述为

$\exists \Delta Data \bullet AssignData \wedge Promote$

局部操作 AssignData 的定义为：

```
┌──AssignData────────────────────
│ ΔData
│ new?：Value
├────────────────────────────────
│ value′=new?
└────────────────────────────────
```

提升构型 Promote 利用数据的索引建立全局状态与局部状态的联系，其定义为：

```
 ____Promote______________________________
| ΔArray
| ΔData
| index? : ℕ
|_________________________________________
| index? ∈ dom array
| {index?} ⩤ array = {index?} ⩤ array′
| array index? = θData
| array′ index? = θData′
|_________________________________________
```

这个例子再一次展示:提升构型描述框架,局部操作构型描述影响。

这样,通过上面的三个例子,我们综合如下的操作提升原理,这样书写规格说明是很有用的。

提升原理:

当一全局性操作可利用一索引成分上的局部操作来描述时,我们称为局部操作被提升了。形式地,假定我们有:

- 描述局部状态的构型 Local ;
- 描述全部状态的构型 Global ;
- 包含构型 Local 的修饰的与约束的变量的局部操作构型 LcoalOperation;
- 包含局部与全局构型 Local 及 Global 的修饰及未修饰变量的提升构型 Promote

那么,提升构型把局部操作提升为

$\exists \Delta Local \cdot Promote \wedge LocalOperation$

它是全局状态 Global 上的操作。

第 12 章

一个规格说明的实例——文件系统

本章介绍一个用 Z 语言写的一个文件系统的规格说明的实例。介绍如何利用构型来描述简单文件系统:包含具体数据结构的表示及其上的操作。讨论各种操作的前置条件的计算,并说明单一的文件的描述可提升为文件系统的带索引的成分。

12.1 非形式的描述 —— 程序设计接口

首先,让我们非形式地介绍以下要描述的系统是什么?简单地说,它是一个文件系统的程序设计接口。它有一个文件系统上的操作指令表。

我们把所有的操作分成两类。一类操作影响单一文件内部的数据;另一类影响整个文件系统。也就是说,根据文件级和系统级来区分这些操作。

在文件级,有四个操作:

- Read:用于从文件读一段数据;
- Write:用于写一段数据到文件上去;
- Add: 用于加一段数据到文件上去;
- Delete:用于从文件删去一段数据;

Add 和 write 是不同的,前者是记录新数据,后者是改文件的已有东西。

系统级上的操作也有四个:

- create: 用于建立一个新文件;
- destroy:用于破坏一个现有的文件;
- open:用于使一文件可读和写数据;
- close:用于使一文件不可读和写数据;

前两个是文件管理操作,后两个是文件系统上的存取操作。

12.2 文件上的操作的形式描述

假定有两个基本类型

[key,Data]

分别代表存储键和数据元素可能取的值的集合。由于文件的结构不单包含它的内容,应当体现存取键与数据片段的对应关系，而数据键不应对应多段数据。因为，键与数据的结合是偏函数。（有的键不对应任何数据。）因此，可应用一构型来描述文件类型：

File

$Contents: key \rightarrow\!\!\!\!\!+ Data$

当初始化一个文件时，它不含任何数据，故 Contents 的值是空函数。下面的构型描述文件的初始状态：

FileInit

$Contents' = \varnothing$

类型构型 File 对应绑定的集合，其每个对象都有一个成分 Contents，FileInit 对应简单的绑定的集合，它只有一个元素 $\{\lhd Contents \rightarrow \varnothing \rhd\}$

为了描述可能改变文件内容的操作，一般都应涉及文件状态的两个副本：file，file'。这就是△file，如果一个操作不改变文件的内容，就要增加一个谓词表达绑定不变。即

File

$\Delta File$

$\theta File = \theta File'$

如果一个操作是查询状态，就应当包含这个构型。

一个成功的读操作要求一现有的键作为输入，并提供相应的数据作为输出：

Read0

$\Xi File$
$k?: key$
$d!: Data$

$k? \in dom\ Contents$
$d! = Contents\ k?$

这个操作没有副作用。

一个成功的写操作将更新存在一现有的键下的数据，无输出

Write0

$\Delta File$
$k?: key$
$d?: Data$

$k? \in domContents$
$Contents' = Contents \oplus \{k? \mapsto d?\}$

Contents 的老值被更新，如何更新由映射子$\{k? \mapsto d?\}$表示。

一个成功的加操作有一个加的前置条件：键 k? 此时不在 contents 的定义域中：

Add0

$\Delta File$
$k?: key$
$d?: Data$

$k? \notin dom\ Contents$
$Contents' = Contents \oplus \{k? \mapsto d?\}$

这个操作没有输出。

最后，一个成功的删除操作要求这个输入键 k? 已经存在。只需要一个输入 k?，删除一个数据片段之后，文件的状态将改变：

Delete

ΔFile
k?:key
d?:Data

---

k? $\in$ dom Contents
Contents'={k?} ⩤ Contents

删除一个键 k? 之后，一个 k? 开始的映射子将从 Contents 中删除。

上面定义的文件操作都是成功型的。还有一些操作，它们对文件状态的影响不能确定。例如，Write 一个已经有的 k?，add 已经有的 k? 及删除一个不存在 k? 对文件状态的影响是什么，还没有描述。下面，我们进一步完善前面的描述。

首先增加一种类型 Report，以便输出操作是否成功的信息。

Report::=Key_in_use | Key_not_in_use | okey

一个文件状态的失败操作将产生一报告作为输出。为此定义下面的构型：

Key Error

ΔFile
k?:key
r!:Report

由于所描述的键不在用时，将产生一个错误：

Key Not In Use

Key Error

---

k? $\notin$ dom Contents
r!=Key_not_in_use

或由于所有指明的键在用时，也产生一个错误：

Key In Use

Key Error

---

k? $\in$ dom Contents
r!=Key_in_use

成功的操作也将产生一报告成功的输出：

Success

r!:Report

---

r!=okey

现在我们可以给出文件上的操作的完整的形式规格说明了。

Read $\triangleq$ (Read $\wedge$ Success) $\vee$ keyNotInUse

Write $\triangleq$ (Write0 $\wedge$ Success) $\vee$ keyNotInUse

Add $\triangleq$ (Add0 $\wedge$ Success) $\vee$ keyInUse

$Delete \hat{=} (Delete0 \wedge Success) \vee keyNotInUse$

这四个操作都是按结构方式从小的成分构造起来的。避免了不必要的重复,把设计中的许多共同性的东西像公因子一样提出来,结果清晰,精确,简单而且容易理解。

12.3 文件系统的形式化规格说明

文件系统包含若干个以名字为索引的文件。在其规格说明中,我们将把名字的集合作为一基本集合。

[Name]

在本系统描述中,考虑两方面的文件系统状态:系统已知的命名的文件集合,当前打开的文件的集合:

System

$file: Name \rightarrowtail File$
$open: \mathbb{P}\ Name$

$open \subseteq dom\ file$

系统不允许两个不同的文件有相同的名字,因此,文件一定是偏函数。

当文件系统被初始化时,还没有文件。偏函数和打开的文件都是空的。表达状态不变式的谓词部分坚持每个打开的文件都在 file 之中,因此,这足以说明 file=∅。

System Init

System'

$file' = \varnothing$

在描述文件系统操作时,下面有两个构型是很有用的:

$\triangle System \hat{=} [System, System']$

$\Xi System \hat{=} [\triangle System \mid \theta System = \theta System']$

这两个构型都坚持保留状态不变式:file 一定是函数,open 一定在 file 的定义域之内。

由于文件系统包含若干个名字为索引的文件,可以采用因式分解法提升局部状态操作的办法来得到文件系统的形式描述。在这里,局部状态有 file 描述,全部状态有 System 描述,提升由下面的构型描述:

Promote

$\Delta System$
$\Delta File$
$n?: Name$

$n? \in open$
$file\ n? = \theta File$
$file\ 'n = \theta File'$
$\{n?\} \lhd File = \{n?\} \lhd File'$
$Open' = Open$

它使用索引函数 file 阐明局部与全部状态之间的关系。

现在利用提升法定义四个操作：

$KeyRead0 \triangleq \exists \Delta File \cdot Promote \wedge Read$

$KeyWrite0 \triangleq \exists \Delta File \cdot Promote \wedge Write$

$KeyAdd0 \triangleq \exists \Delta File \cdot Promote \wedge Add$

$KeyDelete0 \triangleq \exists \Delta File \cdot Promote \wedge Delete$

虽然每个局部操作都是完全的，但文件不一定是打开，所以，所产生的每个全局操作都是完全的。

Open 与 close 操作都不改变文件的名字，也不增加或减少系统中的文件，只是可能改变文件的可读与可写性，因此一般把它们作为存取操作来描述。在这些操作的形式化描述中，用到下面的构型：

```
┌─File Access─────────────────────
│ Δ System
│ n?:Name
├──────────────
│ n? ∈ dom file
│ file'=file
└─────────────────────────────────
```

这个构型描述文件系统上不改变索引文件 file 的操作。它要求描述文件的输入成分 n? 对系统是已知的。

一个成功的 Open 操作在打开文件表增加一个名字。

```
┌─Open0───────────────────────────
│ File Access
├──────────────
│ n? ∉ Open
│ Open'=Open ∪ {n?}
└─────────────────────────────────
```

这个操作是严格的偏的。如果提供的名字 n? 不表示一个打开的文件，Open 操作将失败。Open0 排除了这种可能性。

一个成功的 close 操作把一个名字从打开文件表中除名：

```
┌─Close───────────────────────────
│ File Access
├──────────────
│ n? ∈ Open
│ Open'=Open\{n?}
└─────────────────────────────────
```

这个操作也是严格的偏的。如果提供的名字 n? 不表示一个打开的文件，close 操作将失败。上面的构型排除了这种可能性。

操作 Create 和 destroy 是文件管理操作，它们可以改变文件系统已知的文件表，但不能改变打开文件表。如同 FileAccess 那样，也可以使用同一个构型来描述那些对两个操作都是有用的共同信息：

```
┌─File Manager────────────────────
│ Δ System
│ n?:Name
├──────────────
│ Open'=Open
└─────────────────────────────────
```

这个构型要求打开文件表不变。

一个成功的 Create 操作把一个新的名字加到系统知道的文件表中：

```
_Create0_____________________________
| File Manager
|____________________
| n? ∈ domfile
| file'=file ∪ {n? ↦ θ File I}
|_____________________________________
```

紧接在这个操作之后，以名字 n? 命名的文件的状态由绑定 File I 描述。这就是说，n?与构型类型 File 的绑定相关联，在此绑定中，Contents 被绑定到一个空集。

一个成功的 destroy 操作把一个名字从文件表中除去：

```
_Destroy0____________________________
| File Manager
|____________________
| n? ∈ dom file
| file'={n?} ⩤ file
|_____________________________________
```

这里要求名字 n? 已经存在。

我们可能要求 n? 不是 Open 的一个元素，以防破坏打开的文件。但是，这个条件已经包含在 FileManager 的谓词部分了，那里要求这个操作不影响打开的文件表。因此不能从 Open 表中将其除名，而根据系统状态不变式 open∈dom file，就不能从 file 的定义域中将 n? 除名。因此，没有必要再要求 n? 不是 Open 的元素。

现在对 Report 类型进行扩充，把有关文件存取及文件管理操作的错误也包含进去。

Report∷=file_is_open|file_is_not_open|key_in_use|key_not_in_use|okey|file_exits|file_does_not_exist 此定义替换前面的相应的定义。

如果出现一个错误，就要输出相应的错误信息，同时系统状态不改变。因此，定义下面的出现各种错误时都能用上的构型：

```
_File Error__________________________
| Ξ System
| n?:Name
| r! :report
|_____________________________________
```

如果建立一文件使用了已经在用的名字，就要报告这个文件已经存在：

```
_File Exists_________________________
| File Error
|____________________
| n? ∈ dom file
| r!=file_exists
|_____________________________________
```

相反，如果用 destory 操作删去一个不存在的文件，就是输出一个含有该文件不存在的报告：

```
_File Does Exists____________________
| File Error
|____________________
| n? ∉ dom file
| r!=file_does_not_exists
|_____________________________________
```

打开一个已经打开的文件时，也应输出该文件是打开的报告：

```
┌─File Open ──────────────────────────
│ File Error
├──────────────
│ n? ∈ open
│ r!=file_is_open
└─────────────────────────────────────
```

关闭一个没有打开的文件也是一个错误，应输出一个表示该文件来打开的报告：

```
┌─File Is Not Open ───────────────────
│ Fule Error
├──────────────
│ n? ∈ dom file
│ n? ∉ Open
│ r!=file_is_not_open
└─────────────────────────────────────
```

现在可以描述文件系统的接口。牵涉到文件的内容的有四个操作：KeyRead，KeyWrite，KeyAdd 和 KeyDelete，在每种情况下，如果文件存在且是打开的，操作的效果由一提升的文件操作描述：

KeyRead ≙ KeyRead0 ∨ FileIsNotOpen ∨ FileDoesNotExist

KeyWrite ≙ KeyWrite0 ∨ FileIsNotOpen ∨ FileDoesNotExist

KeyAdd ≙ KeyAdd0 ∨ FileIsNotOpen ∨ FileDoesNotExist

KeyDelete ≙ KeyDelete0 ∨ FileIsNotOpen ∨ FileDoesNotExist

存取和管理操作的四个定义：

Open ≙ (Open0 ∧ Success) ∨ FileIsOpen ∨ FileDoesNotExist

Close ≙ (Close0 ∧ Success) ∨ FileIsOpen ∨ FileDoesNotExist

Create ≙ (Create0 ∧ Success) ∨ FileExist

Destroy ≙ (Destroy0 ∧ Success) ∨ FileDoesNotExist ∨ FileIsOpen

这样，就完成了文件系统的形式化描述。

12.4 形式化分析与推理

文件系统的次序设计接口的形式化描述，给出了清晰的，无歧义的操作描述及对状态的影响。这种描述，对于系统行为的解释，以及解决某些不清楚的问题，无疑是非常有用的原始材料。

但是，形式化描述中可能有错误或矛盾，也可能有关于系统行为的不正确的假设。这些问题的出现，会使我们的形式化设计不能付诸实现。此外，在操作构型内，可能有隐含的假定，导致那些不能解释操作效果的情况。

因此，有必要做一些形式化的分析与推理，对形式化设计进一步分析研究。

首先，验证我们的状态不变式中不矛盾。因此，证明下面的初始的定理；

∃ SystemInit • True

也就是说，存在满足 SystemInit 的谓词的 file 与 open 的绑定。

证明：将 SystemInit 的定义展开，并对 file′施用一点规则，得到涉及空集的存在性语句。

很容易将其分解为两个语句，这就是下面的标记[2]和[3]，关于 ℙ 和 dom 的语句，我们把它看成是有效的，当然也可以证明。

$$\dfrac{}{\varnothing \in \text{Name} \rightarrow\!\!\!\!\!+ \text{File}}[1] \qquad \dfrac{\dfrac{}{\varnothing \in \mathbb{P}\,\text{Name}}[2] \qquad \dfrac{}{\varnothing \subseteq \text{dom}\,\varnothing}[3]}{\exists \text{Open}':\mathbb{P}\,\text{Name} \mid \text{Open}' \subseteq \text{dom}\,\varnothing \cdot \text{true}}[\exists+]$$

$$\dfrac{\dfrac{\cdots}{\exists \text{file}':\text{Name} \rightarrow\!\!\!\!\!+ \text{File};\text{Open}':\mathbb{P}\,\text{Name} \mid \text{Open}' \subseteq \text{dom File}' \wedge \text{File}' = \varnothing \cdot \text{true}}[\text{一点规则}]}{\exists \text{System Init} \cdot \text{True}}[\text{定义}]$$

但是，结果[1]并非显然的。空关系是从 Name 到 File 的偏函数仅当这个集合是空时才成立。而在这里正式这种情形，File 至少有一个元素。因此，这足以说明

∃File′ · FileInit

这次，其证明更容易构造

$$\dfrac{\dfrac{\dfrac{}{\varnothing \in \text{Key} \rightarrow\!\!\!\!\!+ \text{Data}}[4]}{\exists \text{Contents}':\text{Key} \rightarrow\!\!\!\!\!+ \text{Data}/\text{Contents}' = \varnothing \cdot \text{true}}[\text{一点规则}]}{\exists \text{File Init} \cdot \text{true}}[\text{定义}]$$

由于 Key 与 Data 都是基本类型，我们知道它们可能是空的。因此，空关系是 Key ⇸ Data 的元素，初始状态存在。因为 Name 也是一已知类型，也可以推断 Name→File 非空，因此条件[1] 成立。这样，我们的 形式要求就是一致性的，它们不包含矛盾。

本研究的第二部分内容包含每个操作的前置条件的计算。例如，考虑操作 KeyRead，定义为 KeyRead≙KeyRead0 ∨ FileIsNotOpen ∨ FileDoesNotExist

由于 Pre 运算符通过析取分配，我们有

preKeyRead⇔preKeyRead0 ∨ preFileDoesNotExist ∨ preFileIsNotOpen

回忆 FileDoesNotExist 的定义，它的前置条件等价于

```
┌── System ──────────────────
│ n?:Name
├────────────────────────
│ ∃r!:Report
│ n? ∉ domfile
│ r? =file_is_not_exits
└────────────────────────
```

利用一点规则，可以把这个构型的谓词部分重写为 n? ∉ dom file。类似地，可以建立：

pre FileIsNotOpen 具有约束 n? ∈dom file ∧ n? ∉open。

第一个析取式要多作一点工作。操作 KeyRead0 通过提升局部操作 Read 而被定义：

KeyRead0≙∃△File · Read ∧ Promote

为此，先考虑构型

∃File′ · ∃System′ · ∃Promote

并应用 Promote 的定义，得到

[n? : Name · File:System|

$\exists$ File$'$ • $\exists$ System$'$ •

　n? $\in$ open $\wedge$

　file n? = QFile $\wedge$

　file$'$ n? = QFile$'$

　{n?} ⩤ file = {n?} ⩤ file$'$

　Open$'$ = Open]

把存在限定的一点规划的扩充形式应用于这个构型的部分，结果是

$\exists$ File$'$ • $\exists$ System$'$ •

　n? $\in$ Open $\wedge$

　file n? = QFile $\wedge$

　file$'$ n? $\in$ File$\oplus${n? $\mapsto$ QFile$'$}

　{n?} ⩤ file = {n?} ⩤ file$'$

　Open$'$ = Open

再应用全称一点规则，得到：

$\forall$ File$'$ • E System$'$ •

　n? $\in$ Open

　file n? = q File

　file$'$ n? = q File$'$

　{n?} ⩤ file = {n?} ⩤ file$'$

　Open$'$ = Open

这就得到构型隐含

$\exists$ File$'$ • $\exists$ System$'$ • Promote$\Rightarrow\forall$ File$'$ • $\exists$ System$'$ • Promote

KeyRead。的前置条件由下式给出：

PreKeyRead。= $\exists$ Local • PreRead $\vee$ prePromote

展开 Pre Read，其谓词部分为真，提升构型的谓词信息表示考虑的文件作为 open 列出：

preKeyRead。$\Rightarrow$? $\in$ Open

因此，KeyDead。的前置条件是：

此即表示，KeyRead 是一个完全操作。

第 13 章

数据求精理论

我们已经看到,如何用 Z 语言的表示法描述系统,给出系统的形式化规格说明;同时,我们也看到,可以根据严格代数学化推理规则,对给出的形式化的规格说明进行分析推理,研究规格说明正确性、无矛盾性、并研究系统的性质与行为。从这一章开始,我们考虑如何从写好的规格说明为起点,开始向一个可以在计算机环境下执行计算机程序的转化过程。这个过程一般分为设计与实现两个阶段,设计是关于如何产生一个工作系统的重点决策,实现是根据这些决策充实相应的程序设计语言的指令编码。即使采用外形式的方法(但仍然是系统性的)来进行设计与实现,形式化的规格说明仍是非常有价值的。因为用精确的数学语言描述的需求迫使人们非常认真地思考这些需求,因而可以对其末端产品质量有所改善。但是,如果要产生高可靠的软件,那么开发的方法也必须是形式的,因为这样做可以在这个转化过程的每一步都进行严格的验证。这种形式化的开发方法,就是求精。本章引入的求精概念是精确的。它有极其丰富的研究内容,是一个正在发展的研究方向。在本章,我们着重讨论数据求精。例如,如何在规格说明中增加信息使数据如何存贮的概念更精确,也使其上的操作如何执行更具体。显然,这些新增的更详细的描述必须同原始的规格说明一致,也就是说,求精必须正确。

13.1 什么是求精

假定客户与系统设计人员在系统的形式化规格说明的问题上取得一致的意见。为了提供按此规格说明要求实现的系统,实现者的下一步应当做的事情有:

- 找出表示按规格说明描述的系统的(抽象)状态的(具体)状态,并记录抽象状态和对应的具体状态之间的关系。
- 为抽象状态的每个系统操作提供相应的具体状态上的操作(即具体操作)
- 提供计算机系统上的执行程序,执行所需要的具体操作。

注意,具体操作也是形式定义的。因为必须表示抽象状态与具体状态的精确关系,由此可以证明具体操作是抽象状态的正确实现。具体状态是在机器上直接可表示的,并且可以利用打算使用的程序设计语言提供的数据结构来构造。这就隐含最后一步分析依赖于程序设计语言的形式化描述,也依赖于所用的编译程序的正确性。

前面已经提到,从规格说明到正确的实现的整个过程就是求精。实际上,Z 规格声明不过是抽象操作的序列，它把系统的操作描述成状态的变化，从一个有效状态变到另一个有效状态。虽然从抽象到具体时，数据经历表示的变化，但是每个具作操作必须在某种精密的意义上正确的模拟其对应的抽象操作。

当然，必须弄清楚具作操作精细化抽象操作的含义。但是，在做这件事情之前，先让我们定义关系求精和在相同状态上的操作的求精的概念。

一般地说，所谓 R 被 S 精细化，或 S 是 R 的求精，记为 $R \subseteq S$，下面两个条件成立

- 当 R 可应用时，S 也可应用。此即可应用性原则。
- 当 R 可应用，在应用 S 时，则结果与 R 一致。此即正确性原则。

换言之，如果 S 的应用定义域包含 R 的定义域，并且按照 R 来起作用，虽然可能减少选择，总在 R 的定义域之内。

求精的重要性质是传递性。此即：

- 如果 $R \subseteq S$，则 $S \subseteq T$，则 $R \subseteq T$

这就意味着，从规格说明到实现，可以经过若干个中间步骤，只要每一级的求精都是正确的，最终的实现就是正确的。

知道了什么是求精之后，自然要问：如何求精呢？

概括地说，求精就是有关改善、提高、确定化一个系统的规格说明所作的工作的总称。

改进提高的过程包括淘汰不确定性和不肯定性。一个抽象的规格说明可能包含某些未解决的设计选择，因而包含有不确定性，求精可以解决其中一部分选择，淘汰一部分不确定性。求精工作可以分步进行。每步消去一定程序的不肯定性，直到规格说明达到可执行的程序代码。

试举例说明之。

设有资源管理模块把类型相同但编号不同的资源分配给客户程序或用户。我们用整数的集合表示空间的资源。系统的状态由下列构造描述：

```
Resource Manager
free:N
```

当前空闲的资源都可被分配。下面的操作构型描述一次分配的效果：

```
Allocate
ΔResource Manager
------------------
r!:Resource
r! ∈ free^free'=free\{r!}
```

如果有两个以上的资源空闲，这个规格说明就带有不确定性。这个操作也不是完全的：未指明无资源可分时怎么办。

这个规格说明可被另一个规格说明精细化，在此规格说明中，我们决定，应有一个以上资源空闲，应先分配号码最小的资源。这个规格说明可描述为：

```
Allocatel
ΔResource Manager
r!:Resource
------------------
r!=minfree^free'=free\{r!}
```

这个规格说明是确定性的，前提是至少有一个空闲资源。它仍然不是完全的。

第二个求精是，资源(Resource)利用二进位数组表示，每个资源占一位。如果对应的二进位上的值是0，就表示这个资源是空闲的，这个假定已有“array of”的合适定义，因此，可以定义

```
┌─Resource Manager──────────────────────
│ free:array of Bit
└──────────────────
```

其中 Bit＝{0,1}

分配一个空闲资源的工作，可以从数组经一下标开始查找第一个置0位来确定。找到这一位时，将此位置为1并返回下标。如果找不到0位，就报错。这个规格说明服从前一求精步中作出的决定：分配编号最小的资源。它是完全的：分配的效果在一切情况下都被描述了。

任何对一个规格说明都满意的客户，对第三个也会满意。当然，第三个规格说明被强化了，增加了错误处理。

13.2 关系的求精

设 R_1 与 R_2 都是类型为 $X \longleftrightarrow Y$ 的两个关系，当下列两个性质都成立时：

- $\mathrm{dom}\ R_1 \sqsubseteq \mathrm{dom}\ R_2$（可施用性准则）
- $(\mathrm{dom}\ R_1) \lhd R_2 \sqsubseteq R_1$（正确性准则）

则称关系 R_2 是关系 R_1 的求精，记为 $R_1 \sqsubseteq R_2$。这就是说，但 R_1 使 Z 中的一 x 与 Y 中某(些)y 相关，则 R_2 使相同的 x 与 y 中某(些)y 相关且在关系 R_2 中的 y 的集合是关系 R_1 时 y 的集合的非空子集。

作为一个非常简单的例子，假定有如下两个集合：

Shape ＝＝{round,square}

Colour ＝＝{red,blue,green}

及如下两个关系：

R_1 ＝＝{blue ↦ round,blue ↦ square,red ↦ round,red ↦ square}

R_2 ＝＝{red ↦ round,blue ↦ round,green ↦ round}

则 $R_1 \sqsubseteq R_2$，因为 R2 扩展 R1 的定义域使其扩大到全部三个颜色，但缩小了关于在 R1 的定义域内的颜色对应的形状的选择。

在图 13.1 中，给出了两个具有类型 $X \leftrightarrow Y$ 的关系 R 与 S，及 $R \sqsubseteq S$ 的图形表示。

再看两个简单的例子。

设 M ＝＝{a,b,c,d}，ρ：M×M

ρ ＝＝{a ↦ a,a ↦ b,b ↦ c,c ↦ c}，我们扩大关系 p 的定义域，从{a,b}扩大为{a,b,c}如下：

ρ_1 ＝＝{a ↦ a,b ↦ b,b ↦ c,c ↦ c}

则 ρ_1 是 ρ 的求精，因为 dom ρ_1＝{a,b,c}⊒{a,b}＝dom ρ。同时，dom $\rho \lhd \rho_1$＝{a ↦ a,b ↦ b,b ↦ c}⊑ρ。因此，ρ_1 是 ρ 的求精。

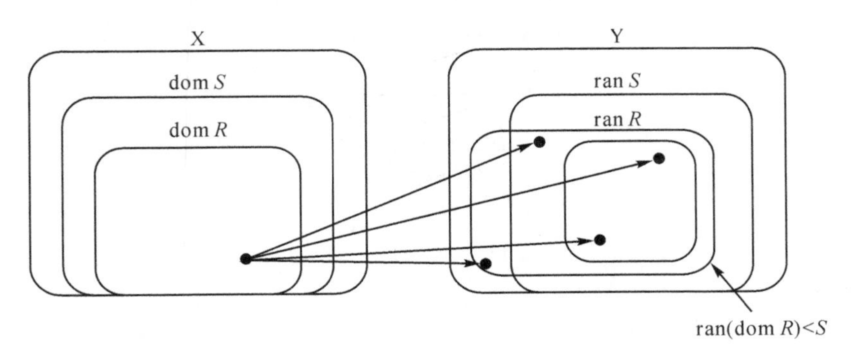

图 13.1　R⊆S，R，S 的类型为 X↔Y

如果关系 $\sigma==\{a\mapsto a, c\mapsto c\}$，则 σ 不是 ρ 的求精，因为 $\mathrm{dom}\ \rho=\{a,b,c\}\not\subseteq\{a,c\}=\mathrm{dom}\ \sigma$ 我们看到 ρ_1 是 ρ 的求精，此时，ρ_1 既扩大了 ρ 的定义域，又减少了一个映射子 $a\mapsto b$，从而减少了不确定性。σ 不是 ρ 的求精，虽然 σ 减少了不确定性，但是付出了缩小定义域的代价。一般地说，对一个关系求精的办法有两个，一是放大它的定义域，二是除去某些映射子（但不能缩小定义域）。

13.3　关系求精的进一步讨论

前一节中关系求精的概念是建立在两个一般的求精准则之上的。由于关系求精的概念是其他的求精的基础，本节再对关系求精的概念作进一步的讨论。

如果关系是完全的，求精的定义是很简单而直接的，如果 R 与 S 都是完全关系，则当 $R\subseteq S$ 时，R 是 S 的求精。这就是说，每当 S 使同一元素 x 同两个元素都相关时，R 可以通过拿掉 $x\mapsto y1$ 或 $x\mapsto y2$ 中的一个而消去或减少不确定性。

为了定义偏关系的求精概念，可以考虑将偏关系完全化。为此对于每个关系的源集合与目的集合各加一个特殊元素⊥，表示无定义。然后增加映射子到偏关系 ρ，使 ρ 的定义域外的任何元素都同增大了目的集的每个元素相关。

如果 ρ 是类型 X 与 Y 间的偏关系，则 ρ 的全化，记为$\dot{\rho}$，是把下列集合加到 ρ 中的结果：$\{x:X^{\perp};y:Y^{\perp}\mid x\notin \mathrm{dom}\ \rho\ \bullet\ x\mapsto y\}$其中 $X^{\perp}=X\cup\{\perp\}$，$Y^{\perp}=Y\cup\{\perp\}$。

如果把 s 集合的补集记为$\bar{s}$，即 $\bar{s}=\{x:X\mid x\notin s\}$则关系 ρ 的全化 $\dot{\rho}\in X^{\perp}\leftrightarrow Y^{\perp}$，且 $\dot{\rho}=\rho\cup(\overline{\mathrm{dom}\ \rho^{\perp}})\times Y^{\perp}$ 例如，如果 $X::=a|b|c$ 且 $\rho==\{a\mapsto a, a\mapsto b, b\mapsto b, b\mapsto c\}$则 $\dot{\rho}==\{a\mapsto a, a\mapsto b, b\mapsto b, b\mapsto c, c\mapsto\perp, c\mapsto a, c\mapsto b, c\mapsto c, \perp\mapsto\perp, \perp\mapsto a, \perp\mapsto b, \perp\mapsto c\}$这个关系的完全化示于图 13.2 之中。

这种全化方法使在其定义域内使用关系 ρ 时，则按 ρ 的原始定义理解，在定义域之外则什么都可发生。⊥的作用确保无定义通过关系复合传播。

现在可以推导一个偏关系是另一个偏关系的正确的求精条件。如果 σ 和 ρ 是相同类型的两个偏关系，则当$\dot{\sigma}$是$\dot{\rho}$的子集时，σ 是 ρ 的求精，或 σ 精细化 ρ。

不难看出，这个定义域等价于下列两个条件：

- $\mathrm{dom}\ \sigma\subseteq\mathrm{dom}\ \rho$

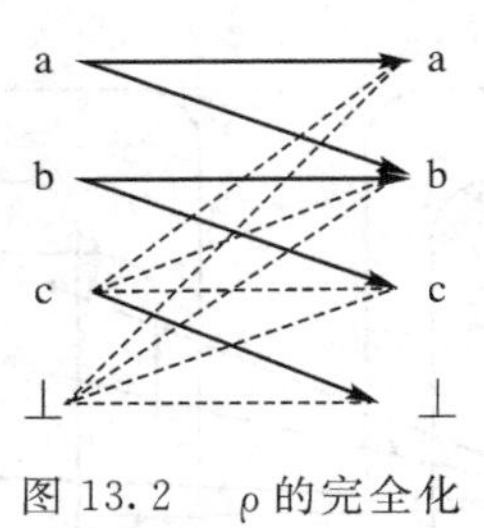

图 13.2　ρ的完全化

• $(\mathrm{dom}\ \rho) \lhd \sigma \subseteq \rho$

此即 13.2 中的两个准则。

13.4　相同状态上的操作的求精

设 Op1 和 Op2 是相同状态上的两个操作，根据可施用准则与正确性准则，如果下列两个定理成立

$\dfrac{\text{pre Op1}}{\text{pre Op2}}$ 与 $\dfrac{\text{pre Op1} \wedge \text{Op2}}{\text{Op1}}$

则称 Op1⊆Op2，即 Op2 是 Op1 的精细化。pre Op 隐含对操作构型 Op 的后成分与输出度量的存在限定，并且，当在定理的前提部分写一构型时，其声明作为整个定理的声明，而在结论部分写下一构型时，它的变量一定已经被声明过，只使用它的谓词部分。这样，上面两个定理就可非形式化地表示为：

• 当 Op1 可施用时，Op2 也可施用

• 当 Op1 在状态 S 可施用且施用 Op2 时将状态 S 变成 S′，则 Op1 也将 S 变成 S′。

同关系求精的定义作一比较就会发现，对于操作 Op 满足 pre Op 的状态的集合类似于一个关系的定义域。从一个简单的例子就可以说明这个问题。考虑下面两个构型，它们描述只有一个成分 x 状态上的简单操作

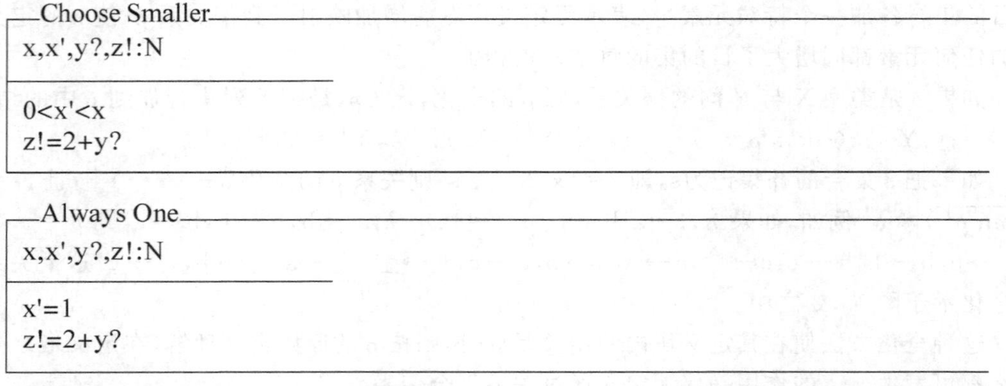

Choose Smaller

x,x',y?,z!:N

0<x'<x
z!=2+y?

Always One

x,x',y?,z!:N

x'=1
z!=2+y?

假定我们要证明 Chosse Smaller⊆Always One。因此，验证两个要求是否成立。首先：

$\dfrac{\text{pre ChooseSmaller}}{\text{pre AlwaysOne}}$　　$\dfrac{x, y?:N \mid \exists\, x, z!:N \cdot 0 < x' < x \wedge z! \leqslant x + y?}{x, y?:N \mid \exists\, x', z!:N \cdot x' = 1 \wedge z! = 2 + y?}$

在结论部分中的存在限定变量 x′及 z! 是非负整数，这显然是成立的，另一个要求也得到满足，因为

$\dfrac{\text{pre ChooseSmaller} \wedge \text{AlwaysOne}}{\text{ChooseSmaller}}$展开后得

$\dfrac{x, x', y?, z!: N \mid \exists x', z!: N \cdot 0 < x' < x \wedge z! \leqslant x + y? \wedge x' = 1 \wedge z! = 2 + y?}{(0 < x' < x) \wedge (z! \leqslant x + y?)}$

由 $\exists x', z!: N \cdot 0 < x' < x$ 可推出：$1 < x$ 或 $2 \leqslant x$

由 $x' = 1$，我们有　$0 < x' < x$

由 $z! = 2 + y?$ 及 $2 \leqslant x$ 推出：$z! \leqslant x + y?$

因此，AlwaysOne 是 Smaller 的求精。

13.5　数据类型与数据求精

正如在前面所指出的，实现规格说明的重要一步是对如何抽象表示数据结构以使其更方便地为计算机处理的问题作出决策。数据求精是这个过程的一部分。

首先，整理一下数据类型的概念。数据类型是值的集合（或状态）及其上的操作的集合的总称。操作的集合是被索引的，即对于其上的操作可以排一个顺序。在一个全局状态 G 使用一数据类型时，必须从初始化开始并以一匹配的终止化结束。在这种观点下，数据类型 X 是一个多元组$(x, xi, xf, \{i: I \cdot xo_i\})$，其中

- X 是值的集合；
- $xi \in G \leftrightarrow X$ 是该类型的初始化；
- $xf \in X \leftrightarrow G$ 是该类型的终止化；
- $\{i: I \cdot xo_i\}$是操作的索引集合，每个 $xo_i \in X \leftrightarrow X$，xi 与 xf 都是完全的，但 xo_i 可以是偏的。

其次，再根据我们在这里的目的，整理一下程序的概念。程序是数据类型上的操作的序列，也可看成输入与输出的关系，这个序列的开始的初始化记录输入，结束步的终止化记录输出。例如，序列 di；do1；do2；df 是一个使用数据类型 $D = (D, di, df, \{do1, do2\})$的程序。

数据类型内的数据表示的选择，同程序的整体行为无关，因为它被初始化与终止化封闭起来了。

这样，程序就可以被数据类型参数化：上面的例子可被等为 P(D)，其中：

$P(X) = xi; xo1; xo2; xf$

并且 X 上有合适的索引集合的可变数据类型。

如果两个抽象数据类型 A 和 C 对于它们的操作使用相同的索引集合，则对于每个程序 P(A)，一定有一个相应的程序 P(C)。进一步说，任何两个程序 P(A)与 P(C)将似乎可比较的，因为它们有相同的源和目的集合。

我们可能发现，但 P(A)的效果被定义时，P(C)的效果也被定义。我们还可能发现，P(C)解决了 P(A)中有的不确定性。如果对于 P 的每个选择都是这样，则称 C 是 A 的求精。

正如在关系的求精理论所作的那样，对抽象数据类型 X 完全化是有用的。这里，一抽象数据类型 X 的完全化是通过它的每个成分的完全化而达到的。即：

$\dot{X} = (X, \dot{xi}, \dot{xf}, \{i: I \cdot \dot{xo}_i\})$

现在可以给出抽象数据类型的求精的定义。如果数据类型 A 与 C 共享相同的索引集合,则当且仅当对于每个程序 P(S)

P(C)⊆P(A)

时,数据类型 A 被数据类型 C 精细化。

设 I 是类型 A 与 C 的索引集合,这个定义要求:对于 SeqI 中的序列<s1,s2,…. sn>:

$\dot{c}_i;\dot{co}_{s1};\dot{co}_{s2};\ldots;\dot{co}_{sn};\dot{cf}\subseteq\dot{a}_i;\dot{ao}_{s1};\dot{ao}_{s2};\ldots;\dot{ao}_{sn};\dot{af}$

实践中,这个结果可能很难建立。下一节,我们将看到,通过抽象值与具体值之间的关系,可以简化这个要求。

考虑下面的数据求精的例子。

设 A 和 C 是处理二进制字位的序列的两个类型。每个在初始化时都是接受一个字位的序列,在终止化时都输出另一个字位序列。在每种情况中,状态空间都定义为多元组的集合:

A ==Seq Bit×Action×seq Bit

C ==Seq Bit×Action×seq Bit

其中:Bit::=0|1

　　Action::=yes|no

状态多元组的第一个成分表示输入序列的未消耗的部分,第二个成分指示是否下一字位必须忠实地再生,第三个表示累积的输出。

这两个数据类型的初始化操作与终止化操作是相同的。开始,整个输入序列等待被消耗,输出序列为空,第二成分置为 no。

```
 _ai_:seq Bit↔A
 _ci_:seq Bit↔C
─────────────────────────
 ∀bs:seq Bit ; a:A; c:C
 bs ai a⇔a=(bs,no,<>)
 bs ci c⇔c=(bs,no,<>)
```

最后,任何剩余的输入都被舍弃,因为是动作成分。积累的输出是剩下的输入序列。

```
 _af_:A↔seq Bit
 _cf_:C↔seq Bit
─────────────────────────
 ∀bs:seq Bit ; a:A; c:C
 a af bs⇔bs=a.3
 c af bs⇔bs=c.3
```

这个操作的效果简直就是当前状态多元组的第三个成分。

两种类型都有一个操作,A 的操作是非确定的:它可以选择是,把下一位输入位 b 附加到输出上去。但是,如果上一位被再生了的话,它就把~b 附加到输出。

```
_ao_:A↔A
────────────────
∀a,a′;A •
        a ao a′⇔a′.1=tail a.1
            a.2=yes⇒
                a′.3=a′.3⌢<head a.1>∧a′.2=no
          a′.2=no⇒a′.3=a′.3⌢<~head a.1>∧a′.2=yes
            ∨
            a′.3=a′.3⌢<head a.1>∧a′.2=no
```

一旦一字位被反置其值时，下一状态的第二成分就置成 yes，指示下一字位一定是照原附上。

相反，C 的操作是完全确定的。它在正附与伪附两者之间交替，每次都改变动作成分的值。它是效果相当于删去上面的定义中的析取项，留下由前状态完全确定的后状态。

```
_co_:C↔C
────────────────
∀c,c′:C •
c co c′⇔c′.1=tail c.1
        c.2=yes⇒
         c′.3=c.3⌢<head c.1>∧c′.2=no
         c.2=no⇒
     c′.3=c.3⌢<~head c.1>∧c′.2=yes
```

可以证明，C 是 A 的求精。为此，需要证明：

$ci;cf \subseteq ai;af$

$ci;co;cf \subseteq ai;ao;af$

$ci;co;co;cf \subseteq ai;ao;ao;af$

……

这只要证明 $co \subseteq ao$ 就可，从两个操作的定义就可以证明这个结论。

13.6　模拟关系与数据求精

为了建立较简单的数据求精的判断方法，本节试图对两个程序的每步产生的值进行比较。如果数据类型 A 与 C 共享同一索引集合，则程序 P(A)与 P(C)有相同的操作步数，如果每个操作都作一步的话。进一步假设，如果 A 和 C 中的数据表示有一定的关系的话，则根据关系可以由一个推导另一个。如果 A 与 C 的数据表示存在类型相关的话，并且：

(1) $C_i \subseteq ai;\rho$ ：即 C 的初始化与 A 的初始化后接一个相匹配。

(2) $\rho;cf \subseteq af$ 即 C 的终止化前置一个就与 A 的终止化相匹配。

(3) $\rho;co_i \subseteq ao_i;\rho$ 对于每一个 i 都成立：

即 C 中的每个操作与 A 中对应的操作相匹配。

如果满足上述条件的关系 ρ 存在，则 C 中任何程序步的效果都可以被 A 中的相应步模拟。因此，我们称为两个数据类型的模拟关系。此时，对于任何程序 P 都有

$P(C) \subseteq P(A)$

因此，可以断定 C 是 A 的求精。

为了使以上推理可用于带偏操作的数据类型，我们对关系和状态空间都扩展使其允许无定义元素。这里没有必要对 ρ 完全化，但传播无定义是必要的。把⊥加到它的定义域及值域中，并使它与值域中的每个元素相关。即：

$\mathring{\rho} \in X^{\perp} \leftrightarrow Y^{\perp}$

$\mathring{\rho} = \rho \cup (\{\perp\} \times Y^{\perp})$

我们称 $\mathring{\rho}$ 是 ρ 的增广形式。

例如，如果定义一自由类型 T::=a|b|c，关系 ρ 的定义为

$\rho = \{a \mapsto a, a \mapsto b, b \mapsto b, b \mapsto c\}$

则 ρ 的增广形式 $\mathring{\rho}$

$\mathring{\rho} = \{a \mapsto a, a \mapsto b, b \mapsto b, b \mapsto c, \perp \mapsto \perp, \perp \mapsto a, \perp \mapsto b, \perp \mapsto c\}$

这种定义扩充的方式特点是传播无定义，示于图 13.3 之中。

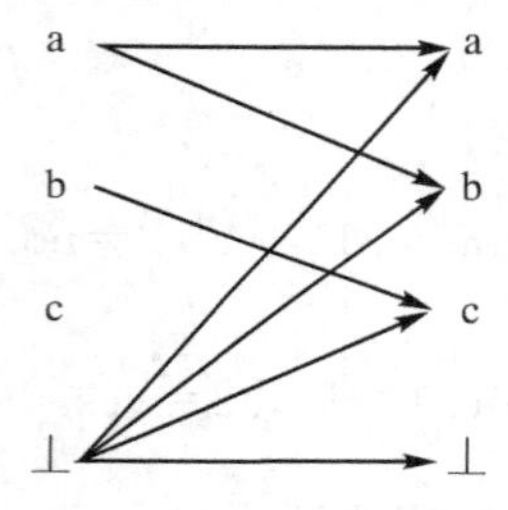

图 13.3 ρ 的增广形式

如果数据类型 A 和 C 共享相同的索引集合，r 是类型为 A↔C 的关系，且下列条件成立：

(1) $\dot{ci} \subseteq \dot{ai} ; \mathring{r}$

(2) $\mathring{r} ; \dot{cf} \subseteq \dot{af}$

(3) $\mathring{r} ; \dot{co}_i \subseteq \dot{ao}_i ; \mathring{r}$ 对于每个索引 i 则称 r 是一向前模拟。

这些要求的意义可用图 13.4 来解释。

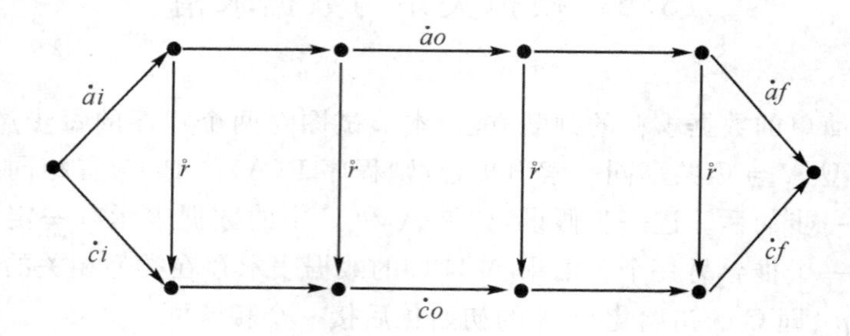

图 13.4 数据类型的向前模拟

第一个要求是 ci 的效果可由 ai 后接 r 正配，两步路径；第二个要求表示，r 后接 cf 的二

步路径可被 af 匹配；第三个要求表示，向下运动再向右运动的效果可被向右再向下运动所模拟。图中下面这条线对应于使用数据类型 C 的程序，上面这条线对应于使用数据类型 A 的程序。由于使用 C 的每个程序的效果都可被模拟。因此，C 是 A 的求精。

这样，具体数据类型中的有效运动可被抽象数据类型中的运动模拟。关系 r 被称为向前模拟，因此如果考虑类似的具体状态和抽象状态，则任何朝向新的具体状态的有效运动都可以被一类似的抽象状态的运动匹配。因为 r 使抽象值与向下的具体状态值相关联，因此，这种关系又被称为向下模拟。

如果数据类型 A 和 C 共享相同的索引集合，s 是类型 C↔A 的关系，且下列条件成立：

(1) $\dot{ci};\mathring{s}\subseteq\dot{ai}$

(2) $\dot{cf}\subseteq\mathring{s};\dot{af}$

(3) $\dot{co}_i;\mathring{s}\subseteq\mathring{s};\dot{ao}_i$ 对于每一个索引 i

则称 s 是一向后模拟。

这些要求类似于向前模拟中的要求，只是模拟的位置颠倒过来了。第一个要求表示 s 与 s 的复合的效果可由 ai 匹配；第二个表示 cf 的效果可由 s 与 af 的复合匹配；第三个表示向右再向上的运动的效果可被向上再向右的运动匹配。

如图 13.5 所示。

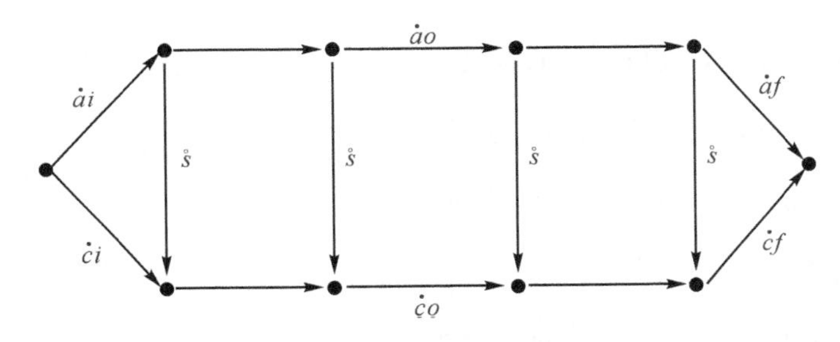

图 13.5　数据类型的向后模拟

图中下面这条线对应于使用数据类型 C 的程序，上面这条线对应于用数据类型 A 的同一程序。同样，C 是 A 的求精。

同样，具体数据类型中的有效运动可以被抽象数据类型中的运动模式。关系 s 被称为向后模拟，是因为如果考虑类似的具体状态与抽象状态，则任何从一老的具体状态到这个具体状态的有效运动都可以由一类似的抽象状态匹配。因为 s 使具体向上到的抽象状态相关，这样的关系有时也叫向上模拟。

13.7　模拟条件的宽松与解开

上节利用完全化操作与增广形式的关系给出了向前向后模拟的定义。本节将利用定义域和值域的限制表示，得到一组数据求精的宽松规则。

先从向前模拟的要求开始。为了得到较宽松的要求，我们在完全关系的基础上来讨论问题。完全关系的完全化(·)与(。)是恒同的。对于完全关系ρ，ρ的定义域是它的整个源

集合,因此 ρ 的任何扩展只增加$\perp$与目的类型的积。首先,初始化是完全的,于是

$\dot{ci} \subseteq \dot{ai};\mathring{r}$

$\Leftrightarrow \mathring{ci} \subseteq \mathring{a}\mathring{i};\mathring{r}$[ai 与 ci 都是完全的]

$\Leftrightarrow ci \subseteq \mathring{ai};\mathring{r} \wedge \{\perp\} \times C^{\perp} \subseteq \mathring{ai};\mathring{r}$[子集的性质]

$\Leftrightarrow ci \subseteq ai;r \wedge \{\perp\} \times C^{\perp} \subseteq \mathring{ai};\mathring{r}$[$\perp \notin \mathrm{dom}\ ci$]

$\Leftrightarrow ci \subseteq ai;r \wedge \{\perp\} \times C^{\perp} \subseteq \mathring{ai};(r \cup \{\perp\} \times C^{\perp})$ [。的定义]

$\Leftrightarrow ci \subseteq ai;r$

类似地可以证明,关于模拟地终止化要求可化为

$r\ ;cf \subseteq af$

因此,完全化的实心圆圈(·)和增广式心圆圈(。)都可以安全地从模拟定义的前两个条件中删去。

为了得到宽松的第三个条件,考虑下列结果:如果 ρ,σ 和 τ 是类型为 $X \leftrightarrow Z, X \leftrightarrow Y$,与 $Y \leftrightarrow Z$ 的关系,则

$\rho \subseteq \dot{\sigma};\mathring{\tau} \Leftrightarrow (\mathrm{dom}\ \sigma) \lhd \rho \subseteq \sigma;\tau$

我们把这个结果叫做"实虚点消去"规则。

证明如下:

$\rho \subseteq \dot{\sigma};\mathring{\tau}$

$\Leftrightarrow \rho \subseteq (\sigma \cup (\overline{\mathrm{dom}\ \sigma}^{\perp} \times Y^{\perp}));\mathring{\tau}$[。的定义]

$\Leftrightarrow \rho \subseteq (\sigma;\mathring{\tau}) \cup ((\overline{\mathrm{dom}\ \sigma}^{\perp} \times Y^{\perp});\mathring{\tau})$ [分配律]

$\Leftrightarrow \rho \subseteq (\sigma;\mathring{\tau}) \cup (\overline{\mathrm{dom}\ \sigma}^{\perp} \times Y^{\perp});\mathring{\tau}$[$\perp \notin \mathrm{ran}\ \sigma$]

$\Leftrightarrow \rho \subseteq (\sigma;\mathring{\tau}) \cup (\overline{\mathrm{dom}\ \sigma}^{\perp} \times Y^{\perp});(\tau \cup \{\perp\} \times Z^{\perp})$ [。的定义]

$\Leftrightarrow \rho \subseteq (\sigma;\mathring{\tau}) \cup (\overline{\mathrm{dom}\ \sigma}^{\perp} \times Z^{\perp})$; [;的性质]

$\Leftrightarrow (\mathrm{dom}\ \sigma) \lhd \rho \subseteq \sigma;\tau$

现在回到模拟的第三个要求,我们有

$\mathring{r};\dot{co} \subseteq \dot{ao};\mathring{r}$

$\Leftrightarrow \mathrm{dom}\ ao \lhd (\mathring{r};\dot{co}) \subseteq ao;r$[实虚点消去]

$\Leftrightarrow (\mathrm{dom}\ ao \lhd \mathring{r});\dot{co} \subseteq ao;r$ [$\lhd$ 和;的性质]

$\Leftrightarrow (\mathrm{dom}\ ao \lhd r);\dot{co} \subseteq ao;r$ [$\perp \notin \mathrm{dom}\ ao$]

$\Leftrightarrow (\mathrm{dom}\ ao \lhd r);(co \cup \overline{\mathrm{dom}\ co}^{\perp} \times C^{\perp}) \subseteq ao;r$ [完全化]

$\Leftrightarrow (\mathrm{dom}\ ao \lhd r);co \subseteq ao;r$ [$\subseteq$的性质]

$\wedge$

$(\mathrm{dom}\ ao \lhd r);(co \cup \overline{\mathrm{dom}\ co}^{\perp} \times C^{\perp}) \subseteq ao;r$

由此可知,第三个要求可归结为两个合取式。第一个合取式表示 co 的效果和 ao 的效果一致,第二个合取式的意义有待于进一步研究:由于$\perp$在 ao;r 的值域之外,这等价于条件

$\mathrm{ran}(\mathrm{dom}\ ao \lhd r) \subseteq \mathrm{dom}\ co$

非形式地说，这要求操作 co 对于从 ao 的定义域利用关系 r 可以达到的每个值都有定义。

我们也可以导出一级关于证明向后模拟的宽松要求。初始化与终止化的要求是消去实虚点。

$ci;s \subseteq ai$

$cf \subseteq s;af$

第三个要求变成

$\mathrm{dom}(s \rhd (\mathrm{dom}\ ao)) \lhd co^{\circ}, s \subseteq s^{\circ}, ao$

$\quad \wedge\ \mathrm{dom}(0 \leqslant \mathrm{dom}(s \rhd (\mathrm{dom}\ ao))$

第一个合取式表示 co 的效果和 ao 一致。第二个表示：co 在其上被定义的值的集合一定是在其上无定义的值的集合的子集合。

我们将这些模拟的宽松证明规则列于下：

F-init-rel-seq	$ci \subseteq ai;r$
F-fin-rel-seq	$r;cf \subseteq af$
F-corr-rel-seq	$(\mathrm{dom}\ ao) \lhd r;co \subseteq ao;r$
	$\mathrm{ran}((\mathrm{dom}\ ao) \lhd r) \subseteq \mathrm{dom}\ co$
B-init-rel-seq	$ci;s \subseteq ai$
B-fiin-rel-seq	$cf \subseteq s;af$
B-corr-rel-sq	$\mathrm{dom}(s \rhd (\mathrm{dom}\ ao)) \lhd co;s \subseteq s;ao$
	$\overline{\mathrm{dom}\ co} \subseteq \mathrm{dom}(s \rhd (\mathrm{dom}\ ao))$

规则的命名根据模拟的类型——F 代表向前，B 代表向后；规则的类型——int 代表初始化，fin 代表终止化；corr 代表操作的正确性；rel 表示基于关系理论的工作。

这些规则可应用只含这样的输入和输出的操作，如具体如下的关系类型：

$(State \times Input) \leftrightarrow (State \times Output)$

这时，有一对应的操作 ops，其类型为：

$State \times (seqInput \times seqOutput) \leftrightarrow State \times (seqInput \times seqOutput)$

其行为如下定义：ops 于状态上的效果就是 op 的效果，假定第一序列的头作为输入。op 的任何输出加到第二序列的末端。此即：

$\forall s, s' : State; is : seqInput; os : seqOutput \bullet$

$\quad \forall i : Input; o : Output \mid (s, i)\, op(s', o) \bullet$

$\quad\quad (s, (\langle i \rangle ^\frown is, os))\, ops(s', (is, os ^\frown \langle o \rangle))$

在上面的 ops 得到 op，必须从输入序列抽象取下一个值。为此定义一个函数，其定义域为 State×(seq Input×seq Input)，返回类型为(State×Input)×(seq Input×seq Onput)

```
[State,Input,Output]
split:State X (seq Input X seq Output)⇸
  (State X input) X (seq Input X seq Output)
-----------------------------------------
∀s:State;is:seq Input;os:seq Output·
  split(s,(is,os))=((s,head is),(tail is,os))
```

当应用 split 时，第一个输入被选中，结果按有用的组合方式装配。状态和下一输入作为一对偶出现，正如是一个操作的消耗品。

为了简化 split 的推理过程，我们推导一个避免提及函数参数的等价定义。这又需要处理对偶和序列的三个新操作。第一个呈并行复合的形式：

[W,X,Y,Z]

$\_ \parallel \_ :(W\leftrightarrow Y)X(X\leftrightarrow Z)\rightarrow WXX\leftrightarrow YXZ$

$\forall \rho : W\leftrightarrow Y;\ \sigma : X\leftrightarrow Z; w:W; x:X; y:Y; z:Z\cdot$
$(w,x)\leftrightarrow(y,z)\in \rho \parallel \sigma \Leftrightarrow w\mapsto y\in p \wedge x\mapsto z\in 6$

这就允许我们分别并同时应用两个操作一对参数同一对结果相关。

第二个操作是重复它的输入

[X]

$cp: X \rightarrowtail XXX$

$\forall x:X\cdot cpx=(x,x)$

第三个操作 ap 的定义为：

[X]

$ap: XXseqX \rightarrowtail seqX$

$\forall x:X; xs:seqX\cdot ap(x,xs)=xs\frown\langle x\rangle$

利用它们组合起来，定义 split 如下：

```
              id ‖ (first;head)
split＝cp ; ‖
              second ;(tail ‖ id)
```

可以利用数据流对这个定义作一些解释，见图 13.6。第一个操作 cp，产生输入对偶的两个副本。一个作为并行组合；d ‖ first;head 的输入，产生输出的第一个成分。另一个副本作为下面的一条数据流的输入，通过 second 再输出成分合并，其定义为

[State,Input,Output]

merge:(State X Output) X (seq Input Xseq Output)⇸
　state X (seq Input X seq Output)

$\forall$s:State;o:Output;is:seq Input;os:seq Output $\cdot$ merge((s,o),(is,os))=(s,(is,os$\frown\langle$o$\rangle$))

函数 merge 的定义可写成如下组合形式：

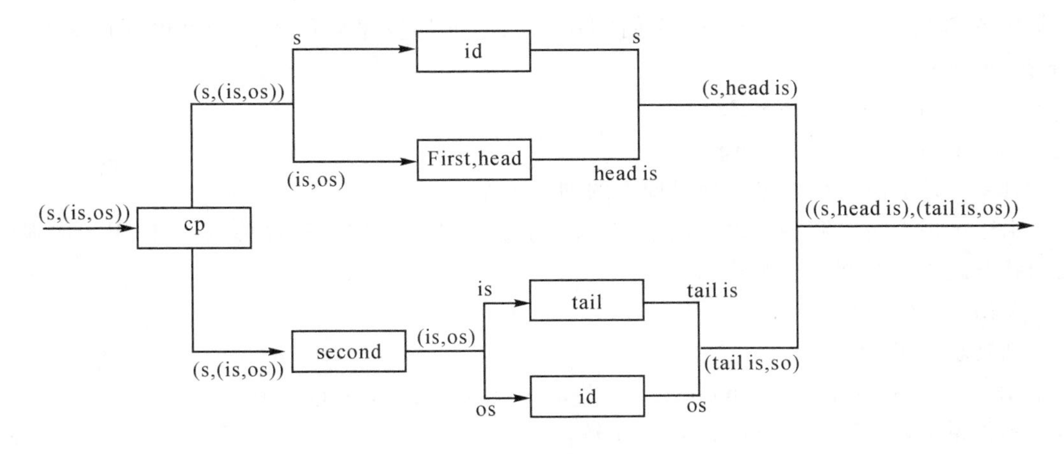

图 13.6　对数据流向解释

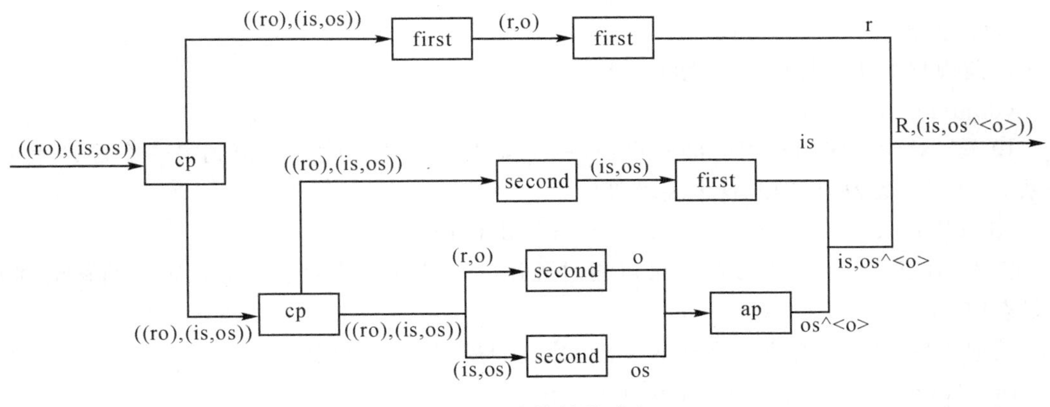

图 13.7　合并数据流向

merge＝cp ;first;first
　　　　‖
　　　cp;second;first
　　　　　‖
　　　　(second ‖ second);ap

现在可以利用 split 和 merge 把包含输入和输出的操作翻译成一个希望这些值呈序列形式的操作。如果是这样的操作，则定义

ρs＝split;(ρ ‖ id);merge

操作 ρ 作用于一对偶:前状态和输入，产生另一对偶:后状态和输出。Split 与 merge 起着输入和输出的两种表示之间的翻译器的作用。

如果为了验证所提出的求精，希望将与另一操作作比较。则应将翻译成“序列”的操作 σs 并将 ρs 与 σs 比较。但是，split 与 merge 的定义支持 ρ 与 σ 之间的直接比较:我们可以解开模拟的规则，使得在每步都有输入和输出。

假定 ao 和 co 都是消耗输入并产生输出的操作。为了利用现在的规则比较这些操作，必须定义等价的操作 ao_s 与 co_s，它们的输入和输出都呈序列形式。这里也利用 split 与 merge 来定义它们：

$ao_s = split;(ao \parallel id);merge$

$co_s = split;(co \parallel id);merge$

其中‘id’是输入和输出序列对偶上的同一关系。

由于 r 是无输入和输出序列的状态之间的关系，必须构造一等价关系，它作用于增强形式的状态之上。如果 r 是类型为

$AState \leftrightarrow CState$

则要求类型为

$AState \times (seqInput \times seqOutput) \leftrightarrow CState \times (seqInput \times seqOutput)$

的关系 r_s，以便对 ao_s 与 co_s 进行比较。

为使比较有意义，两个操作必须有相同类型的输入输出值。增强的状态之间的关系 r_s 定义为

$r_s = r \parallel id$

向前模拟的正确性的有关规则要求

$(dom\ ao_s) \lhd r_s;co_s \subseteq ao_s;r_s$

操作与对两个序列有相同的效果：从一个删去一个值并附一个值到另一个序列上去。关系 rs 对序列无效果，因此这个要求等价于

$(dom\ ao_s) \lhd (r \parallel id[Input]);co \subseteq ao;(r \parallel id[Output])$

其中 ao 已定义，施用 co 的效果可通过施用 ao 来匹配，然后从一个状态空间移动到其他状态空间。

其他条件，即 ao_s 有定义之外 co_s 也有定义，导致第二条约束：

$ran((dom\ ao) \lhd (r \parallel id[Output])) \subseteq dom\ co$

同一关系的存在反映一个事实，就是输出不再作为状态的一部分来处理。

向前向后模拟的解开规则集合列于下：

F-init-rel	$ci \subseteq ai;r$
F-corr-rel	$(dom\ ao) \lhd (r \parallel id);co \subseteq ao;(r \parallel id)$
	$ran((dom\ ao) \lhd (r \parallel id) \subseteq dom\ co$
B-init-rel	$ci;s \subseteq ai$
B-corr-rel	$dom((s \parallel id) \rhd ((dom\ ao))) \lhd co;(s \parallel id) \subseteq (s \parallel id);ao$
	$dom\ co \subseteq dom(s \rhd (dom\ ao))$

其中，终止化不再是特殊情况，任何程序步都可产生输出，因此对于每种模拟形式只用两条规则。由于这些规则可以直接应用，无须把输入和输出当作状态的特殊成分，每个规则名的后缀 seq 都被删去了。

第 14 章

操作求精

前一章讨论过了偏关系与全关系的数据求精理论，本章将这种理论推广到用构型写的规格说明。实际上，操作构型对应于状态上的关系。关系求精好了，自然操作也可以求精。

14.1 关系与操作构型

利用构型定义状态上的操作，是通过描述操作前的状态与操作后的状态的关系来描述的。因此，就我们这里的目的来说，操作构型的意义就是状态上的关系。这种关系不一定是完全的，如果构型的前置条件不是 true 的话，就有在定义外的状态。

当前置条件不满足时，操作的结果无定义。例如，求一实数 r 的倒数的操作可由下面的操作构型定义：

$\mathrm{Recip} \triangleq [\Delta S \mid r \neq 0 \wedge r' - 1/r]$

其中 $S \triangleq [r : R]$。这是一个偏操作，当 $r=0$ 无定义。这里先把输入与输出的问题搁置在一边，与 Recip 对应的关系应是

$[\mathrm{Recip} \bullet \theta S \mapsto \theta S']$

将其完全化并简化结果表达式，得到：

$\overbrace{\{r, r' : R \mid r \neq 0 \wedge r' = 1/r \bullet \theta S \mapsto \theta S'\}}$

$= \{r, r' : R^{\perp} \mid r \neq 0 \wedge r \neq \perp \wedge r' = 1/r \vee r = 0 \vee r = \perp \bullet \theta S \mapsto \theta S'\}$

操作构型还包含输入和输出的笛卡儿积。如果 Op 是状态 S 上的操作，则对应的关系应是 $\{Op \bullet (\theta S, i?) \mapsto (\theta S', O!)\}$

此即

$\overbrace{\mathrm{split}; (\{Op \bullet (\theta S, i?) \mapsto (\theta S', O!) \parallel \mathrm{id}); \mathrm{merge}}$

据此就可以进行构型语言与关系语言之间的翻译。

假定 A 和 C 是用构型描述的数据类型。构型 R 表示这两个数据类型之间的模拟：

```
┌── R ─────────────────────
│   A
│   C
├──────────────────
│   ·
│   ·
│   ·
└──────────────────────
```

这个构型记录的关系叫做检索关系:它说明抽象数据类型 A 的数据表示可以从具体数据类型 C 的数据表示检索出来。

为了确定 R 是否一个模拟,就要对具有相同索引的操作进行比较,例如,对 AO 与 CO 进行比较,对它们的初始化进行比较,设这两个初始化分别用构型 AI 与 CI 表示。

14.2 向前模拟

设 r,ao 与 co 是对应于检索与操作构型的关系:

$r = \{R \cdot \theta A \mapsto \theta C\}$

$ao = \{AO \cdot (\theta A, i?) \mapsto (\theta A', o!)\}$

$co = \{CO \cdot (\theta C, i?) \mapsto (\theta C', o!)\}$

ai 与 ci 是初始化时产生的状态的集合:

$ai = \{AI \cdot \theta A'\}$

$ci = \{CI \cdot \theta C'\}$

同时,我们把 ai 与 ci 看作是关系的平凡形式,每个映射子的第一成分被省略。

根据向前模拟的解开规则,对于两个初始化,下列条件成立:

$ci = ai ; r$

现在试图用构型表示这个条件:

$ci \subseteq ai \fatsemi r$

$\Leftrightarrow \forall c : C \cdot c \in ci \Rightarrow c \in ai \fatsemi r$ [根据⊆的性质]

$\Leftrightarrow \forall C \cdot \theta C \in ci \Rightarrow \theta C \in ai \fatsemi r$ [根据构型演算]

$\Leftrightarrow \forall C \cdot \theta C \in ci \Rightarrow$ [根据⨾的性质]

$\exists A \cdot \theta A \in ai \wedge \theta A \mapsto \theta C \in r$

$\Leftrightarrow \forall A \cdot \theta C \in \{CI \cdot \theta C'\} \Rightarrow$ [根据定义]

$\exists A \cdot \theta A \in \{AI \cdot \theta A'\} \wedge$

$\quad \theta A \mapsto \theta C \in \{R \cdot \theta A \mapsto \theta C\}$

$\Leftrightarrow \forall C' \cdot CI \Rightarrow \exists A' \cdot AI \wedge R'$

其他两个规则是

$(\mathrm{dom}\ ao) \lhd (r \parallel id) ; co \subseteq ao ; (r \parallel id)$

和

ran((dom ao)◁(r ∥ id))⊆dom co

这两个规则将导致关于对应的操作构型的两个条件。

第一个条件是：具体操作 co 必须在其对应的抽象状态满足 AO 的前置条件的任何状态都有定义。

$\forall A;C \bullet \text{pre } AO \wedge R \Rightarrow \text{pre } CO$

这说明这个开发步已经弱化了操作的前置条件。

第二个条件是：具体操作产生的结果与抽象操作的结果一致：

$\forall A;C;C' \bullet$

$\text{pre } AO \wedge R \wedge CO \Rightarrow \exists A' \bullet AO \wedge R'$

假定两个具体状态 C 与 C′通过具体操作 CO 相关。同时假定 A 是与 C 对应的抽象状态，位于 AO 的前置条件之内。那么，要使 CO 成为 AO 的正确求精，就一定有对应于 C′的抽象状态 A′，使得可以通过应用 AO 从 A 到 A′。这样，向前模拟的三个规则就是：

F-init　　$\forall C' \bullet CI \Rightarrow \exists A' \bullet AI \wedge R'$

F-corr　　$\forall A;C \bullet \text{pre } AO \wedge R \Rightarrow \text{pre } CO$

$\forall A;C;C' \bullet \text{pre } AO \wedge R \wedge CO \Rightarrow \exists A' \bullet AO' \wedge R'$

下面，我们举两个例子，说明用构型定义的操作的求精过程。

第一个例子是设计一个监控进出一大楼的系统。系统记录在大楼内的所有的人，并保证大楼内的人数不超过一个确定的限度。设 Staff 是职员的类型：

[Staff]

设 maxentry 是在任何时间可以进入大楼的最多人数：

| maxentry：N

首先，这系统状态建模。这里的系统状态就是当前在大楼内的职员的集合，相应地，状态不变式限制楼内总人数。

Asystem ≙[s：ℙ Staff | # s≤maxentry]

开始，楼内无人，这自然保证不变式成立。

Asystem ≙[Asystem′ | s′=∅]

不在楼内的人可以进楼，只要满足不变式约束，因此，进楼操作定义为：

AEnterBuilding

ΔASystem
P?：Staff

s<maxentry
p? ∉ S
s′=s ∪{p?}

楼内的人可以出来，也定义一个操作：

ALeaveBuilding

Δ ASysTem
p?：Staff

p? ∈ s
s′=s\{p?}

以上描述构成我们的抽象系统的规格说明。下面定义作为上述系统的求精的具体系统。这次我们把系统的状态描述为 Staff 的内射序列，即无重复的序列，此序列的长度必须小于

maxentry：

$CSystem \triangleq [I : \mathrm{iseq}\ Staff \mid \# I \leq maxentry]$

I 的长度就是楼内的总人数。同样，定义具体系统状态上的初始化：

$CSystemInit \triangleq [Csystem' \mid I' = \langle\rangle]$

相应地，定义具体状态的进楼与出楼两个操作，它们是：CEnterBuilding 及 CLeave-Building。

CEnterBuilding

$\Delta CSystem$

$p? : Staff$

$\# I < maxentry$

$p? \notin \mathrm{ran}\ I$

$I' = I \frown \langle p? \rangle$

CleaveBuilding

$\Delta CSystem$

$p? : Staff$

$p? \in \mathrm{ran}\ I$

$I' = I \upharpoonright (Staff \setminus \{p?\})$

虽然这两个规格说明都描述同一个系统，但第一个较抽象：它没有记录进入大楼的人的顺序，只记录了进入大楼的人。第二个较具体，选择内射序列就是作出了某种设计决策：例如，新进来的人接在序列的末端。

我们把第一个描述作为抽象的规格说明，第二个作为产生设计的过程中的一步。我们打算用数组来实现名字的集合，在数组中元素是有序的。我们还决定按到达的顺序记录名字，这个设计决定可以利用检索函数建立文档。

ListRetriveSet

ASystem

CSystem

$s = \mathrm{ran} I$

这是设计步骤的一个形式化记录，它有助于我们证明第二个规格说明是第一个的正确实现。

为了证明这个求精是正确的，必须建立下列定理：

$\forall CSystem' \cdot CSystemInit \Rightarrow$

$(\exists ASystem' \cdot ASystemInit \Rightarrow ListRetriveSet')$

$\forall Asysemm; CSystem; p? : Staff \cdot \mathrm{pre}\ AEnterBuilding \wedge ListretriveSet$

$\Rightarrow \mathrm{pre}\ CEnterBuilding$

∀ ASystem;CSystem;Csystem′;p?:Staff •
pre AEnterBUilding ∧ ListReiveSet ∧ CEnterBuilding⇒
(∃ ASystem′ • ListRetriveSet ∧ AEnterBuilding)
∀ ASystem;CSystem;p?:Staff • pre ALeaveBuilding ∧ ListRetriveSet
⇒pre CLeaveBuilding
∀ ASystem;CSystem;CSystem′;p?:Staff •
pre ALeaveBuilding ∧ ListRetriveSet ∧ CLeaveBuilding⇒
(∃ ASystem′ • ListRetriveSet′ ∧ ALeaveBuilding)

第二个例子是产生一个求某些自然数的算术平均值的程序。规格说明描述该程序的接口由两个操作组成:操作 Aenter 加一个数到数据集,操作 Amean 计算当前打入的数的平均值。

程序的状态模型是自然的序列表示的数据集合:

AMemory≙[S: seq N]

这是使用序列或袋,而不使用集合,因为这是可能有若干个相同的自然数出现。

程序的初始状态下,序列为空:

AMemaryInit≙[Amemory′| s′=<>]

操作 AEnter 把一个数加到序列的末端:

AEnter

Δ AMemory
n?:N

s′ =s⌢<n? >

一串自然数的算术平均值是它的和除以它的长度。

AMean

ΞAmenory
m!:R

s≠<>

$m! = \frac{\sum_{i=1}^{\# s}(s_i)}{\# s}$

这个结果仅当序列的长度不为 0 才有意义。

这几个操作的前置条件分别是:

AMemoryInit	true
AEnter	true
AMeam	s≠<>

现在考虑上面描述的系统的求精问题。

首先,为了计算平均值,不一定要把全部输入的数都记录下来。我们的设计只要保存两个数:和与长度。和即当前输入的数的总和,长度即当前输入的数的个数。这样,与 Amemory 对应的具体状态就是

CMemory≙[sum :N;size : N]

初始状态下，这两个数都为 0。

CMemoryInit ≙ [CMemory′ | sum′ = 0 ∧ size = 0]

与 AEnter 及 AMean 对应的具体操作分别是 CEnter 与 CMean：

```
┌─CEnter──────────────
│ Δ CMemory
│ n?:N
├──────────────
│ sum′ = sum + n?
│ size′ = size + 1
└──────────────
```

```
┌─CMeam──────────────
│ Ξ CMemory
│ m!:R
├──────────────
│ size ≠ 0
│ m! = sum / size
└──────────────
```

$$m! = \frac{sum}{size}$$

这几个操作的前置条件列于下：

CMemoryInit	true
CEnter	true
Cmeam	size ≠ 0

可以把 CMemory 看成是 AMemory 的设计。规格说明与设计的关系是明显的：

```
┌─Sum Size Retrieve──────────────
│ AMemory
│ CMemory
├──────────────
│ sum = Σ_{i=1}^{#s} (s_i)
│ size = #s
└──────────────
```

$$sum = \sum_{i=1}^{\#s} (s_i)$$

这个检索关系并不是从具体到抽象的函数，与第一个例子中的检索函数完全不同。

这个设计的正确性也是显然的：如果利用 CEnter 和 CMean，并用检索关系中给出的由 s 求出 Sum 及 Size，则可得到相应的抽象操作的描述。为了证明其正确性，还要证明下列定理：

∀ CMemory′ • CMeyoryInit =

  (∃ AMemory′ • CMemoryInit ⇒ SumSizeRetrieve′)

∀ AMemory; CMemory; n?: N • pre AEnter ∧ SumSizeRetrieve ⇒ pre CEnter

∀ AMemory; CMemory; CMemory′; n?: N •

pre AEnter ∧ SumSizeRetrieve ∧ CEnter ⇒

  (∃ Amemory′; m!: R • SumSizeRetrieve′ ∧ AEnter)

∀ AMemory; CMemory n?: N • pre AMean ∧ SumSizeRetrieve ⇒ pre Cmean

$\forall$ AMemory;CMemory;CMemory′;n?:N •

pre　AMean $\wedge$ SumSizeRetrieve $\wedge$ CMean$\Rightarrow$

　(∃AMemory′;m!:R • SumSizeRetrieve′ $\wedge$ AMean)

下面,把以上作的设计翻译成程序代码,其中含有规格说明的语句。这是下一章求精术的内容。简单地说,规格说明语句

w:[pre,post]

描述一程序,如果它在满足 Pre 的任何状态开始执行,则终止于满足 post 的状态,该程序只改变 w 中提到的变量。

翻译结果如下。其中过程 enter 的体组成要求全局变量 sum 必须加上 n? 的值,size 必须增一的规格说明。

```
var sum,size:N •
……………
proc enter(val n?:N);
  sum,size:[true,sum′=sum+n? ∧ size′=size+1]
proc mean(res m!:R);
  m!:[size≠0,m! =sum/size]
```

过程 meam 的体由另一个规格说明语句组成,这个语句表示 m! 必须有最终值 sum/size。此时实现者可以假定 size 的值不是 0。

再把规格说明语句精细化,产生目的程序设计语言的程序。这里,用的是 PASCAL 语言。结果是一个正确实现原始规格说明的可执行的 PASCAL 程序。

```
PROGRAM MeanMachine(input,output);
  VAR
      n,sum,size : 0..maxint;
      m : real;
  PROC Enter(n : 0..maxint);
      BEGIN
          sum:=sum+n;
          size:=size+1;
      END;
  PROC Mean(VAR m:real);
      BEGIN
      m:=sum/size
      END;
  BEGIN
      sum:=0;
      size:=0;
      WHILE NOT eof DO
          BEGIN
              read(n);
```

```
            Enter(n);
        END;
    Mean(m);
            Write(m);
        END.
```

14.3 向后模拟

有的求精是正确的求精，但不能用向前模拟的方法来证明。这种求精的特点往往是解决不确定性被延迟。这时，应当使用向后模拟的方法。

在向后模拟中，也可由关系的求精规则推出关于规格说明的求精条件。

对于任何初始具体状态，等价的抽象状态一定是初始抽象状态

$\forall C';A' \bullet CI \wedge R' \Rightarrow AI$

如果操作 CO 正确地实现抽象操作 AO，当 AO 工作得以保证时，CO 就一定工作。

$\forall C \bullet (\forall A \bullet R \Rightarrow pre\ AO) \Rightarrow pre\ CO$

最后，对于与后状态 C′等价的抽象状态 A′，一定有与前状态 C 等价的抽象状态 A，使 A 与 A’正确地相关：即，由 AO 使其相关。

$\forall C \bullet (\forall A \bullet R \Rightarrow pre\ AO) \Rightarrow (\forall A';C' \bullet CO \wedge R' \Rightarrow (\exists A \bullet R \wedge AO))$

我们将这些规则小结并列于下：

B-init $\forall A';C' \bullet CI \wedge R' \Rightarrow AI$

B-corr $\forall C \bullet (\forall A \bullet R \Rightarrow pre\ AO) \Rightarrow$

$\forall A';C' \bullet CO \wedge R' \Rightarrow \exists A \bullet R \wedge AO$

$\forall C \bullet (\forall A \bullet R \Rightarrow pre\ AO) \Rightarrow pre\ CO$

下面，我们也用两个例子说明需要使用向后模拟的求精规则。

第一个例子是简化的自动售货机模型。用户输入三位数字，然后取饮料。为了描述这个系统，首先引入几个基本类型，如下：

Status::=yes|no

Digit ==0..9

$seq_3[X]==\{s : seq\ X \mid \# s=3\}$

系统状态包含两个布尔变量，一个指示当前系统是否正在工作，另一个指示当前的交易是否将会成功。

AVM$\triangleq$[work,vend:Status]

开始，这两个变量都置成 no：

AVMInit$\triangleq$[AVM′|work′=vend′=no]

假设有 AVM 上的操作是，用户输入三位数字，如果正确的话，机器输出饮料。这里，这三位数字从付费数目、饮料种类抽象归纳而成。交易的第一部分是挑选饮料。

Choose

ΔAVM
$t?: sep_3\ Digit$

$Work = no$
$Work' = yes$

注意，这个操作对 vend 的值来确定。在此交易的末端，即在结束之前，通知这个交易是否成功。

AVend

ΔAVM
$o!: Status$

$Work' = no$
$o! = vend$

现在考虑 AVM 的设计。首先，三位数字分别输入，需要记录这三位数字。开始，系统中无交易在进行。

$CVM \triangleq [digits : 0..3]$

$CVMInit \triangleq [CVM' \mid digits' = 0]$

用户打入第一位数字，开始一次交易：

FirstPunch

ΔCVM
$d?: Digit$

$digits = 0$
$digits' = 1$

用户继续打下面的数字：

NextPunch

ΔCVM
$d?: Digit$

$(0 < digit < 3 \wedge digits' = digits + 1) \vee$
$(digits = 0 \wedge digits' = digits)$

注意，NextPunch 只有交易进行中才是有效的，操作 Cvend 是对应于 Avend 的具体操作，描述饮料给用户，非确定地选择输出 o!：

CVend

ΔCVM
$o!: Status$

$digits' = 0$

很明显，以上描述的两个系统有求精的关系。假定要买由数字序列 428 所涉及的某种饮料。抽象地表示，通过调用操作 Choose 输入 428 开始一个交易；然后，调用操作 AVend，输出 o！告诉用户这次交易是否成功。另一方面，具体地表示，调用 FirstPunch，打入第一位数字 4，开始这个交易，然后调 NextPunch 操作输入 2，再调 NextPunch 输入 8，然后调用 AVend 输出 o！通告用户这次交易是否成功。

这两个系统之间的差别有三：具有不同的操作名，不同类型的输入，在不同的时间作出非确定方式的选择。

如果要证明这个求精关系，就必须说明两组操作之间的对应关系。我们希望 AVend 操作与 FirstPunch 操作对应。在抽象系统中，没有对应于 NextPunch 操作的操作，但是可以使用与抽象状态的标识相关。总而言之：

AVMInit 被 CVMInit 求精

Choose 被 FirstPunch 求精

ΞAVM 被 NextPunch 求精

AVend 被 CVend 求精

输入类型的不同意味着我们不能使用从求精定义推出的证明规则。但是，如果把输入和输出一开始就作为状态的一部分来考虑，就不一定要求两个操作都有相同的输入和输出。为此，考虑下面的构型描述的检索关系：

```
┌─── RetrieveVM ──────────────────
│ AVM
│ CVM
├─────────────────────────────
│ work = no ⇒ digits = 0
└─────────────────────────────────
```

为了证明关于 Choose—FirstPunch 的向前模拟的正确性，必须证明：

$\forall$ AVM；CVM；CVM′.

  Pre Choose $\wedge$ ReteieveVM $\wedge$ FirstPunch ⇒

    $\exists$ AVM′. RetrieveVM′ $\wedge$ Choose

这又要证明：

$\forall$ work，vend：Status；digits，digits′：0..3；i?：seq_3 Digit；d?：Digit。

work = no $\wedge$

work = no ⇔ digits = 0 $\wedge$

digits = 0 $\wedge$ digits′ = 1 ⇒

  $\exists$ work′，vend′：Status。

    work′ = no ⇔ digits′ = 0 $\wedge$ work′ = yes

这显然是成立的。

这两个系统中，非确定的选择的决定点也是不同的。在抽象系统中，选择的决定点在交易的开始，操作 Choose 之中。在具体系统中，决定点延迟到交易的末尾，在操作 CVend 之中。这种非确定性的推迟，是向后求精的特征，这也将意味着，无法证明这个求精是向前求精。

考虑售货操作 CVend 的向前模拟正确性规则：

$\forall$ AVM；CVM；CVM′

$\text{Pre AVend} \wedge \text{RetrieveVM} \wedge \text{CVend} \Rightarrow$

$\exists \text{AVM}' \cdot \text{RetrieveVM}' \wedge \text{AVend}$

为此，要证明：

$\forall \text{work}, \text{vend}: \text{Status}; \text{digits}, \text{digits}': 0..3; o!: \text{Status}$

$\text{work} = \text{no} \Leftrightarrow \text{digits} = 0 \wedge$

$\text{digits}' = 0 \Rightarrow$

$\exists \text{work}', \text{vend}': \text{Status}$

$\text{work}' = \text{no} \Leftrightarrow \text{digits}' = 0 \wedge \text{work}' = \text{no} \wedge o! = \text{vend}$

显然这是不成立的。因此，这不是一个向前模拟；但是，它是一个向后模拟。在实现中，选择是在后面作出的，即在所有数字都打过之后。

本节的第二个例子是一个允许用户存放文件于一共享存贮器中的简单分布式操作系统。这个系统的抽象模型与具体模型分别是 AFS 及 CFS，在这二者之间既可以构成向前模拟关系，又可以构成向后模拟关系。

这个系统的抽象规格说明包含一个从名字到文件的映射。

$\text{AFS} \triangleq [\text{afs} : \text{Name} \nrightarrow \text{File}]$

开始时，系统中无文件：

$\text{AFSInit} \triangleq [\text{AFS}' \mid \text{afs}' = \varnothing]$

系统上的读操作把文件从文件存储器中读出来：

Read

ΞAFS

$n?: \text{Name}$

$f!: \text{File}$

$n? \in \text{dom afs}$

$f! = \text{afs}.\ n?$

Store 操作把文件存入文件存储器：

Store

ΔAFS

$f?: \text{File}$

$n?: \text{Name}$

$\text{afs}' = \text{afs} \cup \{n? \mapsto f?\}$

$n? \notin \text{dom afs}$

应当指出，这个规格说明所隐含的原子性，或最小单位，对于实际的实现来说，并不是合适的。它要求存储文件时其他活动都要停止。在设计这一级，文件按字节存入存储器。这件事的原子步间可以穿插其他用户动作。

具体系统包括两个映射：一个是具体文件系统，另一个是临时文件系统。后者用于存放在网上传输的过程中的部分文件。文件表示为字节的序列。

```
______CFS__________________________
| cfs:Name ⇸ seq Byte
| tfs:Name ⇸ seq Byte
|____________________________
| dom cfs ∩ dom tfs=∅
|__________________________________
```

同样,开始时系统中无文件:

CFSInit≙[CFS′ | cfs′=tfs′=∅]

存一个文件于分布文件存贮中这件事,不是由一个操作来执行的,而是由一个交易来执行的。首先,用户必须通过操作 Start 开始一个交易,然后用户必须一个字节一个字节地传输文件,最后,用户必须调用 Stop 操作终止该交易。

Start 操作在临时文件存贮中保留一个文件,从而开始一项交易:

```
______Start________________________
| Δ CFS
| n?:Name
|____________________________
| n? ∉ dom cfs ∪ dom tfs
| tfs′=tfs ⊕ {n? ↦ < >}
| cfs′=cfs
|__________________________________
```

文件的内容一个字节一个字节地积累在临时文件中,这个操作是由 Next 完成的:

```
______Next_________________________
| Δ CFS
| n?:Name
| b?:Byte
|____________________________
| n? ∈ dom tfs
| tfs′=tfs ⊕ {n? ↦ (tfs n?) ⁀ <b?>}
| cfs′=cfs
|__________________________________
```

当交易完成时,把它传输到具体文件系统:

```
______Stop_________________________
| Δ CFS
| n?:Name
|____________________________
| n? ∈ dom tfs
| tfs′={n?} ⩤ tfs
| cfs′=cfs ⊕ {n? ↦ tfs n?}
|__________________________________
```

两个系统间的检索关系,是文件的抽象类型与它的字节序列的表示之间的转换:

retr_file: seq Byte →File

```
______RetrieveACFS_________________
| AFS
| CFS
|____________________________
| afs=cfs;retr_file
|__________________________________
```

下面两个系统之间有一个向前模拟关系：

(AFS, AFSInit, ΞAFS, ΞAFS, Store, Read)

(CFS, CFSInit, Start, Next, Stop, Read)

而下面两个系统之间存在向后模拟关系：

(AFS, AFSInit, Store, Ξ AFS, ΞAFS, Read)

(CFS, CFSInit, Start, Next, Stop, Read)

第 15 章

类型理论

本章开始介绍类型理论的基础知识。

15.1 预备知识

15.1.1 命题和集合

在类型理论中，判断 $a \in A$ 可以从如下几个方面来理解

- a 为集合 A 的一个元素
- a 为命题 A 的一个证明
- a 为满足规格说明 A 的一个程序
- a 为问题 A 的一个程序

为什么一个命题可以表示成一个集合？一个命题为构造地真仅当我们能够证明它。例如 $A \rightarrow B$ 的一个证明是一个函数(方法，程序)，该函数对于 A 的每个证明都给出 B 的一个证明。例：证明 $A \supset A$

给出一个方法，对 A 的每个证明给出 A 的一个证明。我们选取等同函数，把输入变成输出，记 $\lambda x.x$。

隐含在命题作为集合后面的思想是把命题等同于它的证明组成的集合，则一个命题为真指它对应的集合非空，根据如上解释，对于蕴含和合取，可得：

$A \supset B$ 等同于 $A \rightarrow B$，指 A 到 B 的函数集合，$A \& B$ 等同于 $A \times B$，指 A 到 B 的笛氏积，$A \rightarrow B$ 的元素为 $\lambda x.b(x)$，这里当 x 为 A 的元素时，$b(x) \in B$，集合 $A \times B$ 的元素为 $\langle a,b \rangle$，这里 $a \in A, b \in B$。

这样的话命题和集合的等同，就是逻辑常元的等同，而 Martin-Löf 类型论有足够的集合去表现所有的逻辑常元。

15.1.2 表达式理论

15.1.2.1 表达式形成理论

一、作用

对于数学表达式 $x+\sin(x)$，若定义表达式 $e(e_1, e_2 \cdots..e_n)$，表达式 e 作用于 $e_1, e_2 \cdots\cdots e_n$，则以上表达式应为 $+(x, \sin(x))$。

二、抽象

对于表达式：

$$\int_1^x (y+\sin(y))dy$$

经过抽象，我们可以把积分写成

$$\int(((y)+(y+\sin(y))),1,x)$$

三、组合

若 $e_1, e_2 \cdots\cdots e_n$ 为表达式，则可形成表达式 $e_1, e_2 \cdots\cdots e_n$，称 $e_1, e_2 \cdots\cdots e_n$ 为组合。

四. 选取

给定一个表达式，若它为一个组合，则我们可以通过语法运算选取来得到它的分部。设 e 是有 n 个分部的组合，我们将(e).i 表示为 e 的第 i 个分部。更一般的，我们用 $(e_1, e_2, \cdots, e_n).i$ 表示 e 的第 i 个分部。

15.1.2.2 相关度

对于一个表达式，如果可以从它选取分部，则该表达式是组合的，否则为单纯的；如果是作用中的算子，为不饱和表达式，否则为饱和表达式。若表达式既是单纯的又是饱和的，则它的表达式的相关度为 0，作用和选取都不能执行在此表达式上。不饱和的表达式呈型$(\alpha \rightarrow \beta)$，$\alpha$ 和 β 为相关度，这样的表达式可以作用在相关度为 α 的表达式上，作用的结果是相关度为 β 的表达式 succ。

若 $\alpha_1, \alpha_2 \cdots \alpha_n$ 为相关度，则$(\alpha_1 \otimes \alpha_2 \otimes \alpha_n)$为组合表达式的相关度。对于相关度 $0 \rightarrow 0 \otimes 0$，$\rightarrow$的优先级低于$\otimes$。

15.1.3 Martin-Löf 类型理论

Martin-Löf 类型理论起源于构造数学，但区别于绝大多数其他数学形式化，类型理论不是基于一阶谓词演算。不过，类型理论可以通过命题和集合之间的对应关系来解释谓词逻辑。一个命题就是一个集合，其元素代表该命题的证明。因此一个真命题可为非空集合。而一个假命题被认为是空集合。在 Martin-Löf 类型理论中，$a \in A$ 可以用以下的几种方式来理解：(1)a 为集合 A 中的一个元素；(2)a 为命题 A 的一个证明；(3)a 为满足规格说明 A 的一个程序；(4)a 为问题 A 的一个解。这样的原因是集合，命题，规格说明和问题这些概念能够以相同的方式来理解。因此，Martin-Löf 类型理论是一种程序构造的形式化系统，它可以作为程序构造的理论。因为在同一个形式系统中能够同时表示规格说明和程序。而且，证明规则能够从规格说明导出一个正确的程序以及能检验一个给定程序具有某个性质。作为程序设计语言，Martin-Löf 类型理论类似于带类型的函数式语言如 Hop 和 ML，但是区别在于一个良好类型程序的求值总是能够终止的。在 Martin-Löf 类型中，写出程序设计的目的规格说明以及开发大概正确的程序是可能的。因此类型理论比程序设计语言更加广泛。

当定义程序设计语言的时候,通常使用数学对象,例如集合、函数等,来解释程序所描述的对象。大部分的程序设计语言在描述这些数学对象时采取定义的方式来解释其含义。例如,很多程序语言中都存在函数的概念,其通用的定义方式是提供 0 到多个参数,返回 0 到多个值。同样 Martin-Löf 类型理论也必须在其理论中给出这些数学对象的定义,在 Martin-Löf 类型理论中,称为 Type(类型)。换句话而言,Martin-Löf 类型理论中所使用的数学对象都必须首先得到定义,同时也定义在这些类型上是如何计算的。从这个观点上看,Martin-Löf 类型理论从构造数学发展而来,不承认任何的先验真值或者定义,是无假设条件的。

在定义一个新的类型时,可以使用已经在 Martin-Löf 类型理论中已经定义的类型,利用这些类型的计算方式来定义新的类型及其计算方式。从这个观点而言,Martin-Löf 是相对有假设条件的。

Martin-Löf 类型理论采用集合的概念来定义其语法,在 Martin-Löf 类型理论的一开始就对集合进行了定义,并且解释了集合与命题、程序、证明之间的关系。因此 Martin-Löf 类型理论的意义是由计算来解释的,在此过程的第一步是定义程序的语法以及它们是怎么样计算的。

15.2 多型集合

15.2.1 基本规则

15.2.1.1 前提规则

前提

$$\frac{A\ \text{set}}{x \in A[x \in A]}$$

把命题规则应用于 A Set 便得判断 $x \in A\ [x \in A]$。我们可以把变元 x 看作命题 A 的一个不确定的证明元素,如果找到集合 A 的一个元素 a 来代替 x 的自由出现,则可以去除前提。

15.2.1.2 命题为集合

规则

$$\frac{a \in A}{A\ \text{true}}$$

15.2.1.3 相等性规则

自反性

$$\frac{a \in A}{a = a \in A} \qquad \frac{A\ \text{set}}{A = A}$$

对称性

$$\frac{a=b\in A}{b=a\in A} \qquad \frac{A=B}{B=A}$$

传递性

$$\frac{a=b\in A \qquad b=c\in A}{a=c\in A} \qquad \frac{A=B \qquad B=C}{A=C}$$

15.2.1.4　集合规则

集合规则

$$\frac{a\in A \qquad A=B}{a\in B} \qquad \frac{a=b\in A \qquad A=B}{a=b\in B}$$

15.2.1.5　替代规则

对于非空的上下文，有四组替代规则：

集合的替代规则

$$\frac{C(x)set[x\in A] \qquad a\in A}{C(a)set} \qquad \frac{C(s)set[x\in A] \qquad a=b\in A}{C(a)=C(b)}$$

元素的替代规则

$$\frac{C(x)set[x\in A] \qquad a\in A}{C(a)set} \qquad \frac{C(s)set[x\in A] \qquad a=b\in A}{C(a)=C(b)}$$

在这，找到集合 A 的一个元素 a 来代替 x 的自由出现，则可以去除前提 $x\in A$，得到 C(x)为集合，则必有 C(x)是该集合的元素，去除前提 $x\in A$ 后，有 C(a)

$\in C(a)$，则 C(a)非空，为集合成立。

相等集合的替代规则

$$\frac{B(x)=C(x)[x\in A] \qquad a\in A}{B(a)=C(a)}$$

相等性集合的元素替代规则

$$\frac{b(x)=c(x)\in B(x)[x\in A] \qquad a\in A}{b(a)=c(a)\in B(a)}$$

15.2.2　集合族的笛氏积和不交和

15.2.2.1 集合族的笛氏积

集合族笛氏积的元素是函数，但是跟我们通常熟知的函数有所不同，因为笛氏积的函数作用于一个对象的结果在一个集合中，该集合依赖于函数作用的那个对象，例如，f 是笛氏积的元素，a 和 b 分别为 f 的作用对象，f 作用于 a 后得到的对象可能属于自然数 N 集合，f 作用于 b 后得到的对象可能属于 Bool 集合。

对于程序的规格说明，我们通常需要寻找这样的一个 f，对于集合 A 的任何元素 a，f(a)产生集合 B(a)的值。但现在问题的关键是，我们需要给出一个表式，表示函数结果的类型是怎么样依赖于被作用元素的值。

引入：Π来表示笛氏积，其相关度为 $0\otimes(0\rightarrow 0)\rightarrow 0$

我们构造一集合 A 和 A 上的集合族 B，B 取决于 A 上的元素，如下：

A Set 和 B(x) Set[$x\in A$]

则笛氏积的表式为Π(A,B)，也可以定义为($\Pi x\in A$)B(x)。

我们已经知道笛氏积的元素是函数，但是我们需要把典则元找出来并且指明两个典则元相等的情况。用λ来表示该函数，其相关度为(0 → 0) → 0，当 x∈A 时，b(x)是 B(x)的元素，其实 b(x)也是个函数，作用λ于抽象的 b，即得∏(A,B)的典则元，即λ(b)。若 $b_1(x)=b_2(x)$ ∈B(x) Set[x∈A]，则 $\lambda(b_1)=\lambda(b_2)$是∏(A,B)的相等典则元。

笛氏积的非典则常元是相关度为 0⊗0 → 0 的 apply。其作用于∏(A,B)中 A 集合的元素，计算规则如下：

(1)apply(f,a)通过先求 f 的值求值。

(2)若 f 有值λ(b)，则 apply(f,a)的值就是 b(a)。

以下是在不同集合族笛氏积的例子：

(1)λ((x)x) ∈∏(Bool,(x)Bool)，在这，我们找到 b(x)是(x)x，是自己到自己作用的函数。

(2) λ(succ) ∈(N,(x)N)，在这，我们找到的 b(x)是 succ，是 N 中的后继函数。

下面，我们论证一个集合，一般都需要四个规则：

形成规则：介绍集合的形成的前提及表示形式，即如何从给定的集合构造新的集合。

引入规则：介绍集合的典则元，又或元素的相等性。所谓典则元，指那些自己作为值的元素，例如自然数 N 集合，0 是一个规范元素，如果 x 是一个规范元素，那么 succ(x)也是一个规范元素。

消去规则：介绍集合的非典则常元，一般是集合上的结构的归纳原理，或者可以说消去规则，说明如何在引入规则定义的集合上定义函数。

相等性规则：介绍非典则常元的应用，给出计算规则，引入典则元到消去规则中

同样，我们需要引入上面的规则来论述∏(A,B)为集合。

∏—形成

$$\frac{A\ \mathrm{Set}\qquad B(x)\mathrm{Set}[x\in A]}{\prod(A,B)\mathrm{Set}}$$

∏—引入

$$\frac{b(x)\in B(x)[x\in A]}{\lambda(b)\in\prod(A,B)}$$

∏—消去

$$\frac{f\in\prod(A,B)\qquad a\in A}{\mathrm{apply}(f,a)\in B(a)}$$

∏—相等性

$$\frac{b(x)\in B(x)[x\in A]\quad a\in A}{\mathrm{apply}(\lambda(b),a)=b(a)\in B(a)}$$

因为 b(x) ∈B(x) Set[x∈A]，则 b(a)∈B(a)。

下面，我们用笛氏积∏来定义一些常元，全称量词∀，函数集合→，蕴含⊃

全称量词∀：

把 A 理解为命题，B(x)理解为命题族，(x∈A)B(x)也理解为命题，那么根据∏的规则，(∀=∏)就能得到如下规则：

∀—形成

$$\frac{A\ \mathrm{prop}\quad B(x)\mathrm{prop}[x\in A]}{(\forall x\in A)B(x)\mathrm{prop}}$$

∀ —引入

$$\frac{B(x)\ true[x \in A]}{(\forall x \in A)B(x)\ true}$$

∀ —消去

$$\frac{(\forall x \in A)B(x)\ true \quad a \in A}{B(a)\ true}$$

我们将笛氏积推广一下，即 A 到 B 的函数集合，用→表示，有→(A,B)≡∏(A,(x)B)，可用 A→B 代替→(A,B)，根据笛氏积的各个规则，得：

→形成

$$\frac{A\ Set \quad B\ Set[x \in A]}{A \rightarrow B\ Set}$$

→引入

$$\frac{b(x) \in B[x \in A]}{\lambda(b) \in A \rightarrow B}$$

→消去

$$\frac{f \in A \rightarrow B \quad a \in A}{apply(f,a) \in B}$$

这里 x 没有出现在 B 中。

→相等性

$$\frac{b(x) \in B[x \in A] \quad a \in A}{apply(\lambda(b),a) = b(a) \in B}$$

另一方面，⊃的规则可以由→得出，如果我们把集合 A 看作命题，集合 A 的元素看作命题的证明，那么根据构造关系有 A→B 可得 A⊃B。

15.2.2.2 集合族的不交和

在上面已经讨论了∀的全称量词，接下来为了讨论全称量词，故引入集合族的不交和，引入相关度为 0⊗(0→0)→0 的常元∑，我们构造一集合 A 和 A 上的集合族 B，B 取决于 A 上的元素，如下：

A Set 和 B(x) Set[x∈A]

则集合族的不交和为∑(A,B)。下面将证明∑(A,B)为集合。

∑形成

$$\frac{A\ Set \quad B(x) Set[x \in A]}{\sum(A,B) Set}$$

∑引入

$$\frac{a \in A \quad B(x) Set[x \in A] \quad b \in B(a)}{<a,b> \in \sum(A,B)}$$

可以看到集合族的不交和典则元是一个配对，<a,b>，a 为集合 A 的元素，b 为集合 B(a)的元素，同样，我们引入非典则元 split，其计算规则为：

由 C∈∑(A,B)，d(x,y) ∈C(<a,b>)[x∈A，y∈B(x)]，split(c,d)先计算 c，因为集合族的不交和的典则元的表式为<a,b>，满足前置条件，则 split(c,d)=d(a,b)，且 d(a,b)∈C(c)，为 C(c)的典则元。

同样把集合看作命题的形式，需要引入量词，在集合族的笛氏积中已经引入了∀全称量

词,对于$(\forall x\in A)B(x)\equiv\prod(A,B)$,故令:

$(\sum x\in A)B(x)\equiv\sum(A,B)$,引入$(\exists x\in A)B(x)\equiv(\sum x\in A)B(x)$。

∃引入

$$\frac{a\in A\quad B(a)\,\text{true}}{(\exists x\in A)B(x)\,\text{true}}$$

∃消去

$$\frac{(\exists x\in A)B(x)\,\text{true}\quad C\ \text{prop}\quad C\ \text{true}[x\in A,B(x)\,\text{true}]}{C\ \text{true}}$$

15.2.3　两个集合的笛氏积和不交和

15.2.3.1　两个集合的笛氏积

前面已经介绍了集合族的笛氏积,集合族B(x)是由A中的元素确定的,下面将介绍两个集合的笛氏积,A是一个集合,B是一个集合,引入一个相关度为$0\otimes0\rightarrow0$的常元×,则两个集合的笛氏积表示为×(A,B),用A×B来表示。

×形成

$$\frac{A\ \text{set}\quad B\ \text{set}}{A\times B\ \text{set}}$$

我们必须知道集合A×B的典则元是什么和两个典则元相等的情况,有如下引入规则:

×引入

$$\frac{a\in A\quad b\in B}{<a,b>\in A\times B}$$

可以看到,两个集合的笛氏积的元素是一个配对<a,b>,a,b分别是A,B的元素。我们引入相关度为$(0\otimes0\rightarrow0)\rightarrow0$的非典则元split,若,b分别是A,B的元素,$c\in A\times B$,$e(x,y)\in C(<x,y>)$,split(c,e)的计算规则为先计算c的值,若c的值为(a,b),则split(c,e)=e(a,b),由先决条件,得$\text{split}(c,e)\in C(c)$。

×消去

$$\frac{p\in A\times B\quad C(v)\text{set}[v\in A\times B]\quad e(x,y)\in C(<x,y>)[x\in A,y\in B]}{\text{split}(p,e)\in C(p)}$$

根据非典则元的计算的规则,可得下面的相等性规则:

$$\frac{a\in A\quad b\in B\quad e(x,y)\in C(<x,y>)[x\in A,y\in B]}{\text{split}(<a,b>,e)=e(a,b)\in C(<a,b>)}$$

下面,我们用两个集合的笛氏积来定义逻辑与&。把集合A,B都看作命题,把集合的元素看作命题的证明。

&形成

$$\frac{A\ \text{prop}\quad B\ \text{prop}}{A\ \&\ B\ \text{prop}}$$

&引入

$$\frac{A\ \text{true}\quad B\ \text{true}}{A\ \&\ B\ \text{true}}$$

&消去

$$\frac{A\ \&\ B\ \text{true}\quad C\ \text{prop}\quad C\ \text{true}[A\ \text{true},B\ \text{true}]}{C\ \text{true}}$$

15.2.3.2　两个集合的不交和

前面已经介绍过集合族的不交和，下面将引入两个集合的不交和。引入相关度为 $0\otimes 0\rightarrow 0$ 的常元 +，A 和 B 都为集合，两个集合的不交和为 +(A,B)，用 A+B 来表示。

+形成

$$\frac{A\ \text{set}\quad B\ \text{set}}{A+B\ \text{set}}$$

我们必须知道集合 A+B 的典则元是什么和两个典则元相等的情况，有如下引入规则：

+引入

$$\frac{a\in A\quad B\ \text{set}}{\text{inl}(a)\in A+B}\qquad\frac{A\ \text{set}\quad b\in B}{\text{inl}(b)\in A+B}$$

这里的典则常元 inl 和 inr 的相关度都为 $0\rightarrow 0$，可以解释为取两个集合不交和的左边分部和取右边分部。我们又引入相关度为

$0\otimes(0\rightarrow 0)\otimes(0\rightarrow 0)\rightarrow 0$ 的非典则常元 when，表达式 when(c,d,e) 从相关度可以看到，d 和 e 的相关度都为 $0\rightarrow 0$，都是一种作用，不难理解，非典则元的计算规则，先计算 c 的值，若 c 的值 inl(a)，那么将求值 d(a)，若 c 的值为 inr(b)，则将求值 e(b)。得如下消去规则：

+消去

$$\frac{\begin{array}{l}c\in A+B\\ C(v)\text{set}[v\in A+B]\\ d(x)\in C(\text{inl}(x))[x\in A]\\ e(y)\in C(\text{inr}(y))[y\in B]\end{array}}{\text{when}(c,d,e)\in C(c)}$$

根据计算规则，得相等性规则

+ 相等性 1

$$\frac{\begin{array}{l}a\in A\\ C(v)\text{set}[v\in A+B]\\ d(x)\in C(\text{inl}(x))[x\in A]\\ \qquad e(y)\in C(\text{inr}(y))[y\in B]\end{array}}{\text{when}(\text{inl}(a),d,e)=d(a)\in C(\text{inl}(a))}$$

+ 相等性 2

$$\frac{\begin{array}{l}b\in B\\ C(v)\ \text{set}[v\in A+B]\\ d(x)\in C(\text{inl}(x))[x\in A]\\ \qquad e(y)\in C(\text{inr}(y))[y\in B]\end{array}}{\text{when}(\text{inr}(b),d,e)=e(b)\in C(\text{inr}(b))}$$

同样，我们把 A 和 B 集合看作命题，把集合的元素看作命题的证明，用两个集合的不交和定义析取∨，有 $A\vee B\equiv A+B$。根据+的各个规则，很容易得到：

∨形成

$$\frac{A\ \text{prop}\quad A\ \text{prop}}{A\vee B\ \text{prop}}$$

∨引入

$$\frac{A\ true}{A\vee B\ true}\qquad \frac{B\ true}{A\vee B\ true}$$

∨消去

$$\frac{A\vee B\ true\quad C\ prop\quad C\ true[A\ true]\quad C\ true[B\ true]}{C\ true}$$

15.2.4 各种集合

15.2.4.1 枚举集合

有 n 个相关度为 0 的常元 $i_1,i_2,i_3\cdots\cdots i_n$，它们的组合构成了相关度为 0 的枚举集合$\{i_1,i_2,i_3\cdots\cdots i_n\}$，其形成规则则如下：

$\{i_1,i_2,i_3\cdots\cdots i_n\}$形成

$\{i_1,i_2,i_3\cdots\cdots i_n\}Set$

枚举集合的元素为集合内的元素，有 n 个引入规则

$\{i_1,i_2,i_3\cdots\cdots i_n\}$引入

$i_1\in\{i_1,i_2,i_3\cdots\cdots i_n\}\ \cdots\cdots i_n\in\{i_1,i_2,i_3\cdots\cdots i_n\}$

枚举集合的非典则常元为相关度为 $0\otimes\cdots\cdots\otimes 0\rightarrow 0$ 的 case，表达式为 $case(a,b_1,b_2,b_3,\cdots,b_n)$，计算规则为先计算 a 的值，若 a 的值为 i_k，则表达式的值为 b_k。给出如下的消去规则：

$\{i_1,i_2,i_3,\cdots,i_n\}$消去

$$\frac{\begin{array}{l}a\in\{i_1,\cdots,i_n\}\\ C(x)set[x\in\{i_1,\cdots,i_n\}]\\ b_1\in C(i_1)\\ \quad\vdots\\ b_n\in C(i_n)\end{array}}{case(a,b_1,\cdots,b_n)\in C(a)}$$

case 的典则元必是 b_j，根据计算规则，那么 a 为 i_j，由前置条件得，$b_j\in C(i_j)$，则 $case(a,b_1,b_2,b_3\cdots\cdots b_n)\in C(a)$。由上推理，可得相等性规则：

$\{i_1,i_2,i_3\cdots\cdots i_n\}$相等性

$$\frac{C(x)set[x\in\{i_1,\cdots,i_n\}]\quad b_1\in C(i_n)\cdots b_n\in C(i_n)}{case(i_k,b_1,\cdots,b_n)=b_k\in C(i_k)}$$

15.2.4.2 单元素集合

我们给出非空集合的一个特例，单元素集合 $T=\{tt\}$。有了单元素集合，我们接下来便可以定义永真命题。因为我们可以把单元素集合看作是枚举集合的特例，则根据枚举集合的各个规则，可得：

T 形成

$$T\ Set$$

T 引入

$$tt\in T$$

T 消去

$$\frac{a\in T \quad C(x)\,set[x\in T] \quad b\in C(tt)}{case(a,b)\in C(a)}$$

T 相等性

$$\frac{C(x)\,set[x\in T] \quad b\in C(tt)}{case(tt,b)=b\in C(tt)}$$

同样,把 T 集合作为一个命题,非空集的元素可作为命题的证明,可以定义永真的规则

T 引入

$$T\ true$$

T 消去

$$\frac{T\ true \quad C\ true}{C\ true}$$

15.2.4.3　Bool 集合

引入 Bool 集合,我们需给出两个相关度都为 0 的常元 true,false,那么 Bool 集合的定义为 Bool≡{true,false},我们定义一个算子,类似于枚举集合中的非典则常元 case,令 if b then c else d case≡(b,c,d)

跟上述的单元素集合一样,Bool 集合同样是枚举集合的特例,枚举集合的各个规则同样适用,可得

Bool 形成

$$Bool\ Set$$

Bool 引入

$$true\in Bool \qquad false\in Bool$$

Bool 消去

$$\frac{b\in Bool \quad C(v)\,set[v\in Bool] \quad c\in C(true) \quad d\in C(false)}{if\ b\ then\ c\ else\ d\in C(b)}$$

Bool 相等性 1

$$\frac{C(v)\,set[v\in Bool] \quad c\in C(true) \quad d\in C(false)}{if\ true\ then\ c\ else\ d=c\in C(true)}$$

Bool 相等性 2

$$\frac{C(v)\ set\ [v\in Bool] \quad c\in C(true) \quad d\in C(false)}{if\ false\ then\ c\ else\ d=d\in C(false)}$$

15.2.4.4　自然数集合

自然数集合 N,相关度为 0。形成规则很明显

N 形成

$$N\ Set$$

对于自然数集合的典则常元,有两个,一个是相关度为 0 的 0,另一个是相关度为为 0→0 的典则常元作用于自然数集合中的元素 a,为 succ(a)。如自然数集合中的元素 a=b,则自然数集中两典则元 succ(a)=succ(b)。

N 引入

$$0\in N \qquad \frac{a\in N}{succ(a)\in N}$$

为了在类型理论中构造对自然数的归纳证明，故引入相关度为 $0\otimes0\otimes(0\otimes0\rightarrow0)\rightarrow0$ 的非典常元算子 natrec(a,d,e)，该算子具有递归求值的作用，e 是作用，计算规则如下，先计算 a 的值，若 a 的值为 0，则 natrec(a,d,e)=d，若 a 的值为 succ(b)，则 natrec(a,d,e)=e(a,natrec(b,d,e))，如此一直循环下去，直到找的出口 natrec(?,d,e)中？的值为 0。给出消去规则

N 消去

$$\frac{\begin{array}{l}a\in N\\ d\in C(0)\\ C(v)\ set[v\in N]\\ e(x,y)\in C(succ(x))[x\in N,\ y\in C(x)]\end{array}}{natres(a,d,e)\in C(a)}$$

由前置条件 a∈N，则或者 a=0，或者 a=succ(x)，根据计算规则：

$$natrec(a,d,e)=d\in C(0) \tag{1}$$

natrec(succ(x),d,e)=e(x,natrec(x,d,e))，由前置条件 C(v)Set[v∈N]可得，e(x,natrec(x,d,e))∈C(succ(x))，

即 $$natrec(succ(x),d,e)\in C(succ(x)) \tag{2}$$

综上(1)和(2)，可得，natrec(a,d,e) ∈C(a)。

根据对非典则元 natrec 算子的计算规则的论证，我们可得相等性规则。

N 相等性 1

$$\frac{\begin{array}{l}C(v)set[v\in N]\\ d\in C(0)\\ e(x,y)\in C(succ(x))\ [x\in N,y\in C(x)]\end{array}}{natrec(0,d,e)=d\in C(0)}$$

N 相等性 2

$$\frac{\begin{array}{l}C(v)set\ [v\in N]\\ a\in N\\ d\in C(0)\\ \qquad e(x,y)\in C(succ(x))[x\in N,y\in C(x)]\end{array}}{natrec(succ(a),d,e)=e(a,natrec(a,b,e))\in C(succ(a))}$$

下面给出 natrec 算子的一个具体应用，例如有一个递归表式：

f(0)=d

$f(n\otimes1)=e(n,f(n))$

在类型理论中，我们可以用 natrec 算子来定义 f≡(n)natrec(n,d,e)。

15.2.4.4 列表

引入集合 A 元素列的集合，即列表集合，需引入三个常元，相关度为 $0\rightarrow0$ 的 List，相关度为 0 的 nil 和相关度为 $0\otimes0\rightarrow0$ 的 cons。列表集合 List(A)的典则为 nil 和 cons(a,l)，通常我们用 a.l 表示 cons(a,l)，a 为 A 的元素，l 为 List(A)的元素，cons(a,l)可以看作为元素和列表的拼接。

构造列表集合，需要如下规则：

List 形成

$$\frac{A\ \text{set}}{\text{List}(A)\ \text{set}}$$

List 引入

$$\text{nil}\in \text{List}(A) \qquad \frac{a\in A \quad l\in \text{List}(A)}{a,l\in \text{List}(A)}$$

这里还要强调如何判断 List(A)集合两个典则元相等，$\text{cons}(a_1,l_1)$和 $\text{cons}(a_2,l_2)$，若 $a_1=a_2\in A$，$l_1=l_2\in \text{List}(A)$，则 $\text{cons}(a_1,l_1)=\text{cons}(a_2,l_2)\in \text{List}(A)$。

同自然数集合 N 的递归算子一样，我们同样需要引入列表集合上的非典则元递归算子 listrec，其相关度为 $0\otimes0\otimes(0\otimes0\otimes0\rightarrow0)\rightarrow0$，表达式为 listrec(l,c,e)，e 为相关度为 $0\otimes0\otimes0\rightarrow0$ 的作用。其计算规则为：首先计算 l 的值，若 l 的值为 nil，则 listrec(l,c,e)=c；若 l 的值为 $a.l_1.$，则 $\text{listrec}(l,c,e)=e(a,l_1.,\text{listrec}(l_1,c,e))$，一直循环下去，直到找到出口，listrec$(l_k,c,e)$中 l_k 的值为 nil。

List 消去

$$\frac{\begin{array}{l} l\in \text{List}(A) \\ C(v)\text{set}[v\in \text{List}(A)] \\ c\in C(\text{nil}) \\ e(x,y,z)\in C(x,y)\ [x\in A,y\in \text{List}(A),z\in C(y)] \end{array}}{\text{listrec}(l,c,e)\in C(l)}$$

根据算子 listrec 的计算规则，可得相等性规则：

List 相等性 1

$$\frac{\begin{array}{l} C(v)\text{set}\ [v\in \text{List}(A)] \\ c\in C(\text{nil}) \\ e(x,y,z)\in C(x,y)\ [x\in A,y\in \text{List}(A),z\in C(y)] \end{array}}{\text{listrec}(\text{nil},c,e)=c\in C(\text{nil})}$$

List 相等性 2

$$\frac{\begin{array}{l} a\in A \\ l\in \text{List}(A) \\ C(v)\text{set}[v\in \text{List}(A)] \\ c\in C(\text{nil}) \\ e(x,y,z)\in C(x,y)[x\in A,y\in \text{List}(A),z\in (y)] \end{array}}{\text{listrec}(a,l,c,e)=e(a,l,\text{listrec}(l,c,e))\in C(a,l)}$$

15.2.5 相等性集合

为什么要引入相等性集合，因为判断相等性不能被用于构造命题，必须有一个基本命题表达元素的相等，必须引入两个不同的集合去表达 a 和 b 是集合 A 中两个相等元素这个命题。第一个为 Id(A,a,b)，称为内涵相等性集合，另一个为 Eq(A,a,b)，为外延相等性集合，它有一个强消去规则。

15.2.5.1 内涵相等性

引入相关度为 $0\otimes0\otimes0\rightarrow0$ 的常元 Id，用集合 Id(A,a,b)来表示命题 $a=b\in A$。

Id 形成

$$\frac{A\ set \quad a\in A \quad b\in A}{id(A,a,b)set}$$

Id(a)是集合 Id(A,a,a)的元素,a ∈A,id 是相关度为 0→0

由 a=b ∈A 和 Id(A,a,x)Set[x∈A],可以得到 Id(A,a,a)=Id(A,a,b),则有如下规则:

Id 引入

$$\frac{a\in A}{id(a)\in id(A,aa)}$$

相等性集合的非典则常元是 idpeel,相关度为(0⊗0 →0)→0,表达式 idpeel(c,d)的计算如下:

(1)idpeel(c,d)的求值是先求 c 的值

(2)若 c 的值为 id(a),则 idpeel(c,d)的值是 d(a)

Id 消去

$$\frac{\begin{array}{l} a\in A \\ b\in A \\ c\in Id(A,a,b) \\ C(x,y,z)set[x\in A,y\in A,z\in id(A,x,y)] \\ d(x)\in C(x,x,id(x))\ [x\in A] \end{array}}{idpeel(c,d)\in C(a,b,c)}$$

根据算子 idpeel 的计算规则,可得 Id 相等性:

Id 相等性

$$\frac{\begin{array}{l} a\in A \\ C(x,y,z)set[x\in A,y\in A,z\in id(A,x,y)] \\ d(x)\in C(x,x,id(x))\ [x\in A] \end{array}}{idpeel(id(a),d)=d(a)\in C(a,a,id(a))}$$

我们用上述可导出相等性的对称性和传递性。

对称性:

A 为集合,且 a 和 b 为 A 的元素,假设 d ∈Id(A,a,b),为了证明对称性,我们必须找到 Id(A,b,a)的一个元素,在 Id 消去规则中,我们令:

C(x,y,z)Id(A,y,x),即可得到 idpeel(d,id) ∈Id(A,b,a)。有以下表示形式:

$$\frac{d\in[a=_A b]}{symm(d)\in[b=_A a]}$$

其中 symm(d)为 idpeel(d,id)。下面是传递性证明。假设我们取

e∈id(A,b,a),c 为 A 的元素,构造 Id(A,a,c)的元素,即需要找到这样的一个元素,在 Id—消去规则中,令 C≡(x,y,z)(Id(A,y,c)→Id(A,x,c)),由 d∈Id(A,a,b)可得:

$$idpeel(d,(x)\lambda y\cdot y)\in Id(A,b,c)\rightarrow Id(A,a,c)$$

综上所得:

$$apply(idpeel(d,(x)\lambda y\cdot y),e)\in Id(A,a,c)$$

所以可以得到命题相等性的传递性:

$$\frac{d\in[a=_A b]\quad e\in[b=_A c]}{trans(d,e)\in[a=_A c]}$$

在这里：

$$trans(d,e) \equiv apply(idpeel(d,(x)\lambda y \cdot y),e)$$

15.2.5.2　外延相等性

前面已经给出了内涵相等性集合，相等性集合还有另外一种表示方法，那就是外延相等性集合，它有一个强消去规则，和其他集合的消去规则有所不同。我们引入相关度为 $0 \otimes 0 \otimes 0 \to 0$ 的常元 Eq 来表示外延相等性。

Eq 形成

$$\frac{A\ set \quad a \in A \quad b \in A}{Eq(A,a,b)set}$$

Eq 引入

$$\frac{a = b \in A}{eq \in Eq(A,a,b)}$$

注意：Eq(A，a，b)的典则元为 eq 的，其相关度为 0，Eq(A，a，b)的典则元不依赖于 A 的元素

在本节的最开始曾提到过，一个集合的消去规则，主要是介绍集合的非典则常元，一般是集合上的结构的归纳原理，或者可以说消去规则说明如何在引入规则定义的集合上定义函数。而这里的消去规则不是一个结构归纳原理。

强 Eq 消去 1

$$\frac{c \in Eq(A,a,b)}{a = b \in A}$$

强 Eq 消去 2

$$\frac{c \in Eq(A,a,b)}{c = eq \in Eq(A,a,b)}$$

由强 Eq 消去 2 可以看到，Eq 集合的所有元素等于 eq，这样根据消去 1 和消去 2，可以得到类似于 Id一消去规则

$$\frac{\begin{array}{l} a \in A \\ b \in A \\ c \in Eq(A,a,b) \\ C(x,y,z)set[x \in A, y \in A, z \in Eq(A,x,y)] \\ d(x) \in C(x,x,eq)[x \in A] \end{array}}{d(a) \in C(a,b,c)}$$

根据 $c \in Eq(A,a,b)$，由消去规则，得 $a = b \in A$，又由 $a \in A$ 和 $d(x) \in C(x,x,eq)$，代入，得 $d(a) \in C(a,a,eq)$。由，Eq 消去 2，c＝eq，又 a＝b，代入得：$d(a) \in C(a,b,c)$。

若我们用 Eq 表示命题的相等性，则不再可能把判断相等性理解为可转换性，因为可能由使用命题的推理来证明判断相等性。这样我们可以用归纳证明呈形

$a(x) = b(x) \in A[x \in N]$，只要先证明 $Eq(A,a(x),b(x))[x \in N]$，然后应用 Eq 消去规则就可以得到。

15.2.6　小集合之集合

引入小集合之集合，也称第一全域，主要是想在对象的层次上反映集合结构。这样的话，我们若将类型理论引入程序设计中时，可以服务很多规格说明，当然，在类型理论中定义

抽象数据类型也很重要。

引入小集合之集合 U，这里 U 是相关度为 0 的原始常元，有构造子对应于成集运算$\{i_1, i_2, i_3 \cdots\cdots i_n\}$，N，List，Id，+，∏，∑，W。引入以下原始常元，相关度为 0 的$\{i_1, \widehat{\cdots}, i_n\}$和$\hat{N}$，相关度为为 $0 \to 0$ 的$\widehat{List}$，相关度为 $0 \otimes 0 \to 0$ 的$\hat{+}$，相关度为 $0 \otimes 0 \otimes 0 \to 0$ 的$\widehat{Id}$，相关度为 $0 \otimes (0 \to 0) \to 0$ 的$\hat{\prod}$和$\hat{\sum}$。

小集合之集合是通过给出它的典则元和它们的相等关系来定义的，在定义典则元的同时，我们定义一个集合族 Set(x)set[x∈U]将还原全域的元素为他们表示的集合。集合 U 有下列规则：

U 形成

$$U\ set$$

U 引入 1

$$\in U$$

Set 引入 1

$$Set(\{i_1, \widehat{\cdots}\}, i_n) = \{i_1, \widehat{\cdots}, i_n\}$$

U 引入 2

$$\hat{N} \in U$$

Set 引入 2

$$Set(\hat{N}) = N$$

U 引入 3

$$\frac{A \in U}{\widehat{List}(A) \in U}$$

Set 引入 3

$$\frac{A \in U}{Set(\widehat{List}(A)) = List(Set(A))}$$

U 引入 4

$$\frac{A \in U \quad a \in Set(A) \quad b \in Set(A)}{\widehat{Id}(A, a, b) \in U}$$

Set 引入 4

$$\frac{A \in U \quad a \in Set(A) \quad b \in Set(A)}{Set(\widehat{Id}(A, a, b)) = Id(Set(A)a, b)}$$

U 引入 5

$$\frac{A \in U \quad B \in U}{A \hat{+} B \in U}$$

Set 引入 5

$$\frac{A \in U \quad B \in U}{Set(A \hat{+} B) = Set(A) + Set(B)}$$

U 引入 6

$$\frac{A\in U \quad B(x)\in U[x\in Set(A)]}{\widehat{\prod}(A,B)\in U}$$

Set 引入 6

$$\frac{A\in U \quad B(x)\in U[x\in Set(A)]}{Set(\widehat{\prod}(A,B))=\prod(Set(A),(x)Set(B)(x))}$$

U 引入 7

$$\frac{A\in U \quad B(x)\in U[x\in Set(A)]}{\widehat{\sum}(A,B)\in U}$$

Set 引入 7

$$\frac{A\in U \quad B(x)\in U\ [x\in Set(A)]}{Set(\widehat{\sum}(A,B))=\sum(Set(A),(x)Set(B(x)))}$$

U 引入 8

$$\frac{A\in U \quad B(x)\in U\ [x\in Set(A)]}{\widehat{W}(A,B)\in U}$$

Set 引入 8

$$\frac{A\in U \quad B(x)\in U[x\in Set(A)]}{Set(\widehat{W}(A,B))=W(Set(A),(x)Set(B(x)))}$$

小集合之集合的形成规则通过典则元和它们的相等性规则论证。

Set 形成 1

$$\frac{A\in U}{Set(A)\,set}$$

Set 形成 2

$$\frac{A=B\in U}{Set(A)=Set(B)}$$

A ∈U 指是集合 U 的典则元，又因为只要 x 为集合 U 的典则元，Set(x)
就相当于一个集合 A=B∈U 指在集合 U 中相等的典则元作为值，那么集合 U 中
的典则元之间的相等关系恰好对应集合相等关系。

15.2.7　良序

归纳类型是类型理论中最重要的一个类型。原则上说，马丁洛夫类型理论中的所有类型都是归纳类型。以后的工作推广了马丁洛夫归纳类型，引入了广义归纳类型。广义归纳类型的元素均是良序的，故具有广义归纳类型的马丁洛夫类型理论在经典集合论中也可被解释. 此解释的数学基础即集合论中的递归定理。

为了引入良序集合的构造子，先引入下面三个原始常元，相关度为 $0\otimes(0\to 0)\to 0$ 的 W，相关度为 $0\otimes(0\to 0)\to 0$ 的 sup，以及相关度为 $0\otimes(0\otimes(0\to 0)\otimes(0\to 0)\to 0)\to 0$ 的 wrec。

良序集合构造子 W 的两元：

1. 构造子集合 A

2. 选取子集合族 B

由构造子集合 A 和 A 上的选取子集合 B,可以形成良序 W(A,B),这里,集合 A 的元素表示形成 W(A,B)元素的不同方式,B(x)表示由 x 所形成的树的组成部分,则有以下形成规则。

W 形成

$$\frac{A\ \mathrm{set}\quad B(x)\,\mathrm{set}[x\in A]}{W(A,B)\,\mathrm{set}}$$

良序的 W(A,B)的元素我们可以看作为良基树,若 a 为集合 A 的元素,B(a)表示由 a 所形成树的部分,如果我们找到一个函数,能够实现 B(a)到 W(A,B)的映射,即能够找到子树,则可以形成树 sup(a,b)。参见图 1

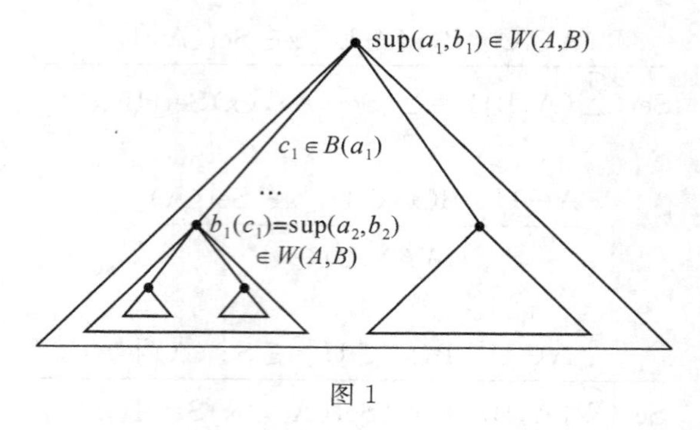

图 1

W 引入

$$\frac{a\in A\quad b(x)\in W(A,B)[x\in B(a)]}{\sup(a,b)\in W(A,B)}$$

$s'(c')$ … $s'(c)=\sup(r'',s'')$

c' c

$s(b')$ … $s(b)=\sup(r',s')$

b' b

$\sup(r,s)$

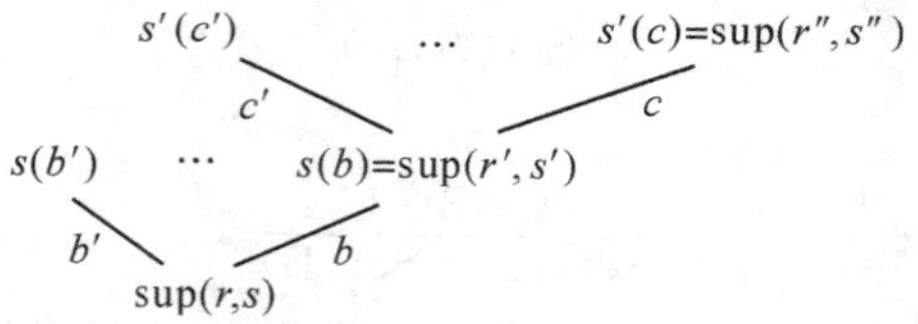

图 2

由图 2 可以看到,有集合 A 的元素 r,即若我们有函数从 B(r)到 W(A,B)的映射,如上图所示,我们找到 s,把 b ∈B(r)映射到 W(A,B),即若我们有一类子树,那么我们可以形成树 sup(r,s)。

给出一个例子,我们对于某个 x ∈A 选取 B(x)为空集合,则我们可得到同样的效果,在引入规则中我们可看到必须找到从 B(x)到 W(A,B)的函数去形成 sup(a,b)。我们取 x{ },由{ }消去规则,可为任意集合的元素,在这,我们选集合 W(A,B),若 B(a)为空,则(x) $\mathrm{case}_{\{\}}$ (x) $\mathrm{case}_{\{\}}$ 就是一个从 B(a)到 W(A,B)的一个函数,而且 sup(a,case{ })为 W(A,B)的元素。

下面将构造良序表示简单二元树,在 ML 语言中,二元树是这样表示的:Datatype BinTree=leaf| node of BinTree * BinTree,构造一颗二元树,一种方式是构造叶,一种方式是构造复合树,即构造子集合有两个元素,使用枚举集{leaf,node},选取子集 B(leaf)为空,因为叶没有部分选取子集 B(node)为集合{left,light}。我们得到二元树的良序集合:

$$BinTree \equiv W(\{leaf, node\}, (x)Set(case_{\{leaf,node\}}(x, \widehat{\{\}}, \{\widehat{left, right}\})))$$

不难看出，此良序二元树的元素为 $sup(leaf, case_{\{\}})$，$sup(node, (x)case_{\{left,right\}}(x, t', t''))$。$t', t''$是 $W(A,B)$中的两个元素。

良序的非典则元为 wrec，表达式 wrec(a,b)的计算规则如下，先计算 a 的值，若 a 的值是 sup(d,e)，则 wrec(a,b)的值是 b(d,e,(x)wrec(e(x),b))的值。

W 消去

$$\frac{\begin{array}{l} a \in W(A,B) \\ C(v)\,set[v \in W(A,B)] \\ b(y,z,u) \in C(sup(y,z)) \\ \qquad [y \in A, z(x) \in W(A,B)][x \in B(y)], u(x) \in C(z(x))[x \in B(y)] \end{array}}{wrec(a,b) \in C(a)}$$

根据非典则元 wrec 的计算规则，可得良序的相等性规则：

W 相等性

$$\frac{\begin{array}{l} d \in A \\ e(x) \in W(A,B)[x \in B(d)] \\ C(v)\,set[v \in W(A,B)] \\ d(y,z,u) \in C(sup(y,z)) \\ \qquad [y \in A, z(x) \in W(A,B)][x \in B(y)], u(x) \in C(z(x))[x \in B(y)] \end{array}}{wrec(sup(d,u),b) = b(d,e,(x)wrec(e(x),b)) \in C(sup(d,e))}$$

例 1：我们定义函数来计算一个二元树的结点的个数，在 ML 中，被定义为：

fun nrofnodes(leaf)＝1 |

nrofnodes(node(t′,t″))＝nrofnodes(t′)＋Nrofnodes(t″)。

在类型理论中，则被定义为：

$nrofnodes(x) \equiv wrec(x, (y,z,u)case(y, 1, u(left) + u(right)))$

我们定义一个常元，其恰好表现为两元树上的递归因子：

$trec'(t,a,b)$

$\equiv wrec(t, (x,y,z)case(x, a, b(y(left), y(right), z(left), z(rights))))$

应用相等性规则，得：

$trec'(leaf', a, b) = a, trec'(node(t', t''), a, b) = b(t', t')$

例 2：把自然数集合定义为良序

自然数的良序集合为：

$$N \equiv (Wx \in \{zero, succ\})Set(case(x, \widehat{\{\}}, \widehat{T}))$$

元素为

$0 \equiv sup(zero, case)$　　和　　$succ(a) \equiv sup(succ, (x)a)$

非典则常元：

$natre(a,b,c) \equiv wrec(a, (y,z,u)case(y, b, c(z(tt), u(tt))))$

根据引入规则 1，可得：

$$sup(zero, case) \in (Wx \in \{zero, succ\})Set(case(x, \widehat{\{\}}, \widehat{T}))$$

例 3：用良序表示归纳定义集合

还是上面的二元树，只是我们把自然数集合作为此树的构造子集合，而不是把两元素作为构造子集合，现在为 N+N，则良序集合为：

$$W(N+N,(x)Set(when(x,(n)\{\},(n)\{left,right\})))$$

其元素为 sup(inl(n)，case)和 sup(inr(n)，(x)case(x，t′，t″))。t′，t″是 W(A，B)的元素。我们有更好的表示形式：

$$leaf''(n)\equiv sup(inl(n),case)$$

$$node''(n,t',t'')\equiv sup(inr(n),(x)case(x,t',t''))$$

$$trec''(t,a,b)\equiv wrec(t,(y,z,u)when(y,a(b),b(n,z(left),z(right),u(left),u(right))))$$

15.2.8 一般树

15.2.8.1 一般规则

许多归纳定义集合可由良序表示以及良序的元素可被看作良基树。但是当我们想要定义相互依赖的归纳定义集合族或互相依赖的树族时，良序集合构造子不容易使用，所以我们应该选择一个这样的构造子，产生一个集合族，而不是良序列集合构造子那样产生一个集合。我们引入集合构造子 Tree。

集合族 Tree(A，B，C，d)的结构为一个构造子集合以及一个选取子族，构造子形成集合族 B，对每个 x∈A，y∈B(x)为集合，以及这个选取子族形成的集合族 C，其中 C(x，y)对于每个 A 中 x 和 B(x，y)中 y 为集合。这样的话一个数的部分可能来自不同的集合，故我们引入一个函数 d 给出这方面的信息：若 x∈A，y∈B(x)，且 z∈C(x，y)，则 d(x，y，z)为 A 的元素，称此元素为部件集合名。

为了表示一般树集合，引入下面三个常元，相关度为 $0\otimes(0\to0)\otimes(0\otimes0\to0)\otimes(0\otimes0\otimes0\to0)\to0\to0$ 的成集算子 Tree，相关度为 $0\otimes0\to0$ 的典则元 tree，相关度为 $0\otimes(0\otimes(0\to0)\otimes(0\to0)\to0)\to0$ 的非典则元 treerec。

Tree 形成

$$\frac{\begin{array}{l}A\ set\\ B(x)set[x\in A]\\ C(x,y)\ set[x\in A,y\in B(x)]\\ d(x,y,z)\in A[x\in A,y\in B(x),z\in C(x,y)]\\ a\in A\end{array}}{Tree(A,B,C,d)(a)set}$$

A 集合是名称集合，是相互依赖集合的名称集合；B(x)集合族，是构造子集合族，依赖于集合 A 的元素 x；C(x，y)是选取子族，是定义对 x 的操作集的部分的选取子的名称集合。d(x，y，z)是组件的集合名，是定义对 x 操作部分 y 中的选取子名的位置。A 是集合族的一个对象，是起点的符号。

Tree 引入

$$\frac{\begin{array}{l}a\in A\\ b\in B(a)\\ c(z)\in T(d(a,b,z))[z\in C(a,b)]\end{array}}{tree(a,b,c)\in T(a)}$$

这里，a 是相互依赖集合之一的名。b 是集合 a 的构造子之一的名，c 是从 C(a，b)到一树的函数，定义此元素的不同部分。形成树的过程参见图 3

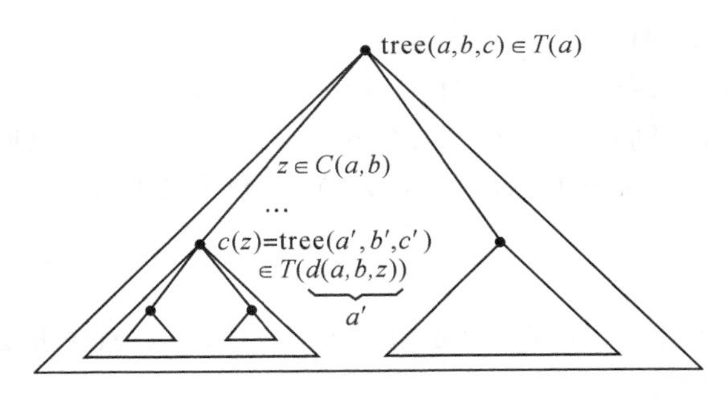

图 3

上面已经提到过非典则元 treerec,代表着一般树的递归结构,表达式 treerec(d,e)有如下计算规则:先计算 d 的值,若 d 的值为 tree(a,b,c),则 tree(a,b,c)=e(a,b,c,(x)treerec(c(x),d))。

Tree 消去

$$\frac{\begin{array}{l} D(x,t)\,set[x\in A,t\in T(x)] \\ a\in A \\ t\in T(a) \\ f(x,y,z,u)\in D(x,tree(x,y,z)) \\ \quad [x\in A,y\in B(x),z(u)\in T(d(x,y,v))][v\in C(x,y)], \\ \quad u(v)\in D(d(x,y,v)),z(v)[v\in C(x,y)]] \end{array}}{treerec(t,f)\in D(a,t)}$$

根据 treerec 的计算规则,得出下面的相等性规则:

Tree 相等性

$$\frac{\begin{array}{l} D(x,t)\,set[x\in A,t\in T(x)] \\ a\in A \\ b\in B(a) \\ c(z)\in T(d(a,b,z))[z\in C(a,b)] \\ f(x,y,z,u)\in D(x,tree(x,y,z)) \\ \quad [x\in A,y\in B(x),z(v)\in T(d(x,y,v))[v\in C(x,y)], \\ \quad u(v)\in D(d(x,y,v)z(u))[u\in C(x,y)]] \end{array}}{treerec(tree(a,b,c),f)=f(a,b,c,(x)treerec(c(x),f))\in D(a,tree(a,b,c))}$$

15.2.8.2　与良序的关系

我们可以把良序集合 W(B,C)看作 Tree 集合的特例。只要把定义一个树族于一单元素集合上就可以得到良序列,有以下相对应表示形式:

W(B,C)=Tree(T,(x)B),(x,y)C(y),(x,y,z)tt)(tt)

sup(b,c)=tree(tt,b. c)

wrec(t,f)=treerec(t,(x,y,z,u)f(y,z,u))

(注:T 为单元素集合,元素为 tt)下面将证明表达式的正确性。我们假设良序的形成规则成立,即有 B set 和 C(y)set[y∈B],则可以推出:

T set

((x)B)(x)set[x∈T]

((x,y)C(y))(x,y)set[x∈T,y∈B]

((x,y,z)tt)(x,y,z)∈T[x∈T,y∈B,z∈C(y)]

再根据 Tree 形成规则得

Tree(T,(x)B,(x,y)C(y),(x,y,z)tt)(tt)set=W(B,C)

再根据良序的引入规则,有 b∈B,c(z)∈W(B,C)[z∈C(b)],根据上面得到的,有

c(z)∈Tree(T,(x)B,(x,y)C(x,y),(x,y,z)tt)(tt)[z∈C(b)]从而得条件:

tt∈T

b∈((x)B)(tt)

c(z)∈Tree(T,(x)B,(x,y)C(y),(x,y,z)tt,((x,y,z)tt))(tt,b,z)

[z∈((x,y)C(y)(b))]

再根据 Tree 引入,得

Tree(tt,b,c)∈Tree(T,(x)B,(x,y)C(y),(x,y,z)tt)(tt)

15.2.8.3 树集的例子

奇数(Odd)与偶数(Even)

ML 中对奇数和偶数的数据类型的定义:

Datatype Odd=sO of Even and Even=zeroE | sE of Odd;

这里的表示形式为互补的意思。对应的语法:

<odd>::=sO (<even>)

<even>::=oE|sE(<odd>)

只要我们用树集表示出了奇数,那么偶数将是相同的情况。

以<odd>开始,定义 odd Nrs=Tree(A,B,C,d)(a),其中

$A=\{Odd,Even\},a=Odd,B(Odd)=\{s_o\},B(Even)=\{zero_e,s_e\}$

可以看出,B 的表达式为 $(x)case_{\{Odd,Even\}}(x,\{s_o\},\{zero_e,s_e\})$,case 为枚举集合的选择算子。

另为,构造 $C(Odd,s_o)=\{pred_o\},C(Even,zero_e)=\{\},C(Even,s_e)=\{pred_e\}$,可以看出,C 的表达式为:

$(x,y)case_{\{Odd,Even\}}(x,\{pred_e\},case_{\{zero_e,s_e\}}(y,\{\},\{pred_e\}))$

再者,构造 $d(Odd,s_o,pred_o)=Even$ 和 $d(Even,s_e,pred_e)=Odd$,即 d 的表达式为 $d=(x,y)case_{\{Odd,Even\}}(x,Even,Odd)$。

若我们改变开始符,则可以得到偶数集合。

15.3 子集合

在程序设计中,我们经常会遇到这样的问题:找到一个函数,当它作用于集合 A 的元素 a 的时候能够找到集合 B 的元素 b,从而使得 p(a,b)成立。在类型理论,该问题可以表示成为命题(∀x∈A)(∃y∈B)P(x,y)或者表示成为集合(∏x∈A)(∑y∈B)P(x,y),这样的话,∃y∈B 其实是一个筛选的条件,但有时候我们希望能够直接表示程序的规格说明而不希望多了像∃y∈B 这样与计算无关的部分,这样我们需要引入子集合{x∈A|B(x)}。

15.3.1 子集合一般理论

A 为集合且 B 为定义于 A 上的命题函数(集合族),即 B(x)set[x∈A]

相对于B的A的子集合被表示为：$\{|\}(A,B)$，这里$\{1\}$是相关度为$0\otimes(0\to 0)\to 0$的常元，可用$\{x\in A|B(x)\}$来代替。

对于一个集合的描述，可以是一个描述典则元的形成和相等性典则元形成的过程，对于$\{x\in A|B(x)\}$，定义：

若a为集合A的典则元，即若有元素$b\in B(a)$，则a也为集合$\{x\in A|B(x)\}$的典则元。若a和c为集合A的相等典则元，B(a)为真，那么a,c也是集合$\{x\in A|B(x)\}$的相等典则元，对于每个命题函数，作用于相等元素时得到相等的命题(集合)。

子集合形成

$$\frac{A\ \text{set}\quad B(x)\text{set}[x\in A]}{\{x\in A|B(x)\}\text{set}}$$

子集合引入1

$$\frac{a\in A\quad b\in B(a)}{a\in\{x\in A|B(x)\}}$$

子集合引入2

$$\frac{a_1=a_2\in A\quad b\in B(a_1)}{a_1=a_2\in\{x\in A|B(x)\}}$$

子集合和其他所有集合的不同之处，从元素的表达式来看，不可能判定它属于集合的形式，他可以属于集合A，也可以属于A的子集，但是这并不会引起混乱，应为一个元素总是和它所属的集合一起给出的

子集合消去

$$\frac{c\in\{x\in A|B(x)\}\quad d(x)\in C(x)[x\in A,y\in B(x)]}{d(c)\in C(c)}$$

下面将介绍子集合的一般理论，主要是子集合理论跟基本集合理论的比较，怎么样在子集合下描述问题。

一、为子集合指什么

认识判断A set就是有配对(A',A'')，A'是基本理论中的集合，A''是基本集合理论中A上的命题函数：$A'\text{set},A''(x)\text{prop}[x\in A']$

二、两个集合相等指什么

A和B为子集合理论中的集合，那么按照1，有集合A'和B'以及 分别在A'和B'上的命题函数A'',B''，认识A=B就是要认识在基本集合理论的相等性集合A',B'，在基本集合理论的意义下A''和B''为A'上的等价问题：

$A'=B'$和$A''(x)\ B''(x)\ \text{true}[x\in A']$，判断$A''(x)\ B''(x)\ \text{true}[x\in A']$，指我们在前提$x\in A'$下能够找到一个元素属于$(A''(x)\to B''(x))\times(A''(x)\to B''(x))$。

三、为集合的元素指什么

认识判断$a\in A$，A为子集合理论意义下的集合，那么a为A'的元素且$A''(a)$为真。因此，放到基本集合理论中，就等同于$a\in A'$和$A''(a)$True。$A''(a)$True该命题为真即可以找到集合$A''(a)$的一个元素。

四、集合中两元素相等指什么

$a\in A,b\in B$，a和b之间相等性的描述，在子集合理论中：$a=b\in A$，而在基本集合理论中为：$a=b\in A'$。即：在子集合中两个元素的相等性指他们必须在此子集合的基集合中相等。

五、为命题指什么

认识子集合理论中的一个命题就是认识基本集合理论中的一个命题 P^*，而在基本集合理论中命题可以解释为集合，则 P^* 为集合。

六、命题为真指什么

认识命题 p 在子集合理论中为真即认识 p^* 在基本集合理论中为真，则如果我们能找到基本集合理论中集合 P^* 的一个元素，那么命题 P^* 为真，则命题 p 在子集合为真。

七、子集合理论中的假设判断指什么

在子集合理论中，将在上下文 $x\in C, P(x)\text{true}, y\in D(x)$ 中解释假设判断，这里 C 为子集合，p(x)为上下文 $x\in C'$ 的命题，D(x)为上下文 $x\in C, P(x)\text{true}$ 的子集合。

八、在假设判断下为集合指什么

在子集合理论中，认识判断 $A(x,y)\text{set}[x\in C, P(x)\text{true}, y\in D(x)]$，即在前提 Cset，$P(x)\text{prop}[x\in C]$，$D(x)\text{set}[x\in C, P(x)\text{true}]$ 下能够找到配对（A′，A″），使得 $A'(x,y)\text{set}[x\in C', y\in D'(x)]$ 和 $A''(x,y,z)\text{prop}[x\in C', y\in D'(x), z\in A'(x,y)]$ 在基本集合理论中正确。

九、在假设判断下两个集合相等为什么

判断如下 $A(x,y)=B(x,y)[x\in C, P(x)\text{true}, y\in D(x)]$，A(x,y)和 B(x,y)为上下文 $x\in C, P(x)\text{true}, y\in D(x)$ 的集合，在基本集合理论中就要判断 $A'(x,y)=B'(x,y)[x\in C', y\in D'(x)]$ 和 $A''(x,y)\Leftrightarrow B''(x,y)\text{true}[x\in C', C''(x)\text{true}, P^*(x)\text{true}, y\in D'(x), D''(x,y)\text{true}]$。可以看出，两个集合的相等仅依赖于前提列中子集合的基集合，命题部分的相等性依赖于前提列中集合的命题部分以及命题的真假性。

十、在假设判断下为集合的元素指什么

在子集合理论中，认识判断 $a(x,y)\in A(x,y)[x\in C, P(x)\text{true}, y\in D(x)]$ 在基本集合理论中即为 $a(x,y)\in A'(x,y)[x\in C', y\in D'(x)]$ 和 $A''(x,y,a(x,y))\text{true}[x\in C', C''(x)\text{true}, P^*(x)\text{true}, y\in D'(x), D''(x,y)]$，可以看到 a(x,y)为 A(x,y)的基集合的元素只依赖于前提列中集合的基集合且不依赖于任何真命题。

十一、在假设判断集合中两元素相等指什么

在子集合理论中，判断 $a(x,y)=b(x,y)\in A(x,y)[x\in C, P(x)\text{true}, y\in D(x)]$ 为真就是在基本集合理论中认识判断 $a(x,y)=b(x,y)\in A'(x,y)[x\in A', y\in B']$ 为真，可以看到，在前提下集合中两元素相等指它们作为基集合中的元素已经相等，仅依赖于前提列中的基集合。

十二、在前提下为命题指什么

在子集合理论中，命题 $Q(x,y)\text{prop}[x\in C, P(x)\text{true}, y\in D(x)]$ 相当于在基本集合理论中的命题 $Q^*(x,y)\text{prop}[x\in C', y\in D'(x)]$

十三、在前提下命题为真指什么

在子集合理论中，命题 $Q(x,y)\text{true}[x\in C, P(x)\text{true}, y\in D(x)]$ 相当于在基本集合理论中为命题

$Q^*(x,y)\text{true}[x\in C', C''(x)\text{true}, P^*(x)\text{true}, y\in D'(x), D''(x,y)]$ 为真。

除规则"命题即为集合"外，其他 基本集合理论中的一般规则在子集合理论中都成立。举个例子：$\dfrac{a\in A, A=B}{a\in B}$

从以上的规则中我们可以了解到，$a\in A$，既有 $a\in A'$，$A''(a)$true，又由 $A=B$，可知 $A'=B'$，且 $A'(x)\Leftrightarrow B'(x)$，那么可知 $a\in B'$，又 $A''(a)$true 和 $A''(x)\rightarrow B''(x)$true，得 $B''(a)$true，那么 $a\in B'$和 $B''(a)$true，可得 $a\in B$。

基本集合理论中命题被解释为集合，所以不需要引入形如 P prop 和 P true

这样判断子集合理论的形式化，然而在子集合理论中，我们需要引入这样的判断，所以需要加入这两种判断形式，引入一般规则：

前提

$$\frac{P\ \text{prop}}{P\ \text{true}[P\ \text{true}]}$$

在基本集合理论中，P^* 为命题也为集合，根据它的前提规则可得，$y\in P^*[\,y\in P^*\,]$，也可以为 P true[P true]。同样，判断 $C(x)$prop$[x\in A]$成立即判断在基本集合理论中 $C'(x)$ set$[x\in A']$也成立。

下面再介绍子集合中的其他一些规则：

命题的替代规则

$$\frac{C(x)\ \text{prop}[x\in A]\quad a\in A}{C(a)\text{prop}}$$

命题的消去规则

$$\frac{Q\ \text{prop}[P\ \text{true}]\quad P\ \text{true}}{Q\ \text{prop}}$$

相等集合的消去规则

$$\frac{A=B[P\ \text{true}]\quad P\ \text{true}}{A=B}$$

真命题的消去规则

$$\frac{Q\ \text{true}[P\ \text{true}]\quad P\ \text{true}}{Q\ \text{true}}$$

集合元素的消去规则

$$\frac{a\in A[P\ \text{true}]\quad P\ \text{true}}{a\in A}$$

集合中相等元素的消去规则

$$\frac{a=b\in A[P\ \text{true}]\quad P\ \text{true}}{a=b\in A}$$

15.3.2　命题常元

P 和 Q 为子集合理论中的命题，那么相对于基本集合理论 有命题也为集合 P^* 和 Q^*，那么命题间的对照关系如下：$(P\&Q)^*$ 为基本集合理论中的命题 $P^*\times Q^*$；$(P\vee Q)^*$ 为基本集合理论中的命题 P^*+Q^*；$(P\supset Q)*$ 为基本集合理论中的命题 $P^*\rightarrow Q^*$；T^* 为基本集合理论中的永真 T；$\perp^*$ 为基本集合理论中的永假$\varnothing$。

以上的情形比较简单，当引入量词时，情况就变得复杂多。子集合论中 A 为集合，P 为 A 上的命题函数，按照集合和集合上命题函数的意义，必在基本集合理论有基集合 A'和命题函数 A''，以及定义在 A'上的 P^*。如：

命题$((x\in A)P(x))^*$ 则被定义为$(\prod x\in A')(A''(x)\rightarrow P^*(x))$；命题$((x\in A)P(x))^*$ 则

被定义为$(\sum x\in A')(A''(x)\times P^*(x))$。

我们来表述以前所表述的一阶逻辑的规则：

∀ 形成

$$\frac{A\ prop \quad P(x)\ prop[x\in A]}{(\forall x\in A)P(x)\ prop}$$

根据上面的命题形式，我们只需等价证明，由 $A'set$，$A''(x)prop\ [x\in A']$和 $P^*(x)\ prop\ [x\in A']$推导出$(\prod x\in A')(A''(x)\rightarrow P^*(x))$。

证明：由→形成规则，得 $A''(x)\rightarrow P^*(x)\ set[x\in A']$，那么有$(\prod x\in A')(A''(x)\rightarrow P^*(x))$，集合可以看作命题，得证。

∀ 引入

$$\frac{P(x)\ true[x\in A]}{(\forall x\in A)P(x)\ true}$$

规则怎样得到，我们可以转换为基本集合理论的相等性证明，即由 $P^*(x)\ true\ [x\in A', A''(x)true]$，得到 $(\prod x\in A')(A''(x)\rightarrow P^*(x))$为 True。

证明：对于 $P^*(x)\ true\ [x\in A', A''(x)true]$，在基本集合理论中判断，肯定有一个表达式 b，有 $b(x)\in P^*(x)\ [x\in A', A''(x)true]$，由→引入规则，得 $\lambda_y.b(x)\in A''(x)\rightarrow P^*(x)[x\in A']$，又根据∏引入规则，得 $\lambda_x.,\lambda_y,b(x)\in(\prod x\in A')(A''(x)\rightarrow P^*(x))$，能够找到，那么$(\prod x\in A')(A''(x)\rightarrow P^*(x))$为 True，证毕。

15.4 单型集合

15.4.1 类型

所谓类型系统是指一种根据所计算出值的种类对词语进行分类从而证明某程序行为不会发生的可行语法手段。

这个定义确定类型系统作为程序的推导工具。这句话反映了对待程序语言中类型系统的态度。更一般地，类型系统（或类型理论）是指在逻辑、数学和哲学中更广泛的一类研究领域。这个意义下的类型系统最早形式化于 1900 年左右，是作为一种避免威胁数学基础的逻辑悖论，如 Russell 悖论的办法。在 20 世纪，类型成为逻辑，特别是证明论中的标准工具，并渗透到哲学和科学的语言中。这一领域的主要里程碑包括 Russell 原始的类型分支理论，Ramsey 简单类型理论，Church 简单类型 Lambda 演算的基础，Martin-Löf 构造类型理论，以及 Berardi，Terlouw 和 Barendregt 的纯类型系统。

在 Martin-Löf 类型理论中，定义了一组集合和集合形成运算以及给出这些集合的证明规则。对每个集合引入常量，然后再以自然推理方式给出证明规则，引入集合的另外一种定义方法，即利用更原始的概念类型。直觉地说，一个类型是一族对象以及一个等价关系。类型的例子有：集合的类型，集合中元素的类型，命题的类型，在给定集合上取值集合的函数的类型，以及给定集合上谓词的类型。本节将描述类型的理论而且说明它怎样被用于表示出集合的理论。该理论将得到运用集合以及更高阶对象上变元的可能性，对这些变元作抽象的可能性对于构造大程序和证明是至关重要的。它也给出这样的可能性利用更有力的消去规则刻画∐一集合和良序。此类型的理论也能被用作为一个逻辑框架在其中可能形式化不同的逻辑。它也能用作为表达式的理论,这里类型替代相关度。

另外,描述 A 为集合且 B(x)为 A 上的集合族当类型论在计算机上实现时,这种表示必须被做成形式的。在 Nuprl 系统中,是通过全域来完成的。例:"令 X 为集合"被译为形式假设 X∈U。但是,这样并不够,因为要想表示 X 为任意的集合,而 U 仅仅是小集合之集合且有一套固定的归纳定义。

15.4.1.1　类型与对象

直觉上,一个类型是一族对象加上一个等价关系。一个类型是指什么呢?A 是一个类型就是此类型的对象指什么,以及两个对象相等是指什么。对象之间的等同性必须是一个等价关系而且必须是可判定的。若一个类型的对象也是另外一个类型的对象,而且一个类型的相同对象也是另外一个类型的相同对象,则这两个类型等同。对上面存在的不足,需要扩张类型理论使其能够做出"X 为集合"那样的假设。因此,故引入更基本的概念,即类型概念,即可以表示为集合类型为一典型的类型的例子。

15.4.1.2　集合和元素类型

通过解释什么是集合和什么时候两个集合相同,解释类型 Set 其含有集合作为对象。认识集合 A 就是认识 A 的规范元素是怎么样形成的,以及何时两个规范元素相同。两个集合相同,若一个集合的规范元素是另外一个集合的规范元素,以及一个集合的相同规范元素也是另外一个集合的相同规范元素。

因此,有公理

Set 形成

$$\text{Set type}$$

对于 Set 的解释是开放的,不像小集合之集合 U,成集运算的编码是固定的,而集合类型并没有穷尽

若 A 为集合,则 El(A)为类型,它是这样的类型,其对象是 A 的元素。因为 a 为 El(A)的对象,假如 a 的值为 A 的规范元素,以及 El(A)的两个相同元素知道它们的值是 A 的相同的规范元素,这样有规则

El 形成

$$\frac{A:\text{Set}}{\text{El}(A)\ \text{type}} \qquad \frac{A=B:\text{Set}}{\text{El}(A)=\text{El}(B)}$$

缩写为:

A Set≡A:Set

a ∈A≡a:El(A)

15.4.1.3　类型族

类似把集合扩张到集合族,引入类型族一个上下文序列:$x_1:A_1,x_2:A_2,x_3:A_3,\cdots\cdots x_n:A_n$。$A_1$ 为类型,$A_2[x_1=a_1]$为类型,a_1 为类型 A_1 的任何对象,以此类推,$A_n[x_1=a_1][x_2=a_2][x_3=a_3]\cdots\cdots[x_{n-1}=a_{n-1}]$也为类型,这里 $a_1,a_2,a_3\cdots\cdots a_{n-1}$ 分别为 $A_1,A_2[x_1=a_1],A_{n-1}[x_1=a_1][x_2=a_2][x_3=a_3]\cdots\cdots[x_{n-2}=a_{n-2}]$的对象。

对于上下文 $x_1:A_1,x_2:A_2,x_3:A_3,\cdots\cdots x_n:A_n$ 中的类型族,在类型理论中描述为 A type$[x_1:A_1,x_2:A_2,x_3:A_3,\cdots\cdots x_n:A_n]$。

15.4.1.4　一般规则

自反性

$$\frac{a:A}{a=a:A} \qquad \frac{A\ trpe}{A=A}$$

对称性

$$\frac{a=b:A}{b=a:A} \qquad \frac{A=B}{B=A}$$

传递性

$$\frac{a=b:A \quad b=c:A}{a=c:A} \qquad \frac{A=B \quad B=C}{A=C}$$

类型等同性

$$\frac{a:A \quad A=B}{a:B} \qquad \frac{a=b:A \quad A=B}{a=b:B}$$

15.4.1.5　函数类型

还没有定义足够的类型把如“设 A 为集合且 B 为集合上的集合族”这样的前提转变为形式前提，故我们引入函数类型。对于 A 为类型，B 对于 $x:A$ 为类型族，则 $(x:A)B$ 为类型，其对象是 A 到 B 的函数。

定义函数类型 $(x:A)B$，下面将认识函数指什么以及何时两个函数相等。对象 c 为函数指当他作用于 A 中的对象 a 时得 $B[x:=a]$ 中的对象 $c(a)$，认识函数类型 $(x:A)B$ 中的两个对象相等，即对于任意 A 中的 a，有 $c_1(a)=c_2(a):B[x:=a]$，则 $(x:A)B$ 中两个函数对象 c_1 和 c_2 相等。则有如下形成规则：

函数形成

$$\frac{A\ type \quad B\ type\ [x:A]}{(x:A)\ B\ type} \qquad \frac{A_1=A_2 \quad B_1=B_2[x:A_1]}{(x:A_1)\ B_1=(x:A_2)\ B_2}$$

函数作用

$$\frac{c:(x:A)B \quad a:A}{c(a):B[x:=a]} \qquad \frac{c_1=c_2:(x:A)B \quad a_1=a_2:A}{c_1(a_1)=c_2(a_2):B[x:=a_1]}$$

若 $b:B[x:A]$，则 $(x)b$ 是 $(x:A)B$ 的对象，b 类型族 $B[x:A]$ 是一个函数，经过抽象后就变为类型 $(x:A)B$ 的一个函数对象。有下面的规则：

抽象

$$\frac{B:B[x:A]}{(x)b:(x:A)B}$$

β一规则是一个具体的一个抽象作用于 A 的对象。

β一规则

$$\frac{a:A \quad b:B[x:A]}{((x)b)(a)=b[x:=a]:B[x:=a]}$$

还有以下规则：

∈一规则：

$$\frac{b_1=b_2:B[x:A]}{(x)b_1=(x)b_2:(x:A)B}$$

α一规则：

$$\frac{b: B[x:A]}{(x)b=(y)(b[x:=y]): (x:A)B}$$

这里 y 必不自由出现于 b 中。

η—规则：

$$\frac{C:(x:A)B}{(x)(c(x))=c:(x:A)B}$$

15.4.2　类型对集合的定义

我们用类型定义的集合，所得到的集合不同于以前给出的集合，主要的差异在于它们是单型的。例如：在以前的多型理论中，apply 有两个变元，一个是 A 到 B 的函数和一个是 A 中的元素。在单型理论中，有四个变元其中 A 和 B 是两个，A 到 B 的函数是另一个，还有是 A 中的元素。

像基本集合理论一样，需引入∏集合，∑集合，不交和，相等性集合，有穷集合，自然数，列表等等。

一、∏集合

我们根据前面多型集合的定义，重新定义常元：

∏:(X : Set,(El(X))Set)Set

λ:(X : Set,Y:(El(X))Set,(x : El(X))(El(Y(x)))El(∏(x,y)))

apply:(X : Set,Y:(El(X))Set,El(X,Y),x : El(X))El(Y(x))

同样，声明相等性：

apply(A,B,λ(A,B,b),a)=b(a):El(B(a))

其中，A 为集合，B:(El(A))Set,a : El(A),b(x : El(A))El(B(x))

二、∑集合

同样，我们根据前面多型集合的定义，重新定义常元

∑:(X : Set,(El(X))Set)Set

pair:(X : Set,Y:(El(X))Set,x : El(X)),El(Y(x)))El(∑(x,y)))

split:(X : Set,Y:(El(X))Set,Z:(El((X,Y)))Set,(x : El(x),y : El(Y(x)))El(Z(pair(X,Y,x,y))),w : El(∑(X,Y)))El(Z(w)))

声明相等性：

split(A,B,C,d,pair(A,B,a,b))=d(a,b):El(C(pair(A,B,a,b)))

其中，A : Set,B:(El(A))Set,C:(El(∑(A,B)))Set,d:(x : El(A),y : El(B(x)))El(C(pair(A,B,a,b))),a : El(A),b : El(B(a))

笛氏积 A × B 表示成为∑(A,(x)B):Set[A : Set,B : Set]

三、不交和

同样，我们引入常元：

+:(Set,Set)Set

Inl:(X : Set,Y : Set,El(X))+(X,Y)

Inr:(X : Set,Y : Set,El(Y))+(X,Y)

When:(X : Set,Y : Set,Z:(El(+(X,Y)))Set,(x : El(X))El(Z(inl(X,Y,x))),(y :

El(Y)El(Z(inr(X,Y,y))),z：El(+(X,Y)))El(Z(z))

声明相等性：

When(A,B,C,d,e,inl(A,B,a))=d(a):El(C(inl(A,B,a)))和

When(A,B,C,d,e,inl(A,B,b))=d(a):El(C(inl(A,B,b)))。其中,A：Set,B：set,C:(El(+(A,B)))Set,d:(x：El(A))El(C(inl(A,B,x))),e:(y：El(B))El(C(inr(A,B,y))),a：El(A),b：El(B)。

四、相等性集合

同样,引入常元：

Id:((X：Set,El(X),El(X))Set

Id:(X：Set,x：El(X))Id(X,x,x)

Idpeel:(X：set,x：El(X),y：El(X),Z:(x：El(X),y：El(X),El(Id(X,x,y)))Set,(z：El(X))El(Z(z,z,id(X,z))),u：El(Id(X,x,y)))El(Z(x,y,u))

声明相等性：

idpeel(A,a,b,C,d,id(A,a))=d(a):El(C(a,a,id(A,a))),

其中,A：Set,a：El(A),b：El(A),C:(x：El(A),y：El(A),El(id(A,x,y)))Set,d:(x：El(A))El(C(x,x,id(A,x)))

五、自然数

同样,引入常元：

N：Set

0：El(N)

succ:(El(N))El(N)

natrec:(Z:(El(N)Set),El(Z(0)),(x：El(N),El(Z(x)))El(Z(succ(x))),n：El(N),El(Z(n))

声明相等性：

natrec(C,d,e,0)=d：El(C(0));

natrec(C,d,e,succ(a))=e(a,natrec(C,d,e,a)):El(C(succ(a)))

其中:C:(x：El(N))Set,d：El(C(0)),e:(x：El(N),El(C(x))El(succ(x))),a：El(N)

六、列表

同样,引入常元：

List:(Set)Set

nil:(X：Set)El(List(X))

cons:(X：Set,El(X),El(List(X)))El(List(X)

listrec:(X：Set,Z:(El(List(X)))Set,El(Z(nil(X))),(x：El(x),y：El(List(X)),El(Z((x)))El(Z(cons(X,x,y))),u：El(List(X)),El(Z(u))

声明相等性

listrec(A,C,d,e,nil(A))=d：El(C(nil(A)))

listrec(A,C,d,e,cons(A,a,b))=e(a,b,listrec(A,C,d,e,b)):El(C(cons(A,x,y)))

a：El(X)

b：El(List(X))

第 16 章

时序逻辑

本章将介绍 XYZ 系统在时序逻辑语言方面的主要内容*。

16.1 XYZ 系统简介

XYZ 系统是将时序逻辑与软件工程有机结合而成，故它构成一正交的二维体系。一维是基于 Manna-Pnueli 线性时间时序逻辑语言族 XYZ/E，另一维是 CASE 工具集。

XYZ/E 是一系列化语言族，相当于一广谱语言(Wide Spectrum Language)。其中各子语言分别表示不同的程序设计方式或程序范型，故 XYZ/E 是以一致的逻辑框架表示的统一范型。

XYZ/E 是一统一的框架，既能表示适应冯·诺依曼体系的状态转换机制的命令式语言，称可执行 XYZ/E 或 XYZ/EE (Executable XYZ/E)，又能表示适应逻辑推理特征的直言式公式语言，称抽象 XYZ/或 XYZ/AE (Abstract XYZ/E)。

XYZ/E 的控制结构共三种形式：一种是直接表示状态转换的命令形式，具有这种控制结构的子语言称为基本 XYZ/E 或 XYZ/BE(Basic XYZ/E)；另一种是结构化高级语言的语句形式，具有这种控制结构的子语言称为结构化 XYZ/或 XYZ/SE (Structured XYZ/E)；第三种控制结构是产生式规则的形式，具有这种控制结构的子语言称为产生式规则型 XYZ/E 或 XYZ/PE(Production rule form XYZ/E)。一过程，或一进程，或一模块操作的算法部分只能用一种控制结构子语言来书写，但不同子语言表示其控制结构的过程、进程或模块操作可以在一程序中混合出现。

XYZ/E 中包括了各种并发性或不确定性(通信、共享变量、实时等)、不同通信方式(同步、异步)、不同类型的可重用模块(过程，进程、包块或代理机构及由一并行语句组成的进程)的机制。故在一统一的程序中可包含所有这些机制及相应的各种程序设计方式。它同时还能包含表示与各种模块相应的可视化图形程序设计工具，以及描述组件体系结构的可视化图形语言，而且这些图形与表示其语义的 XYZ/E 程序可相互自动生成。

CASE 工具包括四组工具：(1)面向模块的可视化设计工具；(2)基于形式化方法的设

---

* 本章内容根据唐稚松等著的《时序逻辑程序设计与软件工程》(上册)整理而成。

计工具；(3)基于体系结构的软件开发方法的描述语言与支撑工具；(4)语言转换工具 。均以 XYZ/E 表示其语义界面，它们既可独立使用，又可(最好是通过通信命令)相互连接组成更复杂的工具。

16.2　时序逻辑语言 XYZ/E 的基础部分

时序逻辑语言 XYZ/E 是 XYZ 系统的核心，它既是一个时序逻辑系统，又是一种程序语言。

16.2.1　基本概念

时序逻辑语言 XYZ/E 中包含两类变量：时序变量和固定值变量。时序变量是指在不同时刻可以取不同值的变量，而固定值变量(或全程值变量)则是指在程序执行中的所有时刻均取同一值的变量。

XYZ/E 属于多种类逻辑系统，即其中变量具有多种类型。XYZ/E 中的类型分为两个层次，上层为逻辑型，用于表示逻辑公式，下层为非逻辑型，用于表示常见高级语言中所有在表达式中出现的各种类型。非逻辑型可分以下几类：基本类型、系统类型、结构化类型、控制类型及其他(如通过类型说明定义的新类型等)。

非逻辑型中的基本类型包括：整型、字符串型、文件型、布尔型及浮点数型。这五种基本类型用大写的拉丁字母串，如 INT，STRING，STREAM，BOOL 和 FLOAT 表示。注意，在 XYZ/E 中，凡由语言规定的具有固定含义的名字(称保留字)均由大写拉丁字母串表示，如 INT 等。用户程序内自定义的名字中出现的拉丁字母一般均用小写体。

系统类型则包括：指针、先进后出栈、先进先出队列等，分别用 POINT(X)，STACK(X)，QUEUE (X)表示，此处的 X 表示其分量的类型。

上述各类型的含义，除指针外，其余均与常见高级语言中同名类型一致，但其精确的形式语义则应由一组公理(非逻辑公理)来规定。

类型从外延看表示集合，从内涵看则表示谓词。每一变量说明 $v: X$，表示“变量 v 具有类型 X”，从外延解释，即“v 是集合 X 的元素”；从内涵解释，即“v 满足谓词 X”。而“$v_1, v_2, \cdots, v_k: X$”即表示“$X(v_1) \wedge X(v_2) \wedge \cdots \wedge X(v_k)$ 为真”。

结构化类型包括数组与记录，这两种类型可以解释为一种缩写。数组说明：“v 为一数组，其分量的类型为 X，其长度为 n”表示为“v：ARRAY (X,n)”，它被解释为如下的一组说明的缩写：“v(1)：X；v(2)：X；…；v(n)：X”，其含义为：” $X(v(1)) \wedge X(v(2)) \wedge \cdots \wedge X(v(k))$ 为真”，此处 v(i)表示数组 v 的第 i 个分量。显然，上面一维数组的定义不难推广到多维数组。类似地，记录说明：v 为一记录，其分量的类型分别为 $X_1, X_2, \cdots, X_n$，其中各分量分别以标号 $l_1, \cdots, l_n$ 予以标志”，则可表示成如下形式：“$v: RECORD(l_1: X_1, \cdots l_n: X_n)$”，它是如下说明的缩写：

“$v.l_1: X_1, \cdots v.l_n: X_n$”，其含义为“$X_1(v.l_1) \wedge X_2(v.l_2) \wedge \cdots \wedge X_n(v.l_n)$ 为真”，此处 $v.l_i$ ($i=1,\cdots,n$)表示该记录中的第 i 个分量的名字。

以上这些类型是 XYZ/E 中最常用的类型。为了增强表示力，还可扩充一些其他的类型,如集合(SET)、枚举集(ENUM)及列表(LIST)等。在目前实现的XYZ/E版本中,集合型等类型只允许在抽象描述中使用。XYZ/E语言还有一种特殊的类型,即作为控制类型的名字型,表示为NM。为了说明这种类型,先说明几个概念。首先是常见程序语言中常见的一个概念,即标识符,它是指由一拉丁字母开始、由拉丁字母或十进制数字组成的符号串。另一概念,即名字:一标识符是一名字,一名字的右端加一尾部仍为一名字。此处所谓尾部有以下两种情形:(1)由一对圆括号括起的一非负整数,如"(5)";(2)由一圆点"·"(不是减号)连接的一标识符,如"·ab35"。引进名字类型是为了代替常见高级语言中用八进制数表示的地址。

名字在程序语言中可用来表示各种对象,如变量、常量、新的类型、一段含义完整的程序模块,如过程、进程、包块或代理机构等;此外还有程序中的路标,它事实上表示程序执行过程中状态的集合,这种对象称为标号(label),它没有值,但本身可以为某些变量的值。以名字为值的变量的类型即为此处的控制类型,以大写拉丁字母NM表示。在XYZ/E中,有一特殊的系统变量称为控制变量,其名字为"LB",其类型即NM,它的值即一标号。有些表示控制信息的栈也可以名字为值,如递归过程的递归栈RST则是XYZ/E中另一控制变量,它可用来存放表示过程调用的返回位置的标号。上面还提到可用名字表示一新的类型。因在XYZ/E中也像其他高级语言一样,可用已知的类型构造新的类型。这是通过类型说明给新构造出的类型取一新的名字来实现的。此外,还有一种由已知类型构造新的类型的运算,即类型析取。许多常见高级语言中均有此运算,它表示一变量的类型可以不是确定的,而是某几种类型中的一种;至于是哪一种则只能动态确定。设X,Y分别为两不同类型,则X及Y的类型析取即表示成UNION(X,Y)。

在XYZ/E中,还提供一种模块机制亦即包块,用户可用此机制定义新的类型,这样即扩充了XYZ/E表示类型的能力。

有了类型,即可表示出常量与变量。事实上,对于每一种类型,均有该类型的常量。此处,只列举整数、符号串及浮点数的例子,分别为1230,"a * b3",1.230(或"+1.230")。至于布尔常量则分别用"$TT"与"$FF"表示。注意,在XYZ/E语言中,布尔型是一种非逻辑类型,请勿将布尔型与逻辑型相混,在XYZ/E语言中它们属于不同层次。布尔型与整型等均属于表达式层次,而唯逻辑型属于合式公式层。逻辑类型中的常量"真"与"假"则分别表示为"$T"与"$F"。

作为逻辑系统,应给出非逻辑表达式(即通常程序语言中的表达式)及合式公式(即逻辑表达式)中严格的形成规则。但在此只指出:XYZ/E语言的非逻辑型表达式与常见高级语言中表达式概念是一致的,它们由一目或二目运算组成,表达式是有类型的,不同类型有其相应的表达式。各种类型的运算,其精确语义是由一组非逻辑公理所规定的。这里需要指明的是,作为时序逻辑语言,在其非逻辑表达式运算中多了一个表示"下一时刻"的一目运算"$O"。设v表示一时序变量,则v亦表示该变量当前时刻的值,而表达式"$Ov"则表示变量v下一时刻的值。这种一目运算对表达式中任何二目运算θ遵守左分配律,即

$$\$O(v\theta u)=(\$Ov)\ \theta\ (\$Ou)$$

但应指出,"$O"这一非逻辑表达式中的一目运算也是具有逻辑型的合式公式中的一目连接词。

关于XYZ /E中逻辑型合式公式的精确定义,与通常时序逻辑系统中合式公式的定义

一致。在此列出 XYZ/E 中逻辑型合式公式中容许出现的一目及二目连接词，除对时序算子作直观解释外，其余均不作解释。

1）一阶逻辑中常见的逻辑连接词，如：否定词［即“非”，表示为“～”，即通常的“¬”，合取词（即“与”，表示成“∧”），析取词（即“或”，表示成“＄V”，不可兼析取词［即“（不可同真的）或”，表示成“＄V̇”或“＄V′”］，蕴涵词（即“蕴涵”，表示成“→、”或“－＞”），等值词（即“等值”，表示成”＝＝”），全称量词（即“所有…”，全称量词符，表示成“＄A”，即通常的“∀”），存在量词（即“存在…”，存在量词符，表示成”＄E”，即通常的”∃”）。

XYZ/E 语言中命题连接词的优先顺序是：～，∧，（＄V，＄V′），→，＝＝。据此可节省括号，对于量词（＄A，＄E），除其作用域内为一谓词或一由量词开始的公式时可省其外层括号外，其余括号均不可省。

2）将来时时序算子，如：下一时刻算子（即一目算子“下一时刻”，表示成“＄O”），必然算子（即一目算子“从所指时刻起以后所有时刻”，表示成“[]”，或通常的“口”），终于算子（即一目算子“从所指时刻起某一时刻”，表示成“＜＞”，或通常的“◇”），直到算子（即二目算子“左式真直到右式真”，表示成“＄U”），除非算子（即二目算子“左式真除非右式真”，表示成“＄W”）。

用 XYZ/E 语言书写算法程序及规范时，一般只用到将来时时序算子；不过，过去时时序算子用来表示条件及程序性质时其含义较符合日常语言的习惯，但实现效率很低。因此，在 XYZ/E 中，只在特殊情况下描述规范时才允许过去时时序算子在其条件中出现。

3）过去时时序算子，如：上一时刻算子（即一目算子“上一时刻”，表示成“（·）”，或通常的“＄⊙”），已然算子〔即一目算子“过去（不包括当前时刻）所有时刻”，表示成“[·]”，或通常的“⊡”〕，曾经算子［即一目算子“过去（不包括当前时刻）某一时刻”，表示成“＜·＞”，或通常的“◈”］，自从算子［即二目算子“自从（since）右式真以来左式真”，并假定右式必曾经为真，表示成“＄S”］，回溯算子［即二目算子“左式真可一直回溯到（back-to）右式真之后”，表示成“＄B”］，故回溯算子是自从算子去掉右式必曾经为真的假设而成。

下面结合图 16.1 来解释各种时序算子的含义：

(a)“＄O”：公式＄O 在所指时刻（t≥0）为真，当且仅当公式 N 在所指时刻的下一时刻（即 t＋1 时刻）为真［参见图 16.1(a)］。

(b)“◇N”：公式◇N 在所指时刻（t≥0）为真，当且仅当存在所指时刻后某一时刻（t＋k≥0）（以下解释中均以 k 表示一非负整数；当 k＝0 时，即所指时刻），N 必将为真［参见图 16.1(b)］。

(c)“□N”：公式□N 在所指时刻（t≥0）为真，当且仅当从所指时刻起（包括当前时刻）任何时刻，N 均为真［参见图 16.1(c)］。

(d)“M＄UN”：公式 M＄UN 在所指时刻（t≥0）为真，当且仅当 M 从所指时刻起以后一直保持真，直到 N 为真的前一时刻止；并且假定，N 在从所指时刻起以后某一时刻必为真。至于在 N 为真的那一时刻以及以后各时刻 M 取何值，该算子未作任何规定［参见图 16.1(d)］。

(e)“M＄WN”与“M＄UN”只有一点不同，其余均相同。这一点是：在公式 M＄WN 中不假定 N 从所指时刻起以后某一时刻必为真，也就是在此式中 N 可以从所指时刻起以后所有时刻均取假值[参见图 16.1 (e)]。

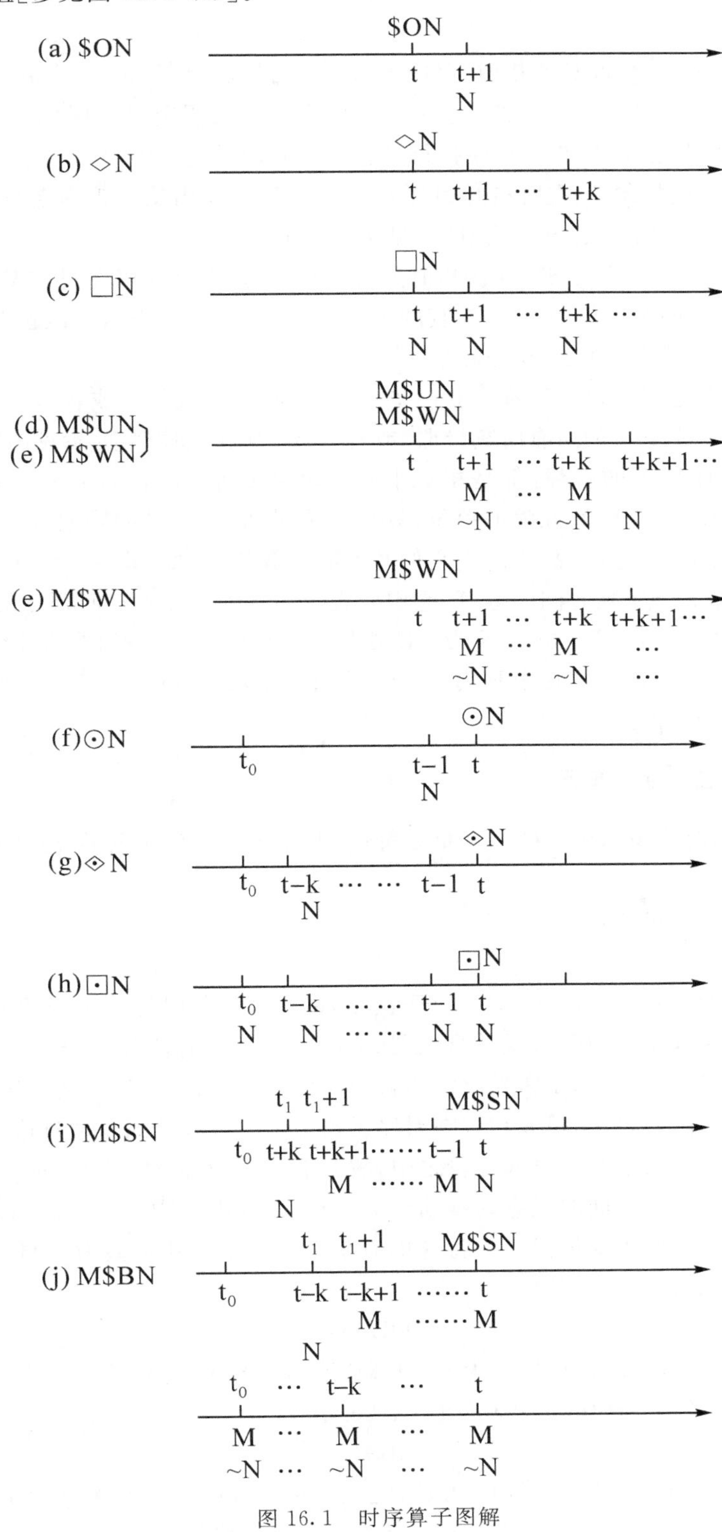

图 16.1　时序算子图解

(f)"⊙N":公式⊙N在所指时刻(t≥0)为真,当且仅当在前一时刻(t-1)有N为真[参见图16.1(f)]。

(g)"⊡N":公式⊡N在所指时刻(t≥0)为真,当且仅当在t以前的某一时刻(t--k)有N为真[参见图16.1(g)]。注意,讨论过去时算子时恒假定过去时间有一起点 t_0(t_0≥0),并非无限向过去延伸,这与一程序执行时总有一起始时刻一致。

(h)"◈N":公式◈N在所指时刻(t≥0)为真,当且仅当从 t_0 时刻起到t时刻(注意包括当前所指时刻t)所有时刻N皆为真[参见图16.1(h)]。

(i)"M $ SN":公式M $ SN在所指时刻(t≥0)为真,当且仅当在过去某一时刻 t_i(t_0≤t_i<t),可设 t_i=t-k)N为真且从N为真的下一时刻(t_{i+1},亦即t-k+1)起直到所指当前时刻t,M一直保持为真[参见图16.1(i)]。

(j)"M $ BN":公式M $ BN在所指时刻(t≥0)为真,当且仅当或者M在过去的所有时刻均真,而N从 t_0 起到t的所有时刻皆假,或者M $ SN在t时刻真[参见图16.1(j)]。

以上关于时序算子的解释,都是相对于所指时刻t而言的。如t>0=t_0,则是表示将来。在以下解释中,所谓时间间隔的单位,只是表示时间节拍,其间隔时间的长短事实上是由条件元的动作部分决定的,故实际上它们并不必是等长的时间差距。请注意:此处所介绍的时序算子,并非关于实际时间的运算,它们所表示的是关于相对时间顺序的先后关系。此外,"M $ UN"或"M $ WN"中恒设N为一阶逻辑公式(即不再出现时序算子)。

为了节省括号,通常假定将来时刻算子的优先顺序是:$ O,(◇,口),($ U,$ W)。过去时刻算子可作类似的规定。

16.2.2　状态转换与单元

XYZ/E作为时序逻辑语言的一个重要特色,即在于在直言式逻辑公式中表示出状态转换的机制。

具有如下形式的等式:

$$\$ Ov=e \tag{16.1}$$

称为状态转换等式,此处v表示一时序变量,e表示一类型与v相同的表达式,其中不允许出现任何时序算子。(16.1)式的含义是:v在下一时刻的值等于表达式e在本时刻的值。事实上,(16.1)式即表示了常见高级语言中赋值语句"v:=e"的含义。这种功能在一阶逻辑中是不能表示的。显然,(16.1)式在时序逻辑中是一合式公式。通过这一简单的方式,即可将状态转换机制表示在直言式逻辑之中,故其意义十分重大。为了进一步更精细地区分常见高级语言中几种不同的状态转换机制,在XYZ/E语言中将(16.1)式规定了几种不同形式。如(16.1)式左边变量恒为一特殊的系统变量"LB",其类型为NM,它恒取执行标号为值,故其形式为:

$$\$ OLB=y \tag{16.2}$$

其含义即"下一时刻的执行标号为y",亦即"转向标号y"。易见,(16.2)式表示了常见高级语言中的转语句。与(16.2)式相对应,有等式:

$$LB=y \tag{16.3}$$

即表示"当前执行标号为y",也就是常见高级语言中标号的定义性出现,即"y:"。(16.2)式与(16.3)式这两种表示状态控制流的公式称为控制等式或LB等式,其中出现的特殊变量 LB 称为控制变量，(16.2)式中标号 y 为转出标号，(16.3)式中标号 y 为定义标号；(16.2)式与(16.3)式则分别称为转移等式与定义等式。(16.2)式只是(16.1)式这类状态转换等式的特殊情形。在(16.1)式这类状态转换等式中，除了转移等式外，其他均称为赋值等式。一串赋值等式的合取式为：

$$\$Ov_1 = e_1 \wedge \cdots \wedge \$Ov_k = e_k \tag{16.4}$$

亦可表示成如下缩写的形式：

$$\$O(v_1, \cdots, v_k) = (e_1, \cdots, e_k) \tag{16.5}$$

(16.4)式[或(16. 5)式]称为并行赋值等式。类似地，亦可定义并行状态转换等式。显然，(16.1)式只是(16.4)[或(16.5)式]在 $k=1$ 时的特殊情形。

利用上述表示状态转换机制的等式，即可表示出 XYZ/E 中一种基本的命令形式：

$$LB = y \wedge R \Rightarrow @(Q \wedge LB = z) \tag{16.6}$$

及

$$LB = y \wedge R \Rightarrow \$O(v_1, \cdots, v_k) = (e_1, \cdots, e_k) \wedge \$OLB = z \tag{16.7}$$

称之为条件原子式，或简称条件元(conditional element，简写为 c. e.)，其中，“@”表示 $O(下一时刻)或◇(终于)；“R”，“Q”为一阶逻辑公式，分别称为 c. e. 的条件部分与动作部分；“⇒”是蕴涵词“→”在 c. e. 这一语言层次的特殊表示形式。式中标号 y 与 z 分别称为一条件元(c. e.)中的定义标号及转出标号。为了陈述方便，在下面的讨论中，有时将(16－6)式中动作部分 Q 予以扩充，将并行赋值等式包括在一阶公式 Q 中。在这种意义下，可以说这扩充意义下的(16. 6)式亦包括了(16. 7)式形式的条件元。

在常见高级语言中，通常的过程性算法部分以及由前置与后续条件组成的抽象描述部分均可分别由一组用符号“;”分隔的(16.6)式与(16.7)式形式的条件原子式来表示。这一构成 XYZ/E 程序的基本构件称之为单元(unit)，其形式为：

$$\begin{array}{c}\square[A_1; \cdots; A_n] \\ \text{WHERE } B_1 \wedge \cdots \wedge B_m\end{array} \tag{16.8}$$

此处，每一 $A_i(i=1,\cdots,n)$ 为一条件原子式，“;”为合取词“∧”在单元这一层次的另一表示形式；后面由大写字母组成的字“WHERE”引出的合取式称为这一单元的约束部分或约定部分(或 Where 部分)，其中的每一合取项表示一个以该单元的括号内公式为其作用域的约束条件，或某些特别谓词的定义(一般用 Horn 子句形式或包含受囿量词的一阶公式表示)等。如 $B_1 \wedge \cdots \wedge B_m$ 为 $T，即对 $A_i(i=1,\cdots,n)$ 无约束，则 Where 部分可省略。

应该指出，并非任一具有(16.8)式形式的单元都能构成一有意义的程序构件。事实上，只有满足下面所列各种假设的单元才是有意义的。

1. 关于时序变量的框架假设

具有如下形式的状态转换等式(即等式左边和右中边除时序算子“$O”以外的为同一变量)，称为是冗余的：

$$\$Ov = v \tag{16,9}$$

在 XYZ/E 语言中，除了出现矛盾赋值的合取式不允许以外，其他合式公式中出现的冗余等式均规定恒等于 $T，也就是说，在一合取式中这种合取项均可省略。同时，对任何合取式扩充任何冗余式作为它的合取项，如果不形成矛盾式这种不允许的情形，则亦不会改变其值。由于框架原理的要求，在每一表示状态转换的 c. e. 中，应对每一变量均赋值，这条件自然要影响表示的简洁性。在元数学一级作了本框架假设以后，XYZ/E程序中的基本命令形式c.e.中即可与常见程序语言语句或命令中一样，凡是在这次状态转换中值不变的变量的冗余等式均假定省去不写，这样即可大大提高语言的简洁性。

2. 关于标号的正则性假设

先给出关于标号的若干规定：每一单元只有唯一的一个入口作为该单元执行的起点，并约定恒以一单元的第一条件原子式中的定义标号(也就是该单元的第一定义标号)为该单元的入口(entry)或入口标号(entry label)，记成START或START_Name，此处Name表示该单元的名字，并规定一单元中入口标号是正常的定义标号。

一单元中各条件原子式中出现的定义标号，除入口标号外，如在本单元中有转出标号与它相同，则称为正常定义标号，否则称为非正常定义标号。本假设规定，非正常定义标号是不允许的。

一单元中各条件原子式中出现的转出标号，只有符合以下三种情形中的一种才称为正常转出标号，否则称为非正常转出标号：

(1)在本单元内有条件原子式，其定义标号与其转出标号相同，则称此转出标号及相应的定义标号为内部标号，凡内部标号作为转出标号是正常的。

(2)虽此转出标号非本单元的内部标号，但在本程序中存在另一单元，此转出标号正好是该单元的入口标号，这样的转出标号在它所在的单元中也是正常的。

(3)除了上述(1)和(2)两种转出标号外，还有另外一些转出标号，它们是用一些明确规定的由大写拉丁字母写成的保留字表示的，它们各有其特殊的含义，是常见语言中经常用到的。为了增强XYZ/E的可读性及简明性，仍沿用这种习惯的用法作为一种语用措施，但分别给予它们以明确的逻辑含义如下：

①STOP或STOP_Name，其直觉含义即表示该单元执行终止。但规定在该条件元的后面，恒假定有一如下形式的条件元：

$$LP = STOP\ \$ \Rightarrow OLE = STOP \tag{16.10}$$

不过，因每一单元后均有此条件元出现，故将它一律予以省略，STOP_Name中Name即表示该单元名字，一般情况下省略不写，只写STOP。

②NEXT，其直觉含义即代表它后面第一个条件元的定义标号。引入这特殊标号的理由是为了陈述的方便。严格讲，这标号应该替换成它后面第一个出现的定义标号。这件事是很容易用一预处理程序实现的。下面的“EXIT”，“RETURN”均如此。

③EXIT，其直觉含义是表示它的出现位置后面第一个表示作用域结束的闭方括号“]”后面的第一个定义标号。严格说，系统应将此EXIT的出现替换成上述它所代表的该定义标号。

④RETURN与常见高级语言中过程说明中表示返回地址的符号相同。因本系统中有“栈”类型，其上有“PUSH”，“POP”，“TOP”等运算(其含义均由一公理系统所规定)，而且本系统中均假设有一存放递归过程返回标号的递归栈RTS，所以RETURN实际上是运算POP (RTS)的省写。

当以①—②这些由保留字表示的特殊标号作转出标号时，均被认为是正常的。

一单元称为是正则的，当且仅当其中所有出现的定义标号及转出标号都是正常的。显然，单入口的规定并非必要，不过，这样可使讨论更方便。

3. 关于条件的完整性假设

一单元中，几个条件元的定义标号相同则称为是同源的。将一单元中所有条件元按其同源性分划成各不相交的同源集。设一同源集中各条件元中的条件分别为 $R_1,\cdots,R_k$，凡满足如下关系：

$$R_1 \$ V\cdots \$ V R_k == \$ T \tag{16.11}$$

的同源集称为是完整的。一单元是完整的，当且仅当其中所有同源集都是完整的。易见，一不具备完整性的单元有可能出现所有列出的条件均不满足而无法执行的情形。

4. 关于条件的互斥性的假设

一单元中，一同源集内任意二不同条件 $R_i,R_j(i\neq j)$ 均满足如下条件：

$$R_i \wedge R_j == \$ F \tag{16.12}$$

则称该同源集中各条件具有互斥性。一单元称为协调的，则其中所有同源集中各条件均具有互斥性。作为一逻辑语言，其中合式公式必须是协调的。这一假设要求一单元中各同源集均是确定性的。故 Dijkstra 的监督命令所要求的那种不确定性，不能在单元这一层次表示。XYZ/E 中将利用逻辑中的不可兼析取 $ V′以选择语句的形式表示 Dijkstra 意义下的不确定性。

以后谈到 XYZ/E 语言中的单元时，恒假设它是满足以上假设的，只有这样的单元才具有意义。这种有意义的单元将构成 XYZ/E 语言中的基本单位。

例 16.1 设 a,b 为二正整数，z=gcd(a,b)表示 z 为 a,b 的最大公约数。用 XYZ/E 语言中(16.6)式和(16.7)式两种条件元表示这问题，可表示成如下两种形式。

(1)用(16.6)式的形式表示，即

```
□[LB=STTR_gcd ∧ a>0 ∧ b>0
    ⇒◇((div(z,a) ∧ div(z,b) ∧
      $ A(x=<MIN(a,b))(div(x,a) ∧ div(x,b)→div(x,z))) ∧
      LB=STIP]
WHERE div(u,m)== $ E(k=<m)(m=u * k)
```

(2)用(16.7)式的形式表示，即

```
□[LB=START_gcd ∧ a>0 ∧ b>0⇒ $ O(x,y)=(a,b) ∧ $ OLB=11
   LB=11 ∧ x=y⇒ $ OLB=13;
   LB=11 ∧ x≠y⇒ $ OLB=12;
   LB=12 ∧ x>y⇒ $ Ox=x−y ∧ $ OLB=11;
   LB=12 ∧ x<y⇒ $ Oy=y−x ∧ $ OLB=11;
   LB=13⇒ $ O2=x ∧ $ OLB=STOP]
```

容易看出，(16,6)式与(16,7)式这两种形式的条件元构成的单元虽然都精确地表示了例 16. 1 中 z=gcd(a,b)，但其表示的方式是完全不相同的。(16.6)式所构成的单元，实际上是表示了“z=gcd(a,b)”这个等式的定义，也就是直接表示出其(静态)语义，而(16.7)式这种形式的条件元所构成的单元则表示了由 a,b 求出 z=gcd(a,b)的算法过程，也就是其动态语义。这两种表示方式虽不相同，但这两类语义却在某种意义下是一致的。XYZ/E 语言的特色之一即可用统一的框架将这两种不同的语义(程序)方式表示出来。由于这两种方式的单元都是时序逻辑系统中的合式公式，论证其一致性就可比较方便地在统一的逻辑系统中进行。例 16.1(2)所代表的,即从汇编语言到常用高级语言所表示的命令式过程性算法语言,其特征即可在常见的冯·诺依曼型体系的计算机上有效执行。这一特征主要表现在以下几个方面:

①其变量在不同时刻可取不同的值,并可称一程序中全体变量在同一时刻的一种取值情况为其一种状态(state)。

②这种语言中每一程序的求值过程,可以按一有穷状态自动机状态转换的方式来实现,由此引出的一个重要特点是在表示“重复”进行一段计算时,可用“循环”的结构而不必用“递归”的结构。

③此外还有一个特征,即一程序是可以出错的,也就是它可以是一部分有定义(partialy—defined)的公式。

凡具有这种特征的程序语言,通常即是在常见计算机上可有效执行的语言。而例 16.1(1)所代表的,则不是这类语言,它是以逻辑或可计算函数(甚至还可加一些代数公理)直接表示出该问题的精确含义。显然,这类语言不具有上面所规定意义的“可执行”的特征。这类语言称之为抽象描述语言或规范语言。事实上,在计算机语言领域,除了一些只用于表示问题语义而不用执行其求值过程的规范语言(如基于指称语义的 VDM,基于代数的 OBJ 等)外,还有一些广泛被人们采用的语言,如 PROLOG(基于一阶逻辑中的 Horn 子句)以及 XYZ/PE0 等,它们也可归于这一类。这一类语言的求值过程则是可在常用计算机上实现的。因而,它们也常被人称为是“可执行的”。但这些语言并不具有上面规定的“可执行语言”的几点特征。因这类逻辑语言的“执行”过程事实上是以带回溯的方式解释执行逻辑公式的推理过程,故这些语言不能说是可执行的语言。后面这种意义上的求值过程称之为“可求值”。

XYZ/E 语言的特色即将这两类性质根本不同、实现方式也很不一样的语言表示在统一框架之中,我们在学习这一语言时既应了解这两方面的共性,也应了解其各自的特殊性。从其共性说,以时序逻辑统一了这两类语言,也就是说,从其“可执行”的那部分说,它既可看成一常见的命令式过程性算法语言,可以按上述“可执行”的规定在常见冯·诺依曼型计算机上有效执行,又可以看成一时序逻辑公式;另一方面,又应看到 XYZ/E 中包含的这两类不同性质语言的各自特殊性。为此,可将 XYZ /E 语言分划成两类子语言。一类子语言称为可执行 XYZ/E 或 XYZ/EE(Executable XYZ/E),其特征是其程序中的单元中只允许出现(16.7)式形式的条件元,也不包含约束部分,例 16.1(2)即其典型的例子。当然,关于单元具有“意义”的四条假设还是必须遵守的。这类子语言的本质特点即具有冯·诺依曼机器体系的特征,也就是可按有穷自动机状态转换的方式实现其求值过程。事实上,这也正是所有命令式过程性语言的本质。另一类子语言则称为抽象 XYZ/E 或 XYZ/AE (Abstract XYZ/E)。其特征是其程序中的单元中只允许出现(16. 6)式形式的条件元,此外每一单元允许带有约束部分,其中不但可出现以整个单元为其作用域的约束条件,也可用受囿一阶公式或 Horn 子句定义在单元中用到的特殊谓词或算子。因此,用此语言表示程序的抽象描述或规范时,不但可以用一阶逻辑公式表示其前置条件(或断言)[如(16.6)式中的 R]及后续条件(或断言)[如(16.6)中的 Q],而且还可以用在约束部分所定义的特殊谓词作其描述的组成部分。下面再看一个例子。

例 16.2 设有整数 $m \geqslant 0$,求 m 的阶乘,即 $f = m!$。

(1)用抽象描述语言的形式[即(16.6)式]表示,即

□[LB=START_fact ∧ m>=0⇒◇(f=m! ∧ LB=STOP)]

WHERE 1=0! ∧ g=(m−1)! ∧ f=g * m→f=m!

(2)用可执行语言的形式[即(16.7)式]表示,即

□[LB=START_fact ∧ m>=0⇒ $ Oz=1 ∧ $ Oj=1 ∧ $ OLB=11;

  LB=11 ∧ j<m+1⇒ $ Oz=z * j ∧ $ Oj=j+1 ∧ $ OLB=11;

  LB=11 ∧ j>=m+1⇒ $ Of=z ∧ $ OLB=STOP]

在这个例子中,用一阶逻辑公式作递归谓词 f=m! 的抽象描述。

既然在 XYZ/E 中抽象描述与可执行程序可用统一的程序框架来表示,故这两种表示形式也即可在一程序内混合出现。这样一种形式的程序不只是一种表示形式的问题,它本身很有意义,因为它表示了一种抽象性处于纯粹抽象描述与纯粹可执行程序之间的程序,这也可以看成一种处于中间抽象程度的描述。这就是说,XYZ/E 语言可用来表示出各种不同程度的抽象性。这一点是其他抽象描述语言所难以做到的。它很有实用意义且可增加抽象描述的灵活性。

例 16.3 求阶乘 0!,1!,…,k! 的和,即 s=SUM (i=0,…,k)(i!)。

(1)用纯粹抽象描述表示,即

□[LB=START_sf ∧ k>0⇒◇(s=SUM(i=0,…,k)(1!) ∧ LB=STOP)]

WHERE (sumfact(s,k)==s=SUM(i=0,…,k)(i!)) ∧

    (sumfact(1,0)) ∧

    fact(f,m) ∧ s=r+f ∧

    sumfact(r,m−1)→sumfact(s,m)) ∧

    (fact(1,0) ∧

    fact(g,m−1) ∧ f=g * m→fact(f,m))

(2)用纯粹可执行语言表示,即

□[LB=START_sf ∧ k>=0⇒ $ Oi=0 ∧ $ Or=0 ∧ $ Oj=0 ∧ $ OLB=11;

  LB=11 ∧ i=k+1⇒ $ Os=r ∧ $ OLB=STOP;

  LB=11 ∧ 1≠k+1⇒ $ Of=1 ∧ $ Oj=j+1 ∧ $ OLB=12;

  LB=12 ∧ j=i+1⇒ $ OLB=13;

  LB=12 ∧ j≠i+1⇒ $ Of=f * j ∧ $ Oj=j+1 ∧ $ OLB=12;

  LB=13⇒ $ Or=r+f ∧ $ Oi=i+1 ∧ $ OLB=11]

(3)用混合的形式来表示中间程度的抽象性,即

□[LB=START_sf ∧ k>=0⇒ $ Oi=0 ∧ $ Or=0 ∧ $ OLB=11;

  LB=11 ∧ i=k+1⇒ $ Os=r ∧ $ OLB=STOP;

  LB=11 ∧ i≠k+1⇒◇(fact(f,1) ∧ $ OLB=13);

  LB=13⇒ $ Or=r+f ∧ $ Oi=i+1 ∧ $ OLB=11]

  WHERE fact(1,0) ∧ fact(g,m−1) ∧ f=g * m→fact(f,m)

在 XYZ/E 语言中,应用“ $ U”(或“ $ W ”)需要将之从表示外貌上略加扩充,而实际的表示力却是一样的。在时序逻辑系统中,一般将这种算子组成的合式公式写成:“M $ UN”,其中 M 与 N 为时序逻辑合式公式。而在 XYZ/E 语言中,由于其可执行性,需将

“$U”出现的公式写成：

$$M\$U(N \wedge \$OLB=Label)$$

其含义如下：

$$(M\$UN) \wedge (N \Rightarrow \$OLB=Label)$$

由于用此扩充意义下的表示形式亦可表示出原来的形式“M$UN”，即

$$M\$UN == N\$U(N \wedge \$OLB=Label)$$

因此，这两种表示法事实上就表示力而言是等价的。将这样的“$U”(或“$W”)写在条件元中，即具有如下的形式：

$$LB=y \wedge R \Rightarrow M\$\ U\ (N \wedge \$OLB=z) \tag{16.13}$$

在M为一阶逻辑或赋值等式时，可将$U的左式写成“$O(M ∧ LB=y ∧ R)的形式。此时(16.13)式表示“循环等待”。

例16.2(续)用(16.13)式形式的条件元表示计算f=m！的程序。

□[LB=START_fact ∧ m>=0⇒$O(z,j)=(1,1) ∧ $OLB=11；

LB=11 ∧ j<m+1⇒($O(z,j)=(z*j,j+1) ∧ $OLB=11)$U(j=m+1 ∧ $OLB =12)；

LB=12⇒$Of=z ∧ $OLB=STOP]

易见，用(16.13)式形式的条件元往往可以使循环表示得很简洁，这是这种形式的条件元在串型程序中的主要作用。当然，不用这种形式的条件元，用(16.6)式和(16.7)式形式的条件也同样可将此功能表示出来，不过所用条件元数目略增而已，因此也可以说这种形式的条件元并非必要。可是，在表示“中断”、“意外处理”及“实时”等方面，(16.13)式形式的条件元则显出其较强的表示力。

16.2.3 三种不同形式的控制结构

XYZ/E一方面允许三种不同形式的控制结构表示的单元共存，另一方面却以(有穷状态自动机)状态转换的控制形式为基础。分别称以这三种不同控制形式的XYZ/E子语言为XYZ/BE，XYZ/SE及XYZ/PE。

1. XYZ/BE(即Basic XYZ/E，称为基本XYZ/E)

XYZ/BE就是以(16.6)式、(16.7)式、(16.13)式形式的条件元作为语言命令形式所组成的子语言。由于它直接表示有穷状态自动机状态转换的机制，一般说，用它表示程序较能自然地反映人们思考算法的过程及某些工程系统的特征，故较易为一般程序员所接受(例如电信国际标准规格语言SDL即是以状态转换为控制结构的基本特征)。这样的命令形式也很容易用一种表示状态转换的图形(称之为XYZ图)来表示，故适于应用在图形程序设计工具之中，使得从设计出的图形可自动生成相应的XYZ/BE文本程序，或反过来，从设计出的XYZ /BE程序自动生成相应的图形，以增强该逻辑程序的直观性(SDL语言中也有这两类表示形式相互对应)。但这子语言也有一个伴随其优点而来的缺点，即有穷自动机状态转换结构的形式的级别比较低，其结构化程度不高，主要反映在它是多出口控制结构上。由这种控制结构组成的图形很可能是一个复杂的图，不具有结构性、可组合性及层次嵌套性，也就是没有通常高级语言所具有的那些优点。由于这个缺点，也引出另一与此相联系的问题，即对XYZ/BE程序进行验证时，一般不像对具有结构化高级语言语句形式的程序进行验证那

么方便。

XYZ/BE 的图形表示，也就是 XYZ 状态转换图或简称 XYZ 图，见图 16.2。

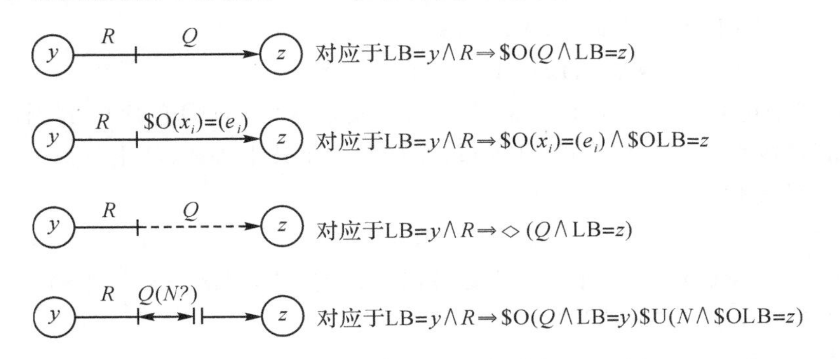

图 16.2　几种常见的条件元对应的 XYZ 图

例 16.1(2)的 XYZ 图如图 16.3 所示。

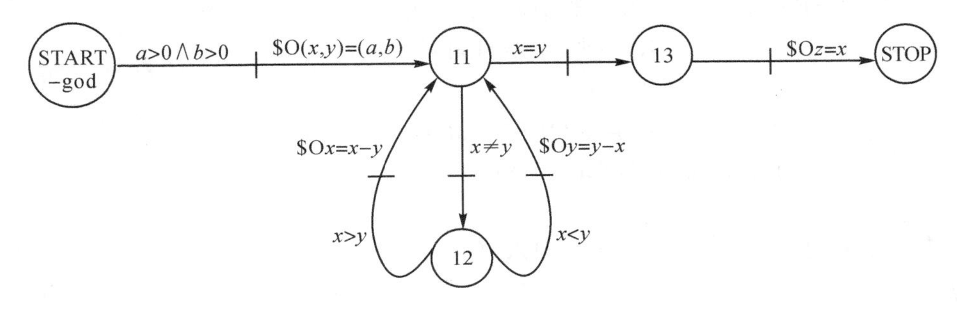

图 16.3 例 16.1(2)的 XYZ 图表示

2. XYZ/SE（即 Structured XYZ/E，称为结构化 XYZ/E）

XYZ/SE 就是 XYZ/E 中以结构化高级语言语句形式为控制结构的子语言，其特征是：①每一语句均是单入口、单出口的；②其中许多种语句是可以嵌套出现的。这子语言的优(缺)点正好与 XYZ/BE 的缺(优)点相对应。这种子语言事实上是由 XYZ/BE 变型而成的，它存在两种语句形式：一种是完整的语句形式，它的优点是既具有高级语言的结构化特征，又保留了 XYZ/BE 明显标出状态转换的形式；这一优点又同时带来了它的一个缺点，即用户需要写出过多的标号，使人感到非常累赘不便。为了扬长避短，将提供另一种简化的语句形式，即从 XYZ/SE 的语句中删去所有控制等式而成。这种形式与通常高级语言非常相近，但其状态转换的特征不显露。在这种形式下，系统将给用户两种选择：如果用户满足这样的简化形式，不关心状态转换特征，则可如此表示程序；如果用户虽愿以简化的语句形式书写程序，但同时又希望看到其文本中状态转换关系，则只需给出一简单的讯号，系统即可自动地将省略掉的控制等式全部予以补充，生成具有完整语句形式的 XYZ/SE 程序文本。

(1)循环语句

循环语句的完整形式是：

$$*[LB=Entrylabel \wedge R \Rightarrow (\$OLB=NEXT \mid \$OLB=EXIT); \quad LB=Lable\{|S|\}\$OLB=Entrylable] \tag{16.14}$$

有两种变形：

1)无穷循环，(16.14)式中条件部分为恒真，第一条命令右边“$ OLB=EXIT”部分为空，可以看成是(16.14)式的一种特殊情形。

2)直到型循环，(16.14)式中将第一条命令从语句的开始移到语句的结尾，得：

$$* [LB=Entry\{|S|\}\$OLB=y;$$
$$LB=y \wedge R\Rightarrow \$O(LB=Entry|LB=EXIT)] \quad (16.14\text{-}1)$$

(16.14)式中记号“$LB=l\{|S|\}\$OLB=m$”表示在“S”这段程序中分别以“$LB=l$”，“$\$OLB=m$”替换第一个定义等式(即入口)及最后一个转出等式(即出口)。

循环语句的简化形式是：

$$* (R)[S] \quad (16.14\text{-}2)$$

相当于通常当型循环。直到R为假时转出这语句。“\$Oy=exp”，“\$OLB=z”及“LB=z”简写为“\$y=exp”与“\$z”及“z：”。

(2)分情形语句

完整与缩写形式分别是：

$$? [LB=EntryLabel \wedge R_1\Rightarrow \$OLB=Label_1$$
$$|R_2\Rightarrow \$OLB=Label_2$$
$$\ldots\ldots$$
$$|R_k\Rightarrow \$OLB=Lable_k;$$
$$LB=Label_1\{|S_1|\}\$OLB=EXIT;$$
$$\ldots\ldots$$
$$LB=Label_k\{|S_k|\}\$OLB=EXIT] \quad (16.15)$$

与

$$? [R_1\Rightarrow \$Label_1;$$
$$R_2\Rightarrow \$Label_2;$$
$$\ldots\ldots$$
$$R_k\Rightarrow \$Label_k;$$
$$Label_1:S_1;$$
$$\ldots\ldots$$
$$Label_k:S_k] \quad (16.15\text{-}1)$$

$S_1,\cdots,S_k$ 内可以嵌套出现语句。

(3)S条件语句

分为“如果……则……否则……”型与“如果……则……”型，完整形式与简化形式分别如下：

$$LB=y \wedge R\Rightarrow \$O(Q_1 \wedge LB=NEXT|Q_2 \wedge LB=NEXT) \quad (16.16)$$
$$R\Rightarrow \$(Q_1|Q_2) \quad (16.16\text{-}1)$$
$$LB=y \wedge R\Rightarrow \$O(Q \wedge LB=NEXT) \quad (16.17)$$
$$R\Rightarrow \$Q \quad (16.17\text{-}1)$$

(4)等待语句

等待语句就是(16.13)式，其转出标号“z”限于“NEXT”，简化形式为

$$R\Rightarrow M\$UN \quad (16.13\text{-}1)$$

由于等待语句本身有循环的含义，所以可用(16.14-2)表示其简化形式，即

$$R \Rightarrow *(\sim N)[M] \quad (16.13\text{-}2)$$

(5)继续语句

(16.6-1)式中在语句部分可以有继续执行一串语句的语句形式：

$$LB = EntryLabel\{|\gg[S_1;\cdots;S_m]\}\ \$\ OLB = NEXT \quad (16.18)$$

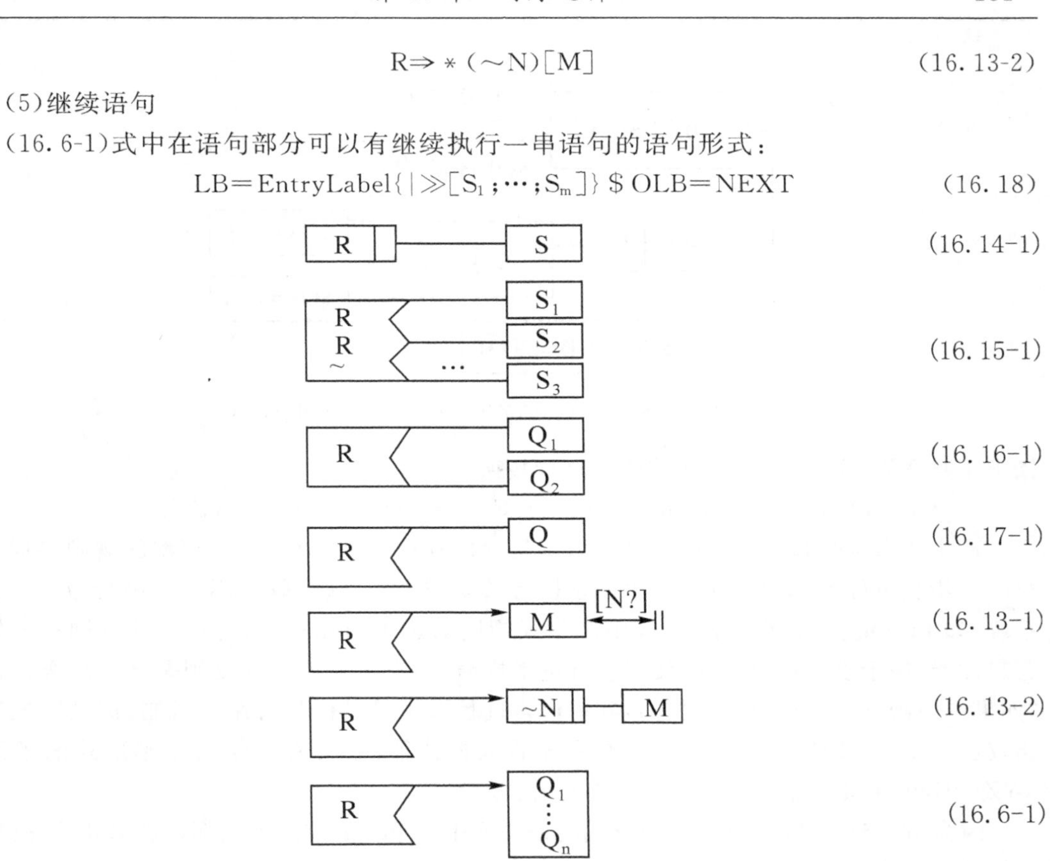

图 16.4　XYZ/SE 中几种常见语句的 PAD 图形表示

规定第一语句的入口标号为整个语句的入口标号，其最后一语句的出口标号改为 NEXT 作为整个语句的出口标号。简化形式，即分别将其各语句写成其简化形式的结果，即下式中 $S'_i(i=1,\cdots,m)$ 表示 S_i 的简化形式：

$$EntryLabel: \gg[S'_1,\cdots,S'_m] \quad (16.18\text{-}1)$$

例 16.1(续)用 XYZ/E 简化形式求 z = ged(a,b)。

$$START: gcd: \gg[a>0 \wedge b>0 \Rightarrow (\$(x,y)=(a,b) \mid \$EXIT);$$
$$*(x\neq y)[x>y \Rightarrow (\$x=x-y \mid \$y=y-x)];$$
$$\$z=x \wedge \$STOP]$$

在(16.17-1)、(16.13-1)、(16.16-1)中条件为 $T(即空)时可连同后面⇒省去。

XYZ 系统提供一种工具 XYZ/PAD，自动生成 XYZ/SE 程序(如图 16.4 所示)。

例 16.1 的 PAD 图形形式如图 16.5 所示，易见，XYZ/SE 程序只是一种具有良性结构的 XYZ/BE 程序。反之，对于一具有良性结构的 XYZ/BE 程序改写成 XYZ/SE 程序并不困难。但对任一 XYZ/BE 程序求出相应的 XYZ/SE 程序并不简单。XYZ 系统中提供了一

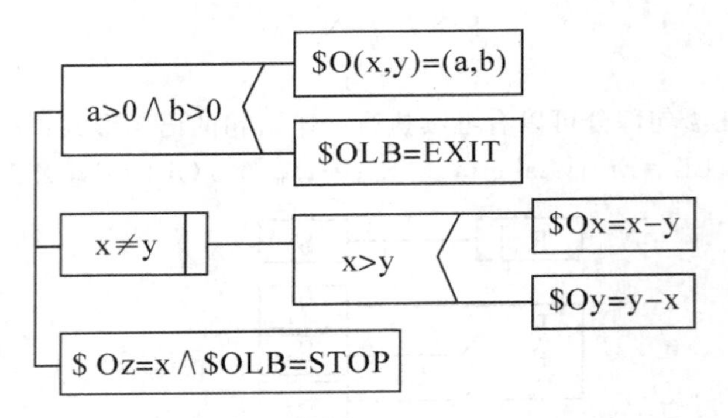

图 16.5 例 16.1 的 XYZ/SE 表示得 PAD 图形形式

图形工具 XYZ/BE-SE，帮助用户进行这种转换。

3. XYZ/PE（即 XYZ/E in Production Rule Form，产生式型 XYZ/E）

产生式系统是知识表示的一种有力工具，由一组具有“如果……则”型的规则组成。运行时每步从条件为真的规则中选出一条执行其动作，重复这步骤到不能再进行为止。有些系统（如 Prolog）以逻辑为基础，其中产生式规则为逻辑蕴涵式，这种产生式规则有较好的逻辑性能，便于表示抽象描述，便于进行逻辑推演；但有些系统的规则则是基于高级语言的“如果……则”语句，运行效率较高，其中包含过程调用等灵活且有用的机制，但逻辑推理性能较弱。XYZ/E 具高级语言与逻辑系统的双重特征，故具有产生式规则形式的子语言 XYZ/PE，可兼具上述两类产生式系统的优点。

因为(16.6)、(16.7)、(16.13)形式的条件元中所包含的控制等式都是逻辑公式，故每一条件即是一具有“如果……则”形式的产生式规则。XYZ/BE 可以说构成一产生式系统。不过，这里仍存在一些问题，比如，通常产生式系统规定：每一步选出一条件为真的规则执行，如此重复到不能再执行为止。这样的运行规定是在系统之外元系统中规定的，而作为逻辑系统的 XYZ/E 应将这运行规定解释为系统内的推演规则。对 XYZ/BE 说，这一点也是成立的，自然要求所列出的关于单元的假设成立。在这种意义下，XYZ/BE 即为 XYZ/PE。在这样意义上的 XYZ/PE，包含了有穷自动机状态转换的机制。这样解释下的 XYZ/PE 与通常理解的产生式系统有些差别。

为了使 XYZ/PE 更直接地表示通常意义上的产生式规则系统，将 XYZ/PE 中的单元限于如下的特殊形式：输入、输出标号相同，为该单元的名字。且只允许如下情形的输出标号：①保留字，如 STOP，RETURN 等；②其他单元的名字。这样的单元称为产生式单元。在这种单元中，除了①，②两情形外，各控制等式中标号均相同，故这种表示控制的 LB 等式可从条件元中略去，只需将单元名字，置于单元之前以作标记即可。因此，这些单元中剩下的控制等式只用来表示“停机”、“单元调用”等。这样的一产生式单元可看成是由一循环语句与一分情形语句嵌套而成。

另一值得注意的问题是，通常的产生式系统中每一步执行时，可能有数条产生式规则的条件同时为真。由于 XYZ/E 的单元中各条件元的联结是以分号“;”表示的合取关系，如同时存在几个合取项的条件为真，则可能出现矛盾。因此，在单元的假设中必须排除这种情况。但程序中这种不确定性应该能在 XYZ/E 中表示，即引入称为选择元一种结构：

$$\text{UnitName}:!!\ [R_1|>Q_1,\cdots,R_k|>Q_k] \tag{16.19}$$

可以看作与单元相对应的一种结构，其中符号“|>”与“⇒”相对应，其含义貌似“如果…则”，不是逻辑中的“蕴涵”，严格说是“合取”，而分隔符“,”则表示“不可兼析取”。(16.19)式右部的精确语义应是：

$$\Box[R_1 \wedge Q_1 \$ V' \cdots \$ V' R_k \wedge Q_k] \quad (16.20)$$

这种结构中，每一项“$R_i|>Q_i$”相当于一产生式规则，每执行一步，可以有不止一项的条件 R_i 同时为真，但因其连接词“,”为不可兼析取(即 $V')，最后只能有一个 Q_i(动作)为真。这正好逻辑地表示了通常产生式系统所要求的那种不确定性。所以，在 XYZ/PE 中，存在两种结构构成一程序的基本单位，一种为产生式单元，另一种是与选择语句相对应的结构，称之为选择元。一程序中若干个这样两种基本结构的联系，则是一种相互调用的关系。

剩下的一个问题是运行停止的机制如何表示。通常的产生式系统中可能出现所有产生式规则的条件均不为真的情形。一般规定，当这种情形出现时，执行即告停止。在 XYZ/E 中，不用这样的方式表示运行停止，因为在单元的假设中要求所有同源的条件元都是完整的。为了表示停止，XYZ/E 中明确地引入控制等式“$OLB=STOP”。至于同源条件元的完整性这一要求不难满足。对于任一组不具有完整性的同源条件元，设其条件分别为 R_1，R_2，…，R_r，在其中加上一新的条件元“$\sim(R_1 \$ V\cdots \$ VR_r) \Rightarrow \$ OLB=STOP$”即可。通常的产生式规则语言程序很容易用 XYZ/PE 来表示。

例 16.2(续)以 fact(m,f)表示 f=m!，则 fact 求值过程即可类似于 Prolog 的形式，表示如下：

```
fact:[m=0⇒@fact(1,0);
      m>0 ∧ fact(g,m-1) ∧ f=g*m⇒@fact(f,m)]
```

此处“@”表示 $0 或◇均可。这里的时序算子用来表示执行的时间顺序。

XYZ/PE 中，条件部分与动作部分分别以现在时与将来时表示。为了更接近人们习惯，条件部分与动作部分分别以过去时与现在或将来时表示更能加强直观性。这样的时序逻辑产生式系统即为 Sakuragawa 的 Temporal Prolog 及 Gabbay 的 PCF 系统。在 XYZ/E 的框架内，这样的子语言称为 XYZ/PPE。这样的时序逻辑语言作为一种抽象描述的工具，的确有直观的优点，但如果从运行效率来考虑，这种时序逻辑语言有一重大的弱点，因其在状态转换的每一步必须将历史存储起来，以备以后查询，其执行效率很低。因此，XYZ/E 语言中虽设置了这样一种子语言，但在实际执行时不加以应用，只能用于抽象描述以增强可读性。

以上介绍了 XYZ/E 表示三种不同控制结构的子语言 XYZ/BE，XYZ/SE 及 XYZ/PE。在一个单元之内只能用其中的一种来表示控制结构，但由不同子语言表示的单元，可以在一程序中出现。为了标明一单元中控制结构是由哪一子语言表示，对 XYZ/BE，XYZ/SE 及 XYZ/PE，各以不同标记标示，将这些标记置于(16.8)式所示单元辖域的方括号“[……]”的左边。这些标记分别是：“% ALG”，“% STM”及“%RLE”。由 XYZ/BE(或 XYZ/SE)与 XYZ/PE 结合，可表示由算法部分与知识部分混合组成的程序。

16.2.4 Horn 子句语言 XYZ/PE0

知识表示语言 XYZ/PE0 事实上是 XYZ/PE 的一种简化情形，即对其每一规则作些限制而成。一般，这样的语言所表示的知识或规范够用了，但实现可求值的系统则可大为简便。用下面定义的规则，形式的公式在逻辑中称为 Horn 子句，其中表示蕴涵的符号是"→"，而不是"⇒"。当在约束部分用这种公式形式表示特殊谓词时，即用逻辑中 Horn 句的形式。Prolog 是用这种逻辑公式表示规则的。如一蕴涵式其左边条件与 Horn 子句相同，即为一组原子的合取式，而右边为一组原子的析取式，则称之为准 Horn 子句，故 Horn 子句只是准 Horn 子句的一种特殊情况。

1. 单元的组成

一个单元由一组规则组成。

(1)规则：每条规则形式为：

$$a_1 \wedge a_2 \wedge \cdots \wedge a_m \Rightarrow a_0$$

这里每个 $a_1, a_2, \cdots, a_m, a_0$ 称为原子，"$\wedge$"表示"逻辑与"，"⇒"表示蕴涵。直观意义是，如果 $a_1, a_2, \cdots, a_m$ 成立，那么 a_0 成立。

(2)原子：一个原子具有形式：

$$P(t_1, t_2, \cdots, t_k)$$

这里，$t_j(1 \leqslant j \leqslant k)$称为项，P 是一个 k 元的谓词符号；

(3)项：项可以由以下递归形式定义：

①一个变量是一个项；

②如果 f 是一个 n 元函数符号，$t_j(1 \leqslant j \leqslant k)$是项，那么 $f(t_1, t_2, \cdots, t_k)$是项。

(4)知识表示单元的结构及表示规则的语法规则：

知识表示单元	::=%RLE[规则集]
规则集	::=规则 |规则集 规则
规则	::=空
	|原子列⇒原子；
原子列	::=原子
	|原子列∧原子
原子	::=谓词名(项集)
项集	::=项
	|项集 项
项	::=变量
	|函数
函数	::=函数名(项集)
变量	::=变量标识 标识符
谓词名	::=谓词标识 标识符
函数名	::=函数标识 标识符

标识符的定义与普通高级语言的相似。

2. 事实

(1)特殊谓词：$T 和 $F 分别表示真和假，谓词的元数是 0。

(2)事实：用如下特殊的规则表示：$T⇒原子。

例 16.4. 用以上的规则，可以表示动物知识领域的诸如哺乳动物(mammal)、食肉动物(carnivore)等一些概念。

```
%RLE[
    mammal==[
      have_hair(x)⇒mammal(x);
      give_milk(x)⇒mammal(x)   ];
    carnivore==[
      eat_mext(x)∧mammal(x)⇒carvivore(x);
      have_claws(x)∧have_pointed_teeth(x)∧foward_eyes(x)∧mammal(x)
                          ⇒carmivoer(x)   ];
    tiger==[
     tawny_color(x)∧black_strips(x)∧carnivore(x)⇒tiger(x)   ];
     …
    zebra==[
      balck_stripes(x)∧white_color(x)⇒aebra(x)]
    ]
```

3. 算法对知识的引用

算法对知识的引用主要出现在条件元的条件部分 R，因此在条件部分的原子公式里加上谓词一项：

原子公式∷=表达式>表达式
　　　　|表达式<表达式
　　　　…
…
　　　　|? 原子

这里的原子即是知识单元里定义的原子。

XYZ/PE0 既可用于表示知识，还可用于速成原型求值。即每一个用(16.6)式形式命令表示的规范中的前置与后续断言，一般都应是构造性的谓词，否则难以用于程序验证。总可以通过将其化成合取范式的方法转换成一组 XYZ/PE0 规则(即 Prolog 式的规则)。这样，就可将 XYZ/E 中的规范与 Prolog 式的可求值的规则之间的关系表现出来。

时序逻辑语言 XYZ/E 可以根据不同的分划标准分成两组子语言。一组是根据结构的形式分划成三种子语言：XYZ/BE，XYZ/SE 与 XYZ/PE(及 XYZ/PE0)；另一组是根据(16.6)式与(16. 7)式两种命令中动作部分(即可执行情况的不同)分成两种子语言：XYZ/EE 与 XYZ/AE。这两种根据不同标准分划成的两组子语言事实上可正交成为六种子语言(见表 16.1)。

表 16.1　XYZ/E 六种子语言分别情况

控制不同 / 动作不同	XYZ/BE	XYZ/SE	XYZ/PE(XYZ/PEO)
XYZ/BE	XYZ/BEE	XYZ/SEE	XYZ/PEE(XYZ/PEE0)
XYZ/AE	XYA/BAE	XYA/SAE	XYA/PAE(XYZ/PAE0)

在以下讨论中将不再用表 16.1 中正交所形成六种子语言的名字，而是用表 16.1 上方

及左方所示五种子语言的名字。读者可以从讨论的上下文中理解实际所指的是六种子语言中的哪一种。

16.2.5　指针

XYZ/E 中的指针，是常用高级语言中常用的一种数据类型。之所以必要，是因为它是程序中表示动态连接的必不可少的手段。比如，在通信系统中，在许多形式语言中两进程通过某一通道相连接是在程序运行前静态规定好的。在实际的计算机网中却不能这样静态规定，因为一进程与什么进程连接只有在执行过程中才能确定，是动态决定的。要表示这种动态关系，在常见语言中用的主要手段即为指针。

为了在 XYZ/E 表示出与高级语言中指针相应的概念，需要澄清一些思想。在高级语言中，每一变量既对应其所包含的值，又对应该变量在机器内所对应的位置，即一个八进制数所表示的地址。在这些语言中，该位置用一名字来表示。例如，变量 v，它在一表达式中出现时（例"3v＋5"），v 所表示的是这变量的值，而不是表示这变量的名字"v"，这名字是一符号串。在 XYZ /E 及高级语言中，符号串是一常量，是在串外加一对引号来表示的。通常，变量的名字不能与常量相混。为此，我们采用与 C 语言类似的办法，将任何变量 v 的名字表示成"&v"而不是"v"。

指针是一以名字为类型（也就是说它的值的类型为 NM）的变量。但以 NM 为类型的变量并不都是指针。还有另一种具有这种 NM 类型的"变量"，即标号（label）。标号这种"变量"也很特殊，它是没有值的，仅有名字。也可以说，它是以自己的名字为值的量（或"变量"），也就是说，标号 m 的特征即 m＝&m。而对指针 p 而言，则 p≠&p。

指针 p 既然是一以名字为值的变量，则作为 p 的值的名字所对应的变量仍应有值，如 p＝&v（即 p 以变量 v 的名字为其值）。是否可以像从 &v 表示出变量 v 的值那样，从 p 表示出它所含值（即 &v）所对应的变量（即 v）的值呢？这正是指针的作用所在，也是表示指针时所必须考虑的问题。为此，先要给出一种表示这种"间接指引"的方式，其次应给出这种表示的精确形式语义，最后还应解决实现与验证等方面的问题。事实上，这些问题还都是形式化理论中十分困难的问题。过去，Horning 等在 Euclid 语言系统的研究中曾提出将指针归结为数组的途径，讨论过有关指针验证问题。这是迄今所知实现关于包含指针的程序进行 Hoare 逻辑验证较为实用的方法。

像 C 语言一样，设 p 为一类型为 POINT(X)的指针，v 为一类型为 X 的时序逻辑变量，&v 表示 v 的名字。设 p＝&v，则约定公式"$O*p＝u"为如下合式公式的缩写：

$$
\begin{aligned}
&[(p=\&v_1 \rightarrow \$Ov_1=u)\wedge \\
&(p=\&v_2 \rightarrow \$Ov_2=u)\wedge \\
&\cdots \\
&(p=\&v_k \rightarrow \$Ov_k=u)]
\end{aligned}
\tag{16.21}
$$

或写成其等价形式：

$$
\begin{aligned}
&[(p=\&v_1 \wedge \$Ov_1=u)\$V' \\
&(p=\&v_2 \wedge \$Ov_2=u)\$V' \\
&\cdots \\
&(p=\&v_k \wedge \$Ov_k=u)]
\end{aligned}
\tag{16.22}
$$

此处 $v_1,\cdots,v_k$ 为所给程序中全体类型为 X 的时序逻辑变量，u 为一类型为 X 的表达式。

为了使此处的关于指针的形式化定义与上述 Horning 在 Euclid 中关于用数组表示指针的方法协调起来，设指针所指类型为 X，在同一作用域内类型为 X 的非指针变量有 $b_1,\cdots,b_k$，而且所指类型同为 X 的指针有 $p_1,\cdots,p_m$，(16.21)式中指针是其中的一个，设为 p_i，试将 $b_1,\cdots,b_k$ 排成一个向量，设为 array，令 $b_j=\text{array}(j)$，$j=1,\cdots,k$。显然对任一个 $b_j(j=1,\cdots,k)$，现在有两个名字，一个是 $\&b_j(j=1,\cdots,k)$，另一个即它在这 array 中的下标 j，前者是其正名，后者是其别号，二者是一一对应的。因此，对指向这些变量的指针而言，也就可以有两种相互对应的指引方式，以 p_i 表示前一种方式的该指针，以 X_{p_i} 表示后一种方式的同一个指针。因为所指的是同一变量，故所指引的变量值是相同的，即 $^*p_i={}^*X_{p_i}$。据此，公式“$\$O^*p=u$”，对应于公式“$\$O^*X_{p_i}=u$”，后者与(16.21)式相应的缩写即为：

$$\begin{aligned}&[(X_p=1\rightarrow \$Ob_1=u)\wedge\\ &\ (X_p=2\rightarrow \$Ob_2=u)\wedge\\ &\qquad\cdots\\ &\ (X_p=k\rightarrow \$Ob_k=u)]\end{aligned}\tag{16.21-1}$$

对于具有类型 POINT(X)的指针 p 而言，多级指针的值 $\underbrace{*\cdots*}_{n+1\text{重}}p$ 的含义规定如下：

(1)任一这种多级指针的出现，表示存在 n 个不同的具有类型 POINT(X)的指针 p_{i_1}，$\cdots,p_{i_n}$

以及一具有类型为 X 的变量 v，使得以下关系成立：

$$\begin{aligned}&p=\&p_{i_1} &&\text{或}\ ^*p=p_{i_1}\\ &p_{i_1}=\&p_{i_2} &&\text{或}\ ^*p_{i_1}=p_{i_2}\\ &\qquad\cdots\\ &p_{i_{n-1}}=\&p_{i_n} &&\text{或}\ ^*p_{i_{n-1}}=p_{i_n}\\ &p_{i_n}=\&v &&\text{或}\ ^*p_{i_n}=v\end{aligned}$$

$$\underbrace{*\cdots*}_{n+1\text{重}}p=*(\cdots(*p)\cdots)=\underbrace{*(\cdots(*}_{n\text{重}}p_{i_1})\cdots)=\cdots=*p_{i_n}=v$$

(2)对于任一指针 $p_*\sim\exists n\geqslant 0$，使得

$$\underbrace{*\cdots*}_{n+1\text{重}}p=\&p_{i_n}\tag{16.25}$$

例 16.5 链表的插入排序算法。

设 head 是一个有 n+1 个节点的链表，每个节点是一个含有两个域 value 和 next 的记录型变量，域 value 存放一个非负整数，域 next 存放下一个节点的名字，最后一个节点的 next 域存放一个空名字 NULL。我们进一步假定第一个节点的 value 域的值为 0，以下的算法对链表 head 的后 n 个节点的 value 域的值从小到大排序。

```
%TYPE[node=RECORD(value:INT;next:POINT(node)];
%LOC[head,p,p1,q,q1:POINT(node)];
%ALG[
    LB=START⇒$Op=(*head).next∧$OLB=11;
    LB=11⇒$Op1=(*p).next∧$OLB=12;
```

LB=12 ∧ (p1=NULL)⇒ $ OLB=STOP;
LB=12 ∧ (p1≠NULL)⇒ $ OLB=13;
LB=13⇒ $ Oq=head ∧ $ OLB=14;
LB=14⇒ $ Oq1=(*q).next ∧ $ OLB=15;
LB=15 ∧ ((*q1).value<(*p1).value]⇒
    $ O(q,q1)=((*q).next(*q1).next) ∧ $ OLB=15;
LB=15 ∧ ((*q1).value>=(*p1).value⇒ $ OLB=16;
LB=16 ∧ (p1=q1)⇒ $ O(p·p1)=((*p).next,(*p1).next)
    ∧ $ OLB=12;
LB=16 ∧ (p1≠q1)⇒ $ O(*p).next=(*p1).next ∧ $ OLB=17;
LB=17⇒ $ O(*p1).next=q1 ∧ $ OLB=18;
LB=18⇒ $ O(*q).next=p1 ∧ $ OLB=19;
LB=19⇒ $ Op1=(*p).next ∧ $ OLB=12
].

本节讨论的指针在一般情况下可以像C语言中的指针一样使用，但有时则不能随意使用。如在描述动态内存分配时，在一个程序中只能提供固定数目的变量作为保留内存供指针动态分配，因为必须假定一个程序中可使用的变量的总数是固定的，而C语言中并不假定一个程序可使用的内存空间是固定的。但由于实际使用的计算机的内存空间是固定的，所以在一定意义上本节给出的指针对解决实际问题已经够用了。

16.3 时序逻辑语言XYZ/E的基层模块

本节讨论XYZ/E语言中所表示的程序的基层模块方面的问题。程序的基层模块有三种：过程、进程与包块。

16.3.1 程序框架

着重讨论模块方面的问题。已有的常见语言中包含的模块可分为两大类：一类是由具有完整功能及独立结构的程序段构成的基层模块，为了能在一程序中多处引用，一般将它从程序中分离出来成为带参量的子程序(subroutine)。不同位置上引用只需将形参(formal parameter)代之以实参(actual parameter)即可。在串型程序中，这种子程序称为过程(procedure，简记为pros)，可以分递归与非递归两种情形；在并发程序中，这种子程序则称为进程(process，简记为pros)，它们是过程在并发环境下的一种扩充。这类模块的基本特征体现有穷状态自动机的状态转换机制，故其基本语义是动态的，其目标是为了能在反映这种计算模型的冯·诺依曼机器上有效执行。显然，有效性是程序设计的主要要求之一，是这类模块的优越性及生命力之所在。但它也有一严重缺点，即其中各部分信息与结构联系紧密而且复杂，因此它易出错，且任何错误及修改所引发的副作用影响甚大且难以查找追踪，致使这类模块当规模大到一定程度后，其可靠性及可重用性均不够理想。因此，程序语言中又出现了另一类模块概念，这类模块是面向数据结构的，或者说是面向程序所讨论的问题领域的，就其本身的特征而言，其语义是静态的。其基于数据结构的如下基本特征：数据在程序中的作用是通过一组事先规定的可施于该数据之上的操作（或运算）来反映的。因此，对于一种数据，可将所有可施之于其上的操作（或运算）封装在一起组成一模块。从外部可见的只是该数据及其上的操作（或运算），至于这些操作如何实现的细节，则是该操作所在模块内部的事，故模块内部的可执行细节从外部均非可见。各模块之间只有通过其可见部分交换信息。这种封装模块称为包块，它们与外界的信息联系就包块本身的本质而言只能是静态的[即通过编译时实现的移入（IMPORT）与移出（EXPORT）机制]。通过这种联系可明确规定出一模块从外面引入哪些信息，以及向外界传送出哪些信息，只有这些信息才能产生模块内外的相互影响，在一模块内部的其他信息对对方均不起作用。这样就可使出错或修改所引起的副作用局部化（localization）。容易看出，这样一种模块较适于表示面向大量数据的大型程序中的可重用部分，因其特征恰好弥补了过程或进程这种由于程序段分离而成的模块的不足。它在可重用性与可靠性方面都有较大的优越性。但同时也带来了它本身的弱点，即它本身不反映有穷状态自动机状态转换的特征。因此，它在冯·诺依曼计算机上动态执行的效率较低，而且对于面向并发控制的大型软件而言，这些模块也显得无力。容易看出，这两类模块有很强的互补性，可以共存于一程序之中。Ada 就是具备这两类模块的语言，其中表示独立子程序段的模块有过程与任务（即相当于进程的成分），而表示数据封装的模块称为包块。过去，有不少人试图将这两类模块统一成为一类模块，即使之既具有包块的封装特征（其语义是静态的），又具有进程的动态信息传递特征（其语义是动态的），统称之为对象。这一努力形成一种程序设计的新方向，称之为面向对象的程序设计（Objected-Oriented Programming），但从研究成果看，往往只是形式上或名称上的统一，正如可统称之为模块一样，并不具有实质上统一的意义。其原因是，有的以面向对象著称的语言（如 smalltalk）将动态信息传递的机制加在数据模块封装之上，而动态通信机制本质上是一种控制结构，它只有与其他动态控制结构结合在一起才是自然而有效的。因此，动态语义与静态语义如何协调的问题长期未得到解决，从技术上及概念上说均存在矛盾。一种将这两种机制协调结合的合理途径，叫代理机制（agent），解决了这一面向对象程序设计长期未能解决的难题。静态与动态两种信息交换方式都是有意义的，在 XYZ/E 语言中都包含。不过，静态的信息交换机制与数据封装模块之间更具有联系，因为两种机制属于静态语义的范围。对于 XYZ/E 语言来说，它们均是基本的机制。所谓静态的信息传递机制，是指一程序在其说明（即定义）阶段（而不是等到执行阶段）即应标明的机制。在 XYZ/E 语言中，这种信息传送将像 Gandalf 或 Modula2 一样，是通过静态的移入或移出说明来表示的。移入说明表示一模块中将引入外部的那些信息，移出说明则表示一模块中哪些信息可以为外部所引用。这是封装的模块与外界发生联系的仅存的门户，除此之外，别无其它途径。而这种静态的信息传递方式不是在执行时而是在编译时实现的，所以它不是语言的动态机制。

“程序”这一概念在它所在的两种不同环境中所具有的不同含义，即在非分布式环境中的程序与分布式环境中的程序。前者即通常在一台计算机上运行的程序，各个子部分之间可通过本系统内共享存储进行联系的系统；否则称为分布式环境中运行的程序，亦称为分布式程序。对于后面这类程序，其中某一层次以上的各个子部分之间因无共享存储，故只能通过通信进行联系。由于近年来互联网上资源越来越丰富，这种分布式程序显得越来越重要。有一类大型软件系统，它不但在系统内部具有复杂的并发控制结构，而且它可以在运行中途与系统外部进行通信联系，甚至其入口、出口均可统一地以与外界通信的方式予以表示。它的一个重要特征是对外部通信要及时作出反应。这样的系统通常称为反应性系统，如操作系统、航空公司售票系统等都是这样的系统。这样的系统与并发系统关系密切，但它们各具自己的特征，也不能将它们混为一谈。

在XYZ/E语言中，上述表示动态的状态转换机制的模块(即串型的过程及并发的进程)与表示静态的数据封装机制的模块(即包块)都是允许的。这一点与Ada很相似。但有一点与Ada不同，即在一XYZ/E程序中这两类模块定义的位置不是相互嵌套的，而是分离的。将前一类程序模块(即过程与进程)集中在一起，组成一个整体称为主块(MainBlock)，置于程序的起始位置，而将后一种模块(即包块)置于主块之后，它们可在程序的逐步求精过程中增减。主块与包块之间以及包块间的静态信息交换，则是通过在编译时实现的移入与移出的说明来表示。具有这种结构的程序称之为基于对象的程序(Object-Based Program)。

一般面向对象程序设计的讨论中，很强调模块的嵌套层次结构及信息继承性。对XYZ/E说，不论过程、进程与包块，原则上都允许嵌套层次结构及公有信息〔包括变量及程序模块(即过程或操作)〕的继承性。

基于以上的讨论，在谈程序结构时，必须区分以下三类程序结构：

(1)一般基于对象的程序。

(2)非分布式环境下面向对象的程序。

(3)分布式程序。

这三类程序由于其上层的总体结构有差异，故不能在一系统中共存。在XYZ/E语言实现的系统中，只能适应上述程序结构中的一种。不过，这三类程序的下层构件却可以是共同的。三种程序结构，即OBProgram，OOProgram与DProgram，但组成这三类程序的基层构件则是共同的，均可在XYZ/E语言内予以表示。这里只着重介绍OBProgram。

Program∷＝OBProgram⊥OOProgram⊥DProgram

OBProgram∷＝%OBPROG ProgramName＝＝MamBlock{;Package}.　　(16.26)

此处先谈主块(MainBlock)的结构：

```
MainBlock::=□ [[ImportDeclPart;]
              [ExportDeclPart;]
              [LibraryDeclPart;]
              [TypeDeclPart;]
              [RigidVarDeclPart;]
              [SharedVarDeclPart;]
              [ProcDeclPart;]
              [ProsDeclPart;]
              [MacDeclPart;]
               ProBody]
              [WherePart]                         (16.27)
```

(16.27)式中ImportDeclPart(移入说明)及ExportDeclPart(移出说明)分别表示主块中将引用从什么包块中移入的哪些名字所表示的变量、类型、操作等，以及从主块中将移出哪些名字表示的变量、类型、操作等，供各包块引用。

LibraryDeclPart 用于说明一串用户提供的函数库名字，这些库中将列出程序中的可以引用的各种事先已准备好的函数，包括与程序外部环境相联系（其中甚至可包含许多与硬件及实现有关的技术细节）的函数。这些函数是为一些特殊专用领域的应用准备的。

TypeDeclart 说明主块中将配置哪些新的类型及其名字，以及它们是怎样由本语言所规定的类型构造出来的。

RigidvarDeclPart 说明主块中将定义哪些固定值变量，其名字与类型是怎样的。

SharedVarDeclPart 说明主块中所定义的各过程、进程与程序体中所允许用的公用变量的名字及类型。这类变量在并发程序中，称之为共享变量。

ProcDeclPart 说明本程序中所调用的各递归与非递归过程。它们本身只能是串型程序。

ProsDeclPart 说明本程序中所能引用的并发通信进程。注意，这里所说明的各进程的形式文本（称为形式进程），只有在执行了实例化语句（Process Instantiation）后才能由一形式进程生成一进程实例。每一形式进程从形式上看与过程具有类似的结构，但其具体实现显然是不同的，因过程的多次调用将共享该过程在说明中所表示的文本，而每一进程实例则在实例化语句执行时重写一次自己的文本。

MacDeclPart 是为在程序中使用宏指令而设。目前实现的 XYZ 系统对这部分尚未实现。

ProBody 即程序体，它是程序的核心单元，由一个用 XYZ/BE，XYZ/SE 或 XYZ/PE 表示的单元所构成，程序的执行即在这部分进行。

这些部分外层方括号外的标记依次分别为："％IMP"，"％EXP"，"％LIB"，"％TYPE"，"％GLOB"，"％VAR"，"％PROC"，"％ PROS"，"％ MAC"；至于 ProBody，则依其控制结构（即 XYZ /BE，XYZ/SE 及 XYZ/PE 的不同控制结构）表示形式不同，分别以"％ALG"，"％STM"或"％RLE"作为标记。

至于各部分内部的各成分，因其含义及表示方式等大多与常见高级语言相应的成分十分相似。但作为时序逻辑语言，有些部分是 XYZ/E 语言所独有的，则需要在此加以解释。比如，递归或非递归过程及其调用、通信进程及其实例化等如何在一时序逻辑语言中表示，使之一方面与常见高级语言中的相应概念一致，另一方面从逻辑的角度看又是合式的。

16.3.2　过程与函数

过程的结构与前面所介绍的程序中主块的结构十分相似，但有以下改变：

（1）将主块中移入与移出说明改为参量部分，并将它移到过程名字之后，使其形式与常见高级语言中过程的表示形式一致。

（2）删去了类型、固定值量、进程的说明，这些说明只许在程序一级出现，而不许在过程一级出现。

（3）过程中允许再有过程说明，用以表示过程嵌套。

（4）过程中仍允许定义局部于该过程的公用量，不过将它改称为局部量。

因此，过程说明具有如下的形式：

ProcDeclaration∷＝ProcName[ParameterDeclPart]＝＝

[[LocalVarDeclPart;]
[ProcDeclarationPart;]
ProBody]
[WherePart] (16.28)

其中参量说明部分 ParameterDeclPart 用来规定该过程的形式参量。每一参量均以“名字:类型”的形式来说明;一组具有相同类型的参量,亦可以如下简写的形式来说明:“名字$_1$,…,名字$_k$:类型”。相邻两组说明之间以分号“;”隔开。过程的形式参量分为三种:输入参量、输出参量及输入输出参量,依次排在参量说明部分,前面分别冠以标记“%INP”,“%OUTP”,“%IOP”。(16.28)式既可用来说明递归过程,亦可用来说明非递归过程。其区别在于在递归过程的参量说明部分中,最左第一个参量是递归参量,恒为整型,无需说明,均以 n 表示,在调用时代入一非负整数。在这样的过程右边过程体内,必应出现此过程在递归参量是 n 为 0 时的调用,以及当 n>0 时,该参量为 n−1 时的调用。

与常见高级语言对过程的处理相类似,以(16.28)式方式说明的一个过程在程序中多处可以引用,称这种“引用”为调用。这里的“调用”是何含义?从逻辑的观点看一过程调用是否构成一合式公式?前一问题的回答与高级语言对过程调用的回答相同,而后一问题则并非每一逻辑语言都能给出满意的回答。关于“调用”的含义,一般高级语言有两种回答。一种回答是在程序中对一过程进行调用的位置上将该过程说明的文本抄一份插入其中,这样的处理涉及程序结构问题,如插入后的程序是否仍为一合式公式;另一种回答是,对一过程的调用实际上可分解为在编译时实现的一系列的动作,比如先将该过程的输入实参的值分别送入相应的形参,以及将该过程运行完毕以后返回的位置存入递归栈 RTS 中,然后再转入该过程的起点予以执行,执行完毕后,将控制返回到指定的返回标号处,再处理输出参量(即将输出形参的值送到输出实参),最后再离开这次调用继续执行下面的程序。事实上,这一系列的动作也就是常见高级语言在编译时实现过程调用的步骤。对常见高级语言而言,实现这些步骤并不存在什么困难。虽然这一序列的动作都是合乎逻辑的步骤,可是,对于逻辑语言而言并不是都能以简洁的方式表示这一序列动作,而对 XYZ/E 语言说,则不成为问题。因在 XYZ/E 语言中不但允许表示状态转换的控制等式,同时,也可以有递归栈这样的数据结构。随之而来的另一问题,即这一系列动作虽不难在 XYZ/E 语言中表示,但包含了过多的程序细节,故其可读性较差,如果将这些动作直接写在程序中,该程序必然非常低级不易理解。事实上,这个问题在常见高级语言中也存在,在其中的关于过程调用也不是将这一系列动作直接写出的,用户只需写出如下简洁的形式:“过程名字(实参)”。而实现过程调用的动作系列,则是在编译时将这简洁的过程调用形式替换而成的。现在的问题是:这样一种用简洁书写形式代替复杂动作系列的途径在逻辑语言中是否也可采用?这个问题即是逻辑学中常用的以元定义或元数学定理的方式进行逐步以简代繁的方法。此处关于过程调用的处理,是 XYZ 系统中应用这方法的一个较典型的例子。

事实上,任何一种形式语言都需要有一套方法,使一组复杂的关系或运算用一简洁的形式予以代表,以增加其书写形式的可读性。因任何一个有意义的系统总不免相当复杂,如无这样一种以简代繁的方法,则复杂到一定程度后人们就难以理解。大致说来,代数系统与逻辑系统对待这个问题有一些区别。代数系统处理这个问题的途径是用一组公理来刻画由复杂的关 系或运算组成的复合体,它以简洁的公理形式表示出这复合体的本质特征。这一途径的优点是数学上非常精美，非常符合数学家的品味。但也有一些问题：

(1)这种公理系统往往只有受过较多的数学训练的人才能构造(特别是涉及有关该系统的一些元数学性质的讨论)，对一般工程人员说有点阳春白雪的感觉，难以接近。

(2)复杂的复合体往往只有具有层次结构时才易为人们以逐步分解或逐步组合的方式来理解与处理，而要将这样系统的公理分层构造往往就更增加了问题的难度。

(3)公理系统另一问题是它所刻画的复合体不能有任何改动，哪怕是微小的改变也可能引起整个公理系统失效需要彻底从头开始构造，而程序系统一个重要特征即需要常予更新或修改。

逻辑系统处理以简代繁的途径比较多样化。

(1)与代数系统一样，亦可以采用公理系统刻画复合体。一组代数公理往往可解释成为一组非逻辑公理以作为逻辑系统的扩充。此外，也还可以用代数不能包括的逻辑公式表示其公理，如 XYZ/E 语言中各基本数据类型的语义即都是用公理刻画的。但公理方法在 XYZ/E 语言中并非广泛应用，它只对于少数不需要经常改动的系统或部件才适合，并且这些公理一般是由专门从事这方面研究工作的专家构造的，而且仅限于那些不要求一般工业界用户详细了解其数学构造即可使用的构件。

(2)在逻辑系统中，另一条以简代繁的途径就是通过证明一些元数学定理，来保证某一类的复合体可以用某一种统一的简单形式来表示，这方面的一个较典型的例子就是著名的演绎定理，该定理证明在什么条件下可以将推演用蕴涵来表示。XYZ/E 中程序可分解性也是可以通过元数学定理来证明的。这一途径虽从数学的角度看也很精美且较具深度，但它只在少数特别场合可以使用，不能依靠这一途径解决大量以简代繁的问题，而较为广泛地在逻辑系统中使用的以简代繁的方法，则是下面(3)中所示的方法。

(3)给一需要以简代繁的复合体定义一新的名字或记号(可带参量)。以后凡用到该复合体时即以此新的名字或记号(加上实参代形参)来代表。这是逻辑中常用的且非常简单的以简代繁的方法。事实上，计算机系统的机器语言就是靠应用这一方法使人们能理解和使用的。一台计算机中最基础部分是由电子线路组成，它们可直接表示成一组布尔方程。人们如果仅依赖读布尔方程才能理解或使用计算机，则计算机永远也将不会有人使用。为了以简代繁，其办法是将构成一完整功能的一组布尔方程用一具有固定形式的记号(可带参量)来表示，称之为一条机器指令。一台计算机可能完成的功能即被表示为一机器指令集，这样即将计算机的表示语言由非常低级的布尔方程组变成了较高级的机器指令表，显然提高了它的可读性与可理解性。不过，相对来说，机器指令语言中因包含操作细节太多，仍比较低级，所以又依次有汇编语言指令、宏指令、高级语言的语句来表示机器的基本运算功能。每一层这样的表示语言，都是将较低级的一组语言成分所构成的程序段定义成为较高级语言中某一简单的基本构件。这样一层一层地以简代繁的途径正好是逻辑系统中常采用的。它具有简便易行，修改时只需影响局部而不必牵动全体等优点。在 XYZ/E 语言中即常用这样的方法以简代繁，这里关于过程调用即是应用此法的典型例子。事实上，这语言中还可像常见高级语言一样提供一种机制，使用户能自己应用这样一种方法以简代繁，这就是宏指令(Macro)。不过，目前的 XYZ/E 编译中未实现这一机制。

下面解释递归过程与调用的表示方法。递归过程 P 的说明将表示成如下形式：

P(n;par)==[declarations;

$\%ALG[LB=START\_P \Rightarrow \cdots \wedge \$OLB=l_1;$

$LB=l_1 \wedge n=0 \Rightarrow \cdots;$

$LB=l_1 \wedge n>0 \Rightarrow \cdots;$

$LB=l_2 \Rightarrow P(n-1;par);$

$LB=l_{2+1} \Rightarrow \cdots;$

$LB=l_k \Rightarrow \$OLB=RETURN]]$

WHERE B (16.29)

其中,RETURN 实际是 POP(RTS)的简写,即控制将按返回栈 RTS 顶上所存的标号转返。(16.29)式中"$LB=l_1 \wedge n=0 \Rightarrow \cdots;$"与"$LB=l_1 \wedge n>0 \Rightarrow \cdots;$"分别表示 P(0;par)与 P(n;par)所对应的一组动作,在后者中将出现 P(n−l;par),即 P 在递归变量为 n−1 时的调用。此处 par 表示一组形式参量,其中包括输入参量与输出参量(或输入输出参量等)。

而这一过程在程序某一位置的调用表示为:

$$LB=m_j \Rightarrow P(k;apar|par) \quad (16.30)$$

这一简洁的形式,事实上是下面表示一系列动作的公式:

$$LB=m_j \Rightarrow \$O(finps)=(ainps) \wedge \$OPUSH(RTS,m_{j+1}) \wedge \$OLB=START\_P_1$$

$$LB=m_{j+1} \Rightarrow \$O(aoutps)=(foutps) \wedge \$OLB=NEXT. \quad (16.31)$$

的缩写[即(16.30)==(16.31)]。此处 finps,ainps 分别表示 par 与 apar 中输入形参(系列)与输入实参(系列),foutps 与 aoutps 分别表示 par 与 apar 中输出形参(系列)与输出实参(系列)。"$\$OPUSH(RTS,m_{j+1})$"即将 P 这一过程在执行完毕后的转返标号存入到返回栈 RTS 中。显然,(16.31)式是一合式公式,它表示了前面曾提到的过程调用所需要实现的步骤。而(16.30)式就是通过以简代繁的方法对(16.31)式的简写。对用户来说,他不需要看见(16.31)式,只需用(16.30)式。事实上,在常见高级语言中也是这样实现过程调用的,不过这里将这种以简代繁的方法用逻辑公式表示出来而已。

例 16.6 用递归过程形式表示求 f=m!。

```
fact(m;%IOP a:INT)==
[%VAR[w:INT];
 %ALG[LB=START_fact⇒$OLB=11;
      LB=11∧m=0⇒$Oa=1∧$OLB=13;
      LB=11∧m≠0⇒fact(m−1;w|a);
      LB=12⇒$Oa=m*w∧$OLB=13;
      LB=13⇒$OLB=RETURN]].
```

这一过程是用 XYZ/BE 表示的,易见,将它用 XYZ/SE 改写并不困难,其含义完全相同。但将其与例 16.2(2)比较,则将发现二者显著区别。这里是采用递归过程调用,而例 16.2(2)则是直接循环地执行某一状态,即"LB=11",如果用 XYZ/SE 表示则是循环语句。虽然它们都表示了同一问题,但并非每一递归程序都能轻易地改为用循环执行某一状态的方式来表示。这问题的抽象描述,则可以用例 16.2 的方式来表示。

以上讨论了如何在 XYZ/E 程序中以与常见高级语言十分相似的方式表示出程序及过程的问题。对于过程,还应考虑两种扩充的模块:一种是并发程序中的进程;另一种是函数。由于 XYZ/E 是一逻辑语言,其合式公式是直言式的,所以这个问题的实质是如何用直言式逻辑公式表示函数。它在 XYZ/E 中的表示一方面应与常见高级语言一致，一方面应符合逻辑的要求。在逻辑框架内，可借鉴递归函数理论中一种常用的方法，即所谓"以谓词定义函数"，也就是常见的 μ 算子，如"$\mu y P(x,y)$"，即表示在给了一组 x 值后，使 $P(x,y)$ 为真的唯一的 y 值。设

$$P(x)=\mu y P(x,y)$$

等式右边"$\mu y P(x,y)$"表示了函数 p(x) 在 x 赋以实参 x 时的值，因为每一过程在 XYZ/E 中对应一合式公式，其调用也就对应该过程在实参赋予形参后予以执行的结果这一谓词。因此，在 XYZ/E 的可执行程序中函数求值，即对应于在上述过程调用执行后求出其输出参量的值。因此，它很自然地与递归函数表示"以谓词定义函数"的 μ 的算子相对应，故函数调用可以类似地表示成如下的形式：

$$? \text{ TemporalVariable;Procall} \tag{16.32}$$

此处"Procall"表示该函数所对应的过程的调用，"TemporalVariable"表示该过程的输出参量，一般可用该函数名字作此输出参量的名字。

16.3.3 包块

在 16.3.1 节的(16.26)式中已规定程序 OBProgram 是由一主块(MainBlock)与一串包块(package)组成的。包块是由一组运算围绕一数据结构封装而成的模块。前面已指出，所谓封装，即表示此模块内的信息并非全部从外部可见，只有通过规定的窗口以规定方式列出的那些信息才从外部可见。这里所谓可见，是指模块内将引用外部的信息以及模块内允许外部引用的信息；这里所谓引用，是指模块内外的信息传递。包块可以是静态的，也可以是动态的。就包块的本质而言，我们认为静态方式是更为根本的。它是通过移入与移出说明来实现包块相互之间以及包块与主块之间的信息传递。对于基于对象的程序说，其信息传递即采用静态的移入与移出的方式。这里有一点应该指明，由于包块的主要特征即在于信息封装，也就是说，包块内所包含的各种成分的信息可以分为两类：一类对于用户说是可见的，这就是其中关于各变量或操作在规范所描述的那些信息，这是用户可以处理的信息；另一类则是对用户掩盖的信息，这部分信息往往是在实际运行中所进行加工的信息，它表示上述用户可见的变量或操作的程序细节，这部分信息非用户所干预，但是为了适应模块重用的需要，却在程序执行前可由管理人员对之进行修改。通常在基于对象的程序设计系统中，在进行移入或移出命令时，实际所移入或移出的信息都是模块中那些可见的信息，而不是那些不可见的(被掩盖的)在执行时加工的程序细节。而在 XYZ/E 语言中则非如此，因在 XYZ/E 语言的基于对象的程序中执行部分均集中在主块中，各包块中操作与变量均不在包块内实际执行，它们只有移入到主块之内，其中各操作或变量均已改变了身份成为主块内新的局部过程或局部量之后才能被调用执行，所以在移入这些操作或变量时，不但要移入与之相关的规范部分，而且也应移入与它们相关的执行程序细节。这部分虽可以被移动，但对用户说仍是不可见的，不能干预的。所以包块说明中所定义的包块事实上只是包块的文本(模板)，它们只有在被移入(即重抄)到主块之后，才成为具体的对象。不过，此时被移入的变量与操作已变成了主块中的局部量与局部过程，这是 XYZ/E 语言中基于对象程序的特殊之处。下面介绍面向对象的程序与分布式程序中的包块概念时，也将各有其特殊的约定。请注意，其中包块的嵌套层次结构，只要求子包块所定义的数据结构是父包块的数据结构的子结构。

父子之间即可在运算方面具有继承性。这部分即由 FatherNamePart 表示。所以,此处所介绍包块概念事实上与常见的对象语言中"类"(class)的概念相当。下面是包块说明的结构:

Package∷=%PACK[PackageNm:
    [ImportDeclPart;]
    [ExportDeclPart;]
    [FatherNamePart;]
    [TypeDeclPart;]
    [PackageDeclPart;]
    SharedVarDeclPart;
    OperationDeclPart]
    [WherePart]
OperationDeclPart∷=ProcDeclPart
PackageDeclPart∷=PackageDecl{;PackageDecl}
FatherNamePart∷=%FATHER NameList; (16.33)

注意:在 FatherNamePart 中有以下三种情况:

(1)父包块的名字为空,表示两种情况:一种即为顶层祖宗包块,因在 XYZ/E 中包块嵌套只允许有穷层,故必有顶层祖宗包块;也可能一程序中所有包块均不嵌套,所以只有顶层祖宗包块,此时 FatherNamePart 即可为空。

(2)一般的嵌套包块父包块均只有一个,此时包块嵌套形成树型结构。

(3)此定义中允许父包块名字不唯一这是为了多重继承(multiple inheritence)而设。

16.4 时序逻辑语言 XYZ/E 的并发成分

16.4.1 进程与并行语句

为了在 XYZ/E 中表示不确定性及并发性程序,不论采用 XYZ/BE,XYZ/SE 或 XYZ/PE 哪种控制结构,都应在其基本控制命令(语句)中做以下扩充:

(1)表示并发程序的子模块称为进程,其外表形式与过程几乎没有区别(但进程的参量部分应增加通道,并区分是由本进程送出信息的通道,还是接收信息的通道,由%CHN 引入),其文本是通过进程说明在程序主块中说明的,这一点与过程说明也相同。进程中亦可嵌套进程。进程与过程虽然外表上很相似,但有一基本差别,即一过程虽可多次调用,但由于程序是串型的,故执行时每一时刻至多只能执行一次调用。因此,该过程说明中的文本可由各次调用共享(不过,为了一过程可由并发的不同进程同时调用,故过程实现时要求是可重入的)。而并发程序中的进程则不同,该进程的不同引用可能并行执行,因此,每次进程引用应将其文本重抄一遍作为自身的文本,并在第 i 次引用的文本中所有标号之后均增加标记"{z}"以相区别。称该文本为该次引用所生成的进程实例(ProsInstance)的文本,以该进程在说明中的名字(ProsName)后面带一整数标记"{i}"作为该进程实例文本的名字(Pros-

InstTxtNm)。即以"ProsName{i}"的形式来表示,如不引起误解可将其中花括号省去(即记为"ProsNamei")。进程引用这一事实称之为进程实例化(ProsInstantiation),并给每次进程引用取一新的名字(ProsInstNm),它可动态执行,其命令(语句)的表示形式如下:

$$\$O\ ProsInstNm == ProsName(Index) \tag{16.34}$$

因此,(16.34)式可以看成是在单元算法部分内动态出现的一个进程实例说明。该进程在程序开始处的说明只是定义了这进程的一个文本,即模板(template),它本身并非实际可执行的进程。请注意,对于每一进程实例 i,应设置一标号返回栈 RTS。

就进程的内部控制结构而言,它与串型程序中过程的控制结构是一样的,也可以分为 XYZ/BE,XYZ/SE 与 XYZ/PE 三种形式,每一进程只能选一种控制结构来表示其进程体,但不同子语言表示其控制结构的进程则可在同一程序中运行。这里有一点小的区别应当指明,如果一进程的控制结构是用 XYZ/BE 表示的,则不同进程的控制变量(即 LB)应该有不同的下标来区分,否则并行时可能产生冲突。也就是说,进程 P_i 的控制变量应记为 LB_i。此外,进程实例可以通过进程实例删除(ProsInstDelate)命令予以删去。

(2)并行程序的控制结构不可避免要表示出并行性与不确定性。关于条件的互斥性假设,即一组定义标号相同的条件元中,任何两个不同条件元的条件不能同时为真。违反这一假设显然就会出现冲突,这在逻辑系统中是不允许的。这一假设即使用(16.6)与(16.7)式形式的条件元也不能直接表示出 Dikstra 监督命令所表示的不确定性。但这种不确定性仍然可在 XYZ/E 的框架中予以表示出来,即应对(16.6)与(16.7)式形式的条件元加以适当的扩充。即得如下形式的条件元:

$$LB_i = y \wedge R \Rightarrow @(Q_1 \wedge LB_{i_1} = z_1)\ \&\ @\cdots\&\ @(Q_k \wedge LB_{ik} = z_k) \tag{16.35}$$

$$LB_i = y \wedge R \Rightarrow @((Q_1 \wedge LB_{i_1} = z_1)\ \&\cdots\&\ (Q_k \wedge LB_{ik} = z_k)) \tag{16.36}$$

这里,"@",表示时序算子 \$O 或<>;"&"表示逻辑连接词∧,\$V 或 \$V′(或 \$V,下同)。显然,在多数情形下由于分配律成立,(16.35)与(16.36)式是等价的,但如"@"是<>,而"&"是∧,则(16.35)与(16.36)式有区别,从(16.35)式推导不出(16.36)式。易见,当"@"是 \$O,而"&"是 \$V′时,(16.35)与((16.36)式就表示了 Dijkstra 的监督命令所表示的那种不确定性,这是逻辑系统中所允许的表示不确定性的一种方式。另外还请注意:"&"为∧是与表示并行性有关的情形,"&"为 \$V 则是与表示不确定性有关的,而它为 \$V′则是与两方面都有关的。"&"为∧或 \$V′时的条件元(16.35)及(16.36)是可执行的,但"&"为 \$V 时则难以执行,只能作为一种语义的描述。

进程虽是通过(16.34)形式的命令(语句)单个地进行实例化的,但它实际运行并非单个出现,而是成组出现的,只有这样才能体现并行性。一组进程组成一并发进程这一事实是由一种称为并行语句的机构来表示的,其形式如下:

$$LB = y_i \wedge R \Rightarrow \|[ProsInstNmi_1(Pari_1);\cdots;ProsInstNm_{ik}(Part_{ik})] \tag{16.37}$$

此处 $ProslnstNmi_j$ 即(16.34)式由进程实例化命令所引入的进程实例名字,它代表了相应的(16.34)式右边的进程实例(注意,不同进程实例可以是由同一进程文本在不同进程实例化命令中所生成的不同实例)。而(16.37)式中各进程实例名字均附有相应的($Pari_j$)部分,即表示对此实例的实参赋形参的情况。这样构成的(16.37)式如同(16.30)式所表示的过程调用是(16.31)式的一种缩写一样,它表示了如下一组条件元的缩写:

$$LB = y_i \wedge R \Rightarrow \$O(finps_1) = (ainps_1) \wedge \$OPUSH(RTS_1, y_{i+1}) \wedge \$OLB_1 = STATR_1 \wedge$$

$\cdots\wedge \$O(finps_k)=(ainps_k \wedge \$OPUSHCRTS_k, y_{i+k})\wedge \$OLB_k=START_k$；

$LB=y_{i+1}\Rightarrow \$O(aoutps_1)=(foutps_1)\wedge \$OLB_1=STOP_1$；

…

$LB=y_{i+k}\Rightarrow \$O(aoutps_k)=(foutps_k)\wedge \$OLB_k=STOP_k$； (16.38)

此外，对于每一(16.37)式形式的并行语句，还应假设以下命题成立：

$$LB=y_i \wedge R\Rightarrow \Diamond(LB_1=STOP_1 \wedge \cdots\wedge LB_k=STOP_k \wedge LB=y); \quad (16.39)$$

$$LB=y \wedge (LB_1=STOP_1 \wedge \cdots\wedge LB_k=STOP_k)\Rightarrow \$OLB=STOP; \quad (16.40)$$

此处，$START_1$，$STOP_1$，...，$START_k$，$STOP_k$ 分别表示各进程实例的起点标号与终止标号。各进程进入其相应终止状态时间可能不一致，但由于(16.10)式成立，任何进程进入终止状态后即处于踏步等待状态。(16.39)式的假设成立，即可保证必然能到达某一时刻，使全部进程进入终止状态。(16.40)式进一步规定，只有当全部进程进入终止状态，此并行语句才进入终止状态。

XYZ/E 中表示不确定性的命令(语句)称为选择语句[类似地，在 XYZ/PE 中，与单元相对应的一种称为选择元的结构已介绍过，即(16.19)式]，其功能与监督命令(Guarded Command)相当。监督命令中的监督条件与动作部分的关系给人以"如果…… 则……"的印象，但因为不同情形之间的关系为"\$V"，而非"$\wedge$"，从逻辑上说，监督条件与动作部分应该是"合取"而非"蕴涵"。因此，特规定选择语句的表示形式如下：

$$LB=y_i \wedge R\Rightarrow !!\ [Cond_1 |> ExeAct_1, \cdots, Cond_k |> ExeAct_k] \quad (16.41)$$

其中，$Cond_i$ 与 $ExeAct_i$ $(i=1,...,k)$分别表示条件与动作，都是一阶逻辑公式($ExeAct_i$ 中可包括赋值或控制等式)。(16.41)式的含义实际上即(16.36)式中"@"为"\$O"、"&"(即此处",")为"\$V′"的情形，此时，符号"|>"应解释为"$\wedge$"(合取)，即：

$$LB=y_i \wedge R\Rightarrow \$O(Cond_1 \wedge ExeAct_1 \ \$V' \cdots \$V' Cond_k \wedge ExeAct_k) \quad (16.42)$$

(16.35)式与(16.36)式所表示的条件元在表示并行性及不确定性的各种扩充，在实际的程序设计中用到的事实上只有(16.37)与(16.41)式两种情形。

在程序中并行语句[即(16.37)式]与选择语句[即(16.41)式]的右部应可嵌套出现。事实上，并行语句与选择语句可以看成是由一组进程组成一复合进程的两种途径。我们规定，并行内既可出现并行，亦可出现选择；而选择内只可出现选择，不可出现并行。

以上关于并行性及选择性的讨论事实上是逻辑与语言所都具有的共性。下面则要讨论语言所独有而逻辑往往不具有的性质，即在各并行部分之间进行信息交换的问题。

16.4.2 通信

进程之间的通信主要有两种实现方式。一种是一组进程共享一公用存储，当一进程需要用数据时，即从该存储中取，当它计算出结果时即往这存储中送，它与串型程序中一表达式的计算及一赋值语句中传送计算结果给予一变量的方式很相似。但并发进程与串型程序引用或传送一公用存储中变量的值有一重要的区别，即在并发程序中几个进程可并行执行，如果它们对同一变量进行赋值或引用时，其先后顺序不同即可产生很不相同的结果。但对并发进程的相互对应的执行顺序，用户是无法随意控制的。因此，为了保证不致出现计算的混乱现象(比如，两进程同时对同一变量赋值)，这种进程中对同一公用存储区进行加工的程序段必应装配有保护装置，以防止出现不合理的访问公用存储区的情况，比如常见的 P－V

操作以及结构化的管程(monitor)等。易见,这类软件装置均不难在时序逻辑语言 XYZ/E 中实现。具有这种通信方式最典型的一类程序即在对共享变量区(信箱)进行加工时必须等待。如信箱为空时,收方必须等待;在信箱容量为有穷的情况下,当信箱内已满时,送方也必须等待。不过,这种等待与通信双方直接等待的方式不同,因而通常有不同的名称。另一种通信实现方式是基于通道并通过通信命令来实现的,又分为两种情况,把收、送双方均为直接等待方式的通信称为同步式(synchronized)的通信,对通过信箱作为中介存放信件的间接等待方式的通信则称为异步式(asynchronizod)的通信。

以上两种通信方式各有其应用领域,比如,多处理机中各处理机对应不同的进程,其通信必须通过共享存储来进行;而计算机网上不同位置上各进程的通信则多是通过通信命令来进行的,这种系统一般称为分布式系统,而其中远程网更是如此。在远程网中,为了减少等待时间,一般使各通道上设置的信箱容量均足够大,以致可以当作是无穷容量,在这种情况下,送方即无需等待。所以,这种系统的通信往往是以异步方式实现的,如 CHILL 语言即表示了这种通信。而更多的语言,则既允许有共享存储,又允许通过通信命令进行通信。其典型的例子为一网络系统,其中各端点中有的是用单处理机器来实现的,而有的是用多处理机器来实现的,这在网络系统中是很常见的情形。对于这种系统,从上层看是分布式系统,各端点间的通信只能通过通信命令来实现,而对基层各端点来说,其中多处理机器上运行的程序则应是有共享存储的系统;而单处理机器上运行的程序则可以用各种不同方式来实现。比如,Ada 语言即是包含了共享存储与同步通信两种方式。

XYZ/E 语言以及图形设计工具假定所服务的对象具有如下结构:

上层是分布式系统(同步或异步可由用户确定一种,分别以记号"SYN"与"ASYN"表示,在主块的前面予以说明);下层既可以是共享存储的系统,也可以是分布式的。不过,整个程序中同步或异步只能选定一种,不能任意更改。当然,二层中任一层可以为空。这系统适应性较广。

首先介绍通信命令,然后再讨论具有共享存储的进程通信问题。

通信命令分输入命令与输出命令,其表示形式分别为:

$$LB_i=y\wedge R\Rightarrow \$OChNm?\ x\wedge \$OLB_i=w \tag{16.43}$$

$$LB_i=y\wedge R\Rightarrow \$OChNm?\ z\wedge \$OLB_i=w \tag{16.44}$$

此处"ChNm? x"与"ChNM! z"分别表示两谓词[比如写成?(ChNm,x),!(ChNm,z)],即"由通道 ChNm 接收信息送入变量 x 中","由通道 ChNm 送出表达式 z 的值"。(16.43)式与(16.44)式可分别看成是以下两个命令的缩写:

$$\begin{aligned}LB_i=y\wedge R\Rightarrow(&\$OChNm?\ x)\$W(ChNm?\ x\wedge ChNm!\ z\wedge \$Ox=z\wedge\\&\$O(\sim ChNm?\ x\wedge\sim ChNm!\ z)\wedge \$OLB_i=w)\end{aligned} \tag{16.43-1}$$

$$\begin{aligned}LB_i=y\wedge R\Rightarrow(&\$OChNm!\ z)\$W(ChNm?\ x\wedge ChNm!\ z\wedge\\&\$O(\sim ChNm?\ x\wedge\sim ChNm!\ z)\wedge \$OLB_i=w)\end{aligned} \tag{16.44-1}$$

(16.43-1),(16.44-1)式分别表示出了(16.43),(16.44)式的语义。

(16.43),(16.44)式中的"$\wedge\ \$OLB_i=w$"如果省略不写,即表示其转出标号(即 w)为 NEXT。此时,(16.43-1),(16.44-1)式中的 w 即可改为 NEXT。

一般地,对于异步通信情况,则表示如下的含义:先设一有穷长信箱为 q,它是一先进先出队列,其上设两个谓词 FULL(q)和 EMPTY(q),分别表示"q 已满","q 已空";另设两个运算 ENTER(q,x)和 TAKE(q,x)分别表示“将表达式 z 的值送入 q 的尾部”,“从 q 中取出首部元素送入变量 x”。则(16.43)与((16.44)式可分别表示如下二式的缩写:

$LB_i = y \wedge R \Rightarrow (\$OChNm!\ x)\$W(\sim EMPTY(q) \wedge \$OLB = w)$　　(16.45)

$LB_i = y \wedge R \Rightarrow (\$OChNm!\ z)\$W(\sim EMPTY(q) \wedge \$OLB = w)$　　(16.46)

对于 CHILL 语言所表示的那种异步,也就是假定这通道上的队列足够长以至不会满,则(16.43),(16.44)式可看成如下二式的缩写:

$LB_i = y \wedge R \Rightarrow (\$OChNm?\ x)\$W(\sim EMPTY(q) \wedge \$OLB = w)$

$LB_i = y \wedge R \Rightarrow (\$OChNm!\ z)\$W(\$OLB = w)$　　(16.46-1)

请注意,在(16.27)式所表示的 XYZ/E 程序的主块结构中,有一共享变量说明部分(即 SharedVarDeclPart),这部分是否为空是一程序中出现的进程中是否允许出现共享变量的标志。

(16.43)与((16.44)式中两表示输入与输出的谓词“ChNm? x”与“ChNm! z”也可以作为命令的条件,因此,通信命令又有如下的两种形式(其中参量 x,z 一般可省去):

$LB_i = y \wedge ChNm?\ x \Rightarrow \$O(Q \wedge LB_i = w)$　　(16.43-2)

$LB_i = y \wedge ChNm!\ z \Rightarrow \$O(Q \wedge LB_i = w)$　　(16.44-2)

下面看几个 XYZ/E 中用通信命令表示信息交换的并发程序的例子。

例 16.7 任给整数 m 与 n,求出其最大值。

```
□[LB=max⇒$OP1==p1{1}∧$OP2==p2{1}∧$OLB=h1;
  LB=h1⇒‖[P1;P2]]
  WHERE(p1==[LB=START_p1⇒$OLB1=11;
                  LB1=11⇒c? x∧$OLB1=12;
                  LB1=12⇒!![m>x|>$OLB1=13,
                               m=<x|>$OLB=14,
                               ~|>$OLB1=12];
                  LB1=13⇒d! m∧$OLB1=STOP;
                  LB1=14⇒d! x∧$OLB1=STOP])∧
     (p2==[LB2=START_p2⇒$OLB2=k1;
              LB2=k1⇒c! n∧$OLB2=k2;
              LB2=k2⇒d? y∧$OLB2=STOP]).
```

请注意例中 Pi 与 pi(i=1,2)的区别。